星载主动微波探测器气象海洋要素反演应用

姜祝辉 张 亮 黄思训 著

西北工业大学出版社

西 安

【内容简介】 本书简要介绍散射计、合成孔径雷达和雷达高度计三种星载主动微波探测器气象海洋要素反演应用的研究意义和研究现状,重点介绍这三种探测器在海洋气象领域的反演应用。

本书可作为高等院校海洋气象、海洋遥感、海洋水文等专业高年级学生的专业课教材,也可供从事与海洋遥感有关工作的技术人员学习与参考。

图书在版编目(CIP)数据

星载主动微波探测器气象海洋要素反演应用/姜祝辉,张亮,黄思训著 . —西安:西北工业大学出版社,2021.7

ISBN 978 - 7 - 5612 - 7804 - 8

Ⅰ.①星… Ⅱ.①姜… ②张… ③黄… Ⅲ.①星载仪器-微波探测器-应用-海洋气象-气象观测 Ⅳ.①P714

中国版本图书馆 CIP 数据核字(2021)第 132858 号

XINGZAI ZHUDONG WEIBO TANCEQI QIXIANG HAIYANG YAOSU FANYAN YINGYONG

星 载 主 动 微 波 探 测 器 气 象 海 洋 要 素 反 演 应 用

责任编辑:张 友		策划编辑:杨 军	
责任校对:雷 鹏		装帧设计:李 飞	

出版发行:西北工业大学出版社

通信地址:西安市友谊西路 127 号　　邮编:710072

电　　话:(029)88491757,88493844

网　　址:www.nwpup.com

印 刷 者:陕西向阳印务有限公司

开　　本:787 mm×1 092 mm　　1/16

印　　张:13

字　　数:341 千字

版　　次:2021 年 7 月第 1 版　　2021 年 7 月第 1 次印刷

定　　价:68.00 元

前　　言

　　近半个世纪以来,在地球物理、力学、医学、工程技术、卫星遥感技术、大气和海洋中同化等与国民经济及国防建设密切相关的数学物理中的反问题研究得到了突飞猛进的发展。1999年我国召开的第113次香山会议的主题是"逆问题研究关联科学创新",会议指出:"重大理论的诞生,重大科学的发展,往往是从探讨逆问题时得出的,具有重大创新意义。""用简单而便宜的设备,辅以先进的数学方法,可以获得与昂贵设备媲美的结果,因此开展逆问题的研究,对于我们一个发展中国家具有特殊的意义。"(科学时报,第1494期,1999年3月29日)。遥感探测技术在近半个世纪来有着迅速的发展,探测资料应用核心技术是求解反问题。求解反问题称为反演,开展此项工作意味着科技创新。我们不能沿用国际上通常方法与走国际上的老路去处理遥感资料,必须走出一条独立自主的道路。目前,我国的仪器设备与国际上还有一定差距,测量资料还有一定误差,所以如何采用反问题思想,即辅以先进的数学方法,获得与昂贵设备媲美的结果,这是摆在我们科技工作者面前的一项艰巨的任务。众所周知,反问题的核心困难有以下两点:其一,不适定性(ill-posed)。不适定性给我们工作带来极大的麻烦,如何来定义问题的"解",即广义解? 如何用数值方法求稳定的近似解? 于是就产生了Tikhonov正则化方法,此方法为解决反问题开辟了一条正确、有效、实用的道路。其二,非线性性。若正问题是线性的,反问题解往往是高度非线性的,这又对我们的数值计算带来很大麻烦。

　　为了很好地利用微波探测器资料来获得海洋各种要素,我们采用了变分同化结合反问题的正则化思想,对微波探测器资料反演应用进行了一系列研究与探索,在此基础上我们完成了此书。全书编写分工如下:第1章、第5章和附录由姜祝辉、张亮撰写,第2章由张亮、黄思训撰写,第3章、第4章由姜祝辉、黄思训撰。全书由姜祝辉统一修改并定稿。

　　本书主要介绍了三方面内容:

　　在散射计海洋气象要素反演应用方面,介绍了星载微波散射计资料反演海面风场的基本原理,在此基础上论述了基于大气辐射传输理论的海面风场的优化改进方案、基于行星边界层理论实施由散射计资料反演台风海平面气压场、利用变分同化结合正则化方法从星载微波散射计资料反演海平面气压场等技术。

　　在合成孔径雷达海洋气象要素反演应用方面,介绍了利用数值微分反演星载合成孔径雷达图像海面风向、星载合成孔径雷达资料正则化方法反演海面风场以及用行波理论中振荡型的行波来刻画星载合成孔径雷达图像海洋内波的理论与方法。

在雷达高度计海洋气象要素反演应用方面,介绍了星载雷达高度计海洋气象要素反演原理,进一步论述了雷达高度计的 Ku 波段和 C 波段后向散射截面 Ku-C 拟合关系模型、Vandemark-Chapron 算法与 Young 算法联合反演雷达高度计海面风速的校准方法以及星载雷达高度计风速与其他来源海面风场融合技术。

本书通过对上述研究成果的系统介绍,可为海洋微波遥感探测理论研究和应用推广提供相应的理论基础和技术支撑。在撰写本书过程中,笔者参考了大量的文献,中国科学院大气物理研究所陈洪滨研究员对书稿内容进行了审阅,提出了许多宝贵意见,在此一并致谢。

由于研究时间紧迫和水平所限,书中不足和疏漏之处在所难免,敬请读者不吝指正。

著 者

2021 年 2 月

目　　录

第1章 绪 论

1.1 研 究 意 义

对气象和海洋的研究和预报模式多数依赖于数据的精度、多寡及获取手段。常规观测数据主要来自地面和海上观测平台(如:地面气象站、海上油田、浮标、船舶等)、无线电探空仪(可探测垂直廓线大气参数)以及飞机等一些航空系统,该数据包括温、压、湿、风等基本气象要素数据。在地面,人烟稀少和欠发达地区观测数据相当匮乏;在海洋,浮标虽然有较高的精度,但是过于稀少;而船舶或者飞机等仅在固定的航行路线上行驶,覆盖面相当窄,且时间、空间间隔不规律,当航行路线上出现极端恶劣天气,船舶或飞机等会选择尽量避开以免遭破坏,这也就意味着通过船舶和飞机等很难观测到极端恶劣天气发生时的局地气象数据,而这些数据对危险性天气预测研究起重要作用,但仅仅依靠这些常规数据不能够达到细致刻画大气流场状态的要求。气象卫星遥感作为大范围、全天候、动态监测大气时空变化的高技术手段,可以有效地反演出部分气象要素(冯士筰等,1999)。这一点在那些观测数据稀少的地区尤为重要。这种通过气象卫星观测气象要素的探测设备分为两类:被动式探测器和主动式探测器。被动式探测器探测的是来自地面、海洋或者大气的电磁辐射,主要探测一些特定波段如微波波段、红外波段或者可见光波段等的电磁辐射,通过这些探测值可以反演一些气象要素。例如:ENVISAT(Environmental Satellite,环境卫星)上搭载的 GOMOS (Global Ozone Monitoring by Occultation of Stars,掩星式全球臭氧监测仪)通过探测远红外、可见光和近红外辐射来反演臭氧和其他微量气体浓度,ERS(Earth Remote Satellite,欧洲遥感卫星)上搭载的 ATSR(Along Track Scanning Radiometer,沿轨扫描辐射计)通过探测红外辐射来反演海面温度,NOAA(National Oceanographic and Atmospheric Administration,美国国家海洋和大气管理局)卫星上搭载的 HIRS (High-resolution Infrared Radiation Sounder,高分辨能力红外探测器)通过探测不同大气层的红外辐射来反演大气温湿垂直廓线。由于海面的发射辐射决定于海面粗糙度,而海面粗糙度和海面风速有关,所以可以通过被动探测器反演海面风场(Portabella,2002)。搭载于 DMSP(Defense Meteorological Satellite Program,国防气象卫星项目)平台上的 SSM/I(Special Sensor Microwave Imager,微波成像传感器)和搭载于WindSat(风力卫星)上的全极化微波辐射计就是这种类型的探测器。然而当有云或雨时,探测精度明显下降。另外,静止卫星如我国的 FY‐2 号卫星可通过探测红外波段的发射辐射获取卫星云图,通过跟踪云图上的云团运动来反演风场,但指定云的高度是该问题的难点。主动探测设备向陆地或海面发射电磁波,该电磁波到达陆地或海面经反射、吸收和散射后,部分信号返回到主动探测设备,通过分析该返回的信号来反演大气或海洋参数。主动探测设备主要有微波雷达探测设备和激光探测设备等。2003年1月13日,美国发射了 ICESat(Ice, Cloud and land Elevation Satellite,冰、云和陆地高程卫星),这是一颗试验型激光高度计卫星,星上装载了世界上首台地球科学激光高度计系统(Geoscience Laser Altimeter System,GLAS)。GLAS采用星下点指向方式,即先由激光发送器向星下点方向发送窄脉冲后,经地面或大气分子散射后的返回脉冲由 GLAS 接收望远镜送至光电倍增管接收,再对返回脉冲的时延以及其他特征进行处理,得到冰面/地面高程、冰盖拓扑、陆地拓扑、植被分布和云/气溶胶等大气参数值。多普勒测风激光雷达(Doppler Wind Lidar)利用激光与被测物相对运动而产生的多普勒频移来测量风场。当目标远离激光源运动时,返回脉冲波长将增长;当目标接近激光源运动时,返回脉冲波长将缩短。目前主要通过测量气溶胶后向散射的多普勒频移来测风(吴研,2003)。

海上行星边界层气象水文要素包括海面风场、气压、潜热、感热通量、应力、摩擦速度和各层的风场、温度、比湿等。这些气象水文要素在大气和海洋等诸多学科领域的研究中占据着重要的地位。星载微波散射计,利用微波特有的物理性质,能够穿透云层,进行全天候、全天时、大面积的海面风场信息的遥测,而成为目前海洋、气象和气候学研究中获取海面风场的主要测量工具,也使得获取大面积的海上行星边界层气象水文要素成为可能。但迄今为止,由星载微波散射计反演海上行星边界层要素的工作主要集中于海面风场的反演,对利用散射计反演其他海上行星边界层要素的相关研究则很少,同时,我国成功发射的 HY-2 号卫星搭载了相应的散射计,也迫切需要对其进行相关领域的理论及应用研究。基于微波遥感反演理论、行星边界层理论和变分最佳控制理论,开展改进星载微波散射计与海上行星边界层气象水文要素的关联性研究,实现由星载微波散射计反演海上行星边界层气象水文要素(主要是海表面风场和海平面气压场要素),一方面可以利用现有国外最先进的散射计来反演海上行星边界层气象水文要素,丰富气象水文资料的来源途径,另一方面可以为 HY-2 号卫星上的散射计资料应用做好相应的技术准备。

海面风场的最主要探测方式是卫星遥感,对其研究的意义在于,通过卫星遥感可以获取几千米到上百千米分辨率的海面风场,进而可将海面风场应用于很多气象海洋方面的重要领域。极端天气事件对人们的生命和财产常造成极大的破坏,而对其预报却常常令人不满意。由于很多大气扰动的诱因在海上,因而海面风场的探测有助于这种扰动的定强和定位。对海面风场的有效探测亦可以有效提高短期数值预报精度。表面波模式和涌浪模式由海面风场驱动。对于航海来讲,可靠的波浪预报和好的天气预报一样重要(刘良明等,2005;杨思全等,2010)。大洋环流模式是由海面风场和热交换驱动的,而计算表层动量通量,Ekman 抽吸和 Sverdrup 输送时需要将海面风场作为输入,所以大洋环流模式的精度严重依赖于海面风场。现在全球格点遥感海面风场数据已经广泛应用于大洋环流模式中,海面风场在大洋环流模式对 ENSO(厄尔尼诺-南方涛动)现象和东亚季风的预报中起着重要作用。海面风场也是全球海气耦合模式的重要输入量,而全球海气耦合模式是分析理解气候变化的重要手段。准确广泛地应用海面风场有助于气候预报和气候变化分析。海陆风及下击暴流等严重影响沿岸区域,由于世界上多数人口居住在沿海区域,多数环境污染物被倾倒在沿海区域,因而研究沿岸风场也有环境方面的考虑。海面风场与海洋中大尺度海流及小尺度海浪等因素直接相关(何宜军等,2002)。此外,海面风速对海面温度、全球生化过程和水文循环等也有重要影响。所以,海面风场的观测与分析亦是研究海洋动力过程的重要基础(齐义泉等,1998)。总体来说,海面风场资料在气象预报、海浪预报、大气海流系统的长期变化和海洋资源的开发应用等方面起着十分重要的作用。对海面风场的探测和预报已成为当前气象学、海洋学研究中的一个热点问题。可反演海面风场的微波雷达探测设备主要有散射计、雷达高度计、合成孔径雷达等。

海洋内波因其对声信号的影响而对水下通信、海洋观测及后续的分析都会造成严重影响，因其强烈的波动可能对石油钻井平台、海底石油管道等造成严重破坏(李海艳，2004)，所以针对海洋内波的研究有重要意义。遥感海洋内波的主要星载探测设备是合成孔径雷达等。

1.2　研究现状

1.2.1　散射计海洋气象要素反演应用

1.2.1.1　散射计技术进展

星载微波散射计(Scatterometer)发展至今，经历了多个发展阶段，功能和测量精度不断提高，成为当今诸多研究领域中海面风场的主要测量仪器。到目前为止，已经成功发射的卫星散射计主要包括 SASS(Seasat-A Scatterometer System，海洋状态卫星散射计系统)，ERS-1，2/SCAT(European Remote Satellite-1，2/Scatterometer，欧洲遥感卫星 1，2 散射计)，NSCAT[NASA(National Air and Space Administration) Scatterometer，美国国家航空暨太空总署散射计]，QuikSCAT(美国国家航空暨太空总署第一个搭载 SeaWinds 散射计仪器的卫星)，SeaWinds(美国国家航空暨太空总署 Ku 波段旋转笔型波束散射计)，ASCAT(Advanced Scatterometer，先进散射计)等。其中，ERS-1，2/SCAT 卫星散射计为人类提供了迄今为止历时最长的大面积海面风矢量场数据。探测海面风矢量的微波散射计按照其工作波段主要可分为两类：Ku 波段散射计与 C 波段散射计(冯倩，2004)。美国研制的散射计主要采用 Ku 波段，而欧洲一般采用 C 波段。

第一个星载微波散射计(SASS)搭载于 1978 年发射的 Seasat-A(Sea State Satellite-A，海洋状态卫星 A)上，具有 4 根发射扇型波束的双极化天线。前视天线与后视天线的夹角为 90°，属于双边式观测，刈幅宽度为 500km，其工作于 Ku 波段(14.6GHz)。尽管 SASS 的天线具有两种极化方式，但几乎不能同时运行，因而对于海面上的每一个风矢量单元仅有两个独立的雷达后向散射截面数据(Pierson，1983)。Seasat-A 散射计探测的重复周期为 3 天或 17 天，海面测量值的分辨率为 50km 或 100km。其中风速的测量范围为 4~20m/s，精度为 2m/s 或 10%，而风向的测量精度为 20°(Lame 和 Born，1982)。Seasat-A 散射计的成功试验不仅为反演海面风矢量场的模型函数的研究提供了极其宝贵的海面雷达后向散射截面数据，而且其成功反演的海面风矢量已被有效应用于大洋环流的研究(Levy 和 Brown，1991；Long 和 Mendel，1991；Levy，1994)和全球数据同化的研究(Legler 和 O'Brien，1985；Atlas 等，1987；Atlas 和 Hoffman，2000；冯倩，2004)。

第二个 Ku 波段的微波散射计 NSCAT 则搭载在 1996 年发射的 ADEOS-1(Advanced Earth Observation Satellite-1，先进的对地观测 1 号卫星)上，其由 NASA 研制。该传感器同 Seasat-A 上的 SASS 散射计相类似，采取棒状天线 Ku 波段的多普勒微波雷达仪向地球表面发射微波脉冲信号(14GHz)，但有 3 个方面的改进：①NSCAT 散射计探测海表面 25km 的海面雷达后向散射信号，反演海表面 50km 分辨率的风矢量信息；②在与卫星运行轨道成 65°角的方向增设双极化(V,H)天线,进而增加不同方位观测资料,达到改善风速反演精度和风向多解去除的准确率;③对雷达后向散射信号采用数字多普勒滤波处理技术,可自动调整天线脚印(footprint),不存在所谓面元配对的问题。NSCAT 散射计具有 6 根棒状天线,在卫星两侧可分别产生 3 个独立的观测,对应着 3 个相互独立的方位方向,而其中的中间天线具有两种极化方式[JPL(Jet Propulsion Laboratory,喷气推进实验室),1997;冯倩,2004]。NSCAT 散射计在卫星运行轨道两侧扫描形成两个约 600km 的刈幅,间隔距离约 400km。NSCAT 散射计的轨道运行周期为 101.92min,可重复周期为 41 天。NSCAT 散射计每天能获取 19 万个海表面风矢量数据,几乎是目前船舶测量所能获取资料的 100 倍,且每两天即可覆盖全球 90% 的区域。NSCAT 散射计的科学应用价值主要在于能够获得全天候条件下大面积的海表面风矢量场数据,用于研究各种时空尺度范围内的海气相互作用机制(Liu 等,1997;Kawamura 和 Wu,1998)。虽然 NSCAT 散射计仅工作了 8 个多月,但其所获得的海面风矢量数据在大气数值预报、海洋数值模式、数据同化应用等方面发挥了极为重要的作用(Chu 等,Chen 等,Chang 等,1999;冯倩,2004)。

作为对 NSCAT 散射计的延续,JPL 分别于 1999 年和 2002 年发射了装载有 SeaWinds 散射计的 QuikSCAT 卫星和 ADEOS-2 卫星。SeaWinds 散射计也工作于 Ku 波段,但其采用圆锥型扫描方式,其中 46° 入射角的天线采取水平极化(H),而 54° 入射角的天线采取垂直极化(V)(Stoffelen,1998)。圆锥型扫描的星载微波散射计与棒状天线的星载微波散射计相比较具有 3 个主要的优势:①信噪比高;②天线尺寸较小;③探测刈幅较宽(Spencer 等,1997;JPL,2001;Leidner 等,2000)。SeaWinds 散射计消除了由于棒状天线所导致的星下点盲区,且其刈幅宽度超过了以往所发射的任何一种星载微波散射计,达到 1 800km(Liu,2002)。SeaWinds 散射计轨道运行周期为 101min,每 4 天即可重复轨道一次,全球 90% 的区域在 1 天内均能覆盖,能获取 400 000 个测量数据。SeaWinds 散射计探测海面风矢量单元的天线方位角与垂直轨道方向的位置相关。在内部天线扫描的半径区域内(<707km),每个风矢量单元可获取 4 个不同探测方位角的雷达后向散射截面,分别由内部天线和外部天线扫描获得。其中在仅由外部天线扫描的区域范围内,每个风矢量单元只能够获得两个不同方位角探测得到的雷达后向散射截面,且这两个雷达后向散射截面均由外部天线扫描获得。所有的雷达后向散射截面测量值只有两个固定的入射角(冯倩,2004)。SeaWinds 散射计的雷达后向散射截面和海表面风矢量探测单元的空间分辨率均为 25km,其中风速探测范围为 3～30m/s,精度为 2m/s 或 10%,而风向的探测精度为 20°。印度于 2009 年 9 月 23 日成功发射了 Oceansat-2(Ocean Satellite-2,印度海洋 2 号卫星),其上搭载了类似 SeaWinds 散射计的 Ku 波段笔型波束散射计,实现对海面风矢量场的监测。

搭载于欧洲航天局(以下简称"欧空局")ERS 系列卫星上的微波散射计,其工作于 C 波段(频率为 5.3GHz,波长为 5.66cm),采用垂直方向的极化方式。该传感器和 ERS 系列卫星上搭载的合成孔径雷达的成像模式、波模式组合构成一个 AMI(Active Microwave Instrument,主动式微波探测装置),分别搭载于 ERS-1 卫星(1991 年 7 月发射)和 ERS-2 卫星(1995 年 4 月发射)上。ERS/SCAT 具有海面风矢量反演最佳的天线几何关系,即中间天线设置在前视天线和后视天线的正中间(Stoffelen 和 Anderson,1997)。ERS-1 卫星的重复周期可进行调整,分别有 3 天、35 天和 168 天三种运行模式;而 ERS-2 卫星仅有 35 天重复周期这一种运行模式(冯倩,2004)。当 AMI 处于散射计工作模式时,采取三波束侧视天线,其中的一束与卫星飞行轨道方向相垂直,另一束则指向前向45°,而第三束则指向后向45°(Stoffelen,1998;冯倩,2004)。不同于 Seasat - A/SASS 和 NSCAT 散射计的探测方式,ERS 系列卫星的微波散射计只进行单边探测,其海面刈幅宽度为 500km,采取 25km 的海面微波散射探测单元,其风速反演的空间分辨率为 50km,风速探测精度为 2m/s(冯倩,2004)。ERS 系列卫星已经连续获取全球散射计数据 10 余年,提供了进行长时间序列全球变化研究的最佳数据,也是迄今为止历时最长的业务化遥感传感器。

在业务化运行的 ERS/ESCAT 散射计的基础上,欧空局原计划在 2006 年至 2012 年发射新一代 MetOp(Meteorological Operational Polar Satellite,气象极轨业务卫星)系列,该系列中的首颗气象卫星 MetOp - 1 已于 2006 年 10 月 19 日在哈萨克斯坦的拜科努尔发射场,搭载俄罗斯研制的"联盟- 2"运载火箭发射成功。作为欧洲首颗地球极地轨道气象卫星和 3 颗 MetOp 系列气象卫星中的第一颗,其携带的散射计 ASCAT,接替 ERS - 2 上的 ESCAT 工作。ASCAT 散射计的极化方式、天线方位方向以及工作频率都与 ERS/SCAT 相同,但其由单边观测改进为双边观测,并且其入射角的范围要超过以前的 ERS/SCAT 散射计(Figa - Saldana.J. 等,2002)。与此同时,欧空局正考虑发射与 QuikSCAT 散射计相类似的 C 波段 RFSCAT(Rotating Fan-beam Scatterometer,旋转扇形波束散射计)(Portabella,2002),但计划采用较宽的入射角范围实施海面探测,使得海面风矢量单元的观测区域进一步提高(冯倩,2004)。

在我国,星载微波遥感探测还处于发展阶段,自 20 世纪 90 年代初,我国加强了星载微波遥感器的研制工作。尽管空间遥感器技术起步较晚,与国际航天微波遥感的发展有差距,但我国充分重视实际国情、发展现状及国际上的发展水平和动向,采用"跳跃"式发展战略。2004 年 12 月,"神舟"4 号飞船成功发射,其搭载的多模态微波遥感器,是我国第一次进入太空的微波遥感器,是一部集高度计、散射计和辐射计为一体,具有综合观测能力的微波遥感器(张德海等,2003;王振占和李芸,2004;王振占等,2005)。"神舟"4 号飞船的在轨运行实验,取得了大量的有效科学数据,在轨实验获得成功(冯倩,2004)。表 1 - 1 给出了已成功运行或计划运行的星载微波散射计。

表 1 - 1　主要散射计列表

散射计	搭载卫星	工作波段	工作时间
SASS	Seasat	Ku	1978.06—1978.10
ESCAT	ERS - 1	C	1991.07—1996.06
ESCAT	ERS - 2	C	1995.04—2001.01
NSCAT	ADEOS - I	Ku	1996.09—1997.06
SeaWinds	QuikSCAT	Ku	1999.06—2009.11
SeaWinds	ADEOS - II	Ku	2002.12—2003.10
ASCAT	MetOp - 1	C	2006.10 至今
SCAT	Oceansat - 2	Ku	2009.09 至今

续表

散射计	搭载卫星	工作波段	工作时间
微波散射计	HY - 2A	Ku	2011.08 至今
ASCAT	MetOp - 2	C	2012.09 至今
ASCAT	MetOp - 3	C	2018.11 至今
微波散射计	OceanSat - 2	Ku	2009.09 至今
微波散射计	ScatSat - 1	Ku	2016.09 至今
微波散射计	CFOSAT	Ku	2018.10 至今
微波散射计	HY - 2B	Ku	2018.10 至今
微波散射计	HY - 2C	Ku	2020.09 至今

各种散射计扫描轨迹及刈幅的示意图如图 1-1 所示。

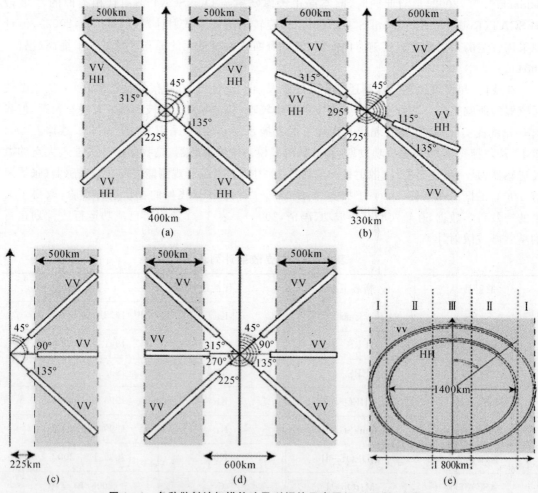

图 1-1　各种散射计扫描轨迹及刈幅的示意图(Portabella,2002)

(a)SASS;(b)NSCAT;(c)SCAT;(d) ASCAT;(e) SeaWinds

按照散射计的波束形状可将散射计分为扇形波束散射计和笔形波束散射计。欧洲多采用前者,美国通常采用后者。

微波散射计的测量方式有很多种,如图 1－2 所示。

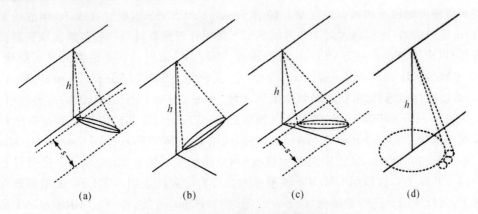

图 1－2 微波散射计的测量方式

图 1－2(a)所示为侧视扇形波束散射计,适合宽阔范围的探测。

图 1－2(b)所示为前视扇形波束散射计,只能沿着飞行轨迹测量,刈幅较窄,但对于海表面上的每一点,后向散射回波可以在很多入射角下测量。

图 1－2(c)所示为斜扇形波束散射计,其测量范围宽,并且可以进行多波束、多方向测量。

图 1－2(d)所示为扫描式笔形波束散射计,它以恒定的观测角对很宽的区域进行双向观测,扫描范围特别大(程晓等,2003;程晓,2004)。

欧洲最新的星载散射计采用侧视加斜视扇形波束,而美国的 SeaWinds、印度的 Oceansat－2 搭载的散射计,以及我国的多模态微波散射计则采用扫描式笔形波束。

1.2.1.2 海面风场反演的模式研究进展

Crombie 早在 1955 年就根据频率为 13.56GHz(波长为 22cm)的分米波雷达观测资料,发现海面回波具有多普勒谱的性质,为海面散射建立了新的概念:在 12～18GHz 微波频率内,在 20°～60°入射角范围内,风致海面短波是产生雷达后向散射的主要散射体。因此,由风速与雷达后向散射截面 σ° 之间的关系,可反演出海面风场(Jones 等,1982)。在此基础上,Moore 教授于 1966 年最早提出了星载散射计测量海面风场的概念(刘良明,2005)。随着人们对微波和海洋厘米级表面张力波和重力波的 Bragg 共振散射关系的认识的深化,散射计测风的理论基础也逐渐建立起来了。

GMF(Geophysical Model Function,地球物理模型函数)描述了海面风矢量(风速与风向)与雷达后向散射截面 σ° 之间的关系。主要分为两类,即理论模型和经验模型。理论模型建立在海面微尺度波模式和雷达后向散射模式的基础上,一旦微尺度波谱被确定,利用一定的后向散射模型就可以得到 σ° 与风速、风向、波长、极化、入射角和复介电常数等的定量关系,例如 Donelan－Pierson 模式、Apel 模式和 VIERS－1 模式。但由于理论模型的复杂性及模型中某些参数测量上的困难性,因而理论模型还未能进入实用阶段。经验模型假设 σ° 与风速的幂次成正比,并以现场测量值为基础确定相关系数,也是当前业务化运行所采用的模型。

在 1968 年，Wright 就得到了基于理论的 Ku 波段微波散射 GMF，但最为成功的 Ku 波段 GMF 还是通过经验方式获取，即 Seasat - A/SASS 散射计所使用的 SASS - I 模型函数 (Bracalente 等，1980；Jones 等，1982；Schroeder 等，1982)。SASS - I 可对 Seasat - A/SASS 散射计资料实施海面风速和风向的反演。随着 Seasat - A/SASS 散射计在 1978 年成功发射运行，Wentz 等(1984，1986)通过对 3 个月的 SASS 散射计观测资料与一些机载实验资料的统计对比分析，提出了 Wentz 或 SASS - II 模型函数。NSCAT 散射计初始的海面风场反演 GMF 即基于 SASS - II 的 GMF。Wentz(1992)尝试利用 SSM/I(Special Sensor Microwave Imager，微波成像传感器)来获取经验的模型函数。Freilich 和 Dunbar(1992，1993)利用 NWP (Numerical Weather Prediction，数值天气预报)的模式风场与雷达后向散射截面构建 C 波段的经验模型函数。Stoffelen 和 Anderson(1997)利用 ECMWF(European Centre for Medium-range Weather Forecasts，欧洲中期天气预报中心)的模式风场和 ERS/SCAT 散射计数据为欧空局成功开发了 C 波段的 CMOD4 模型函数。许多研究均表明，CMOD4 模型函数在高风速情况下，其反演的风速明显偏低(Carswell 等，1994；Quilfen 等，1998)。ERS/SCAT 的风速和风向的测量精度大约分别为 1m/s 和 14°(Quilfen，1995)，但对于低风速情况，风速和风向的测量精度则大为降低(Graber 等，1996)。而应用于星载微波散射计 Offline 产品的 CMOD-IFR2 模型函数则是由 ERS/SCAT 数据同与之相匹配的 ECMWF 的模式风场数据及浮标测量数据获得，在低于 20m/s 的风速条件下，CMOD-IFR2 和 CMOD4 模型函数反演的风速结果是较吻合的，但在高风速条件下，两者的差异较为明显(冯倩，2004)。Jones 等(1998)利用神经元网络构建了一种改进的经验物理模型函数来实施热带气旋风场结构的反演。Wentz 等 (1999)利用 3 个月的 NSCAT 散射计雷达后向散射截面数据、SSM/I 辐射计探测数据和欧洲中期天气预报中心的模式风场数据构建了 NSCAT - 1 模型函数。在用于 NSCAT - 1 模型函数构建的数据集中，由于风速超过 20m/s 的概率很小，造成该经验模型函数对高风速条件下的风矢量反演不够准确。Ebuchi 和 Graber(1998，1999)通过对 NSCAT - 1 反演的风速与浮标数据进行比较，指出经验的 NSCAT - 1 模型函数反演的风速比真实值偏低约 0.4m/s。为消除两者之间的偏差并改善在高风速条件下的风场反演的精度，Wentz 等(1999)再次利用全部 10 个月的散射计探测数据来构建经验的 NSCAT - 2 模型函数。在经验的 NSCAT - 1 模型函数的基础上，通过对模型函数增加高阶项使得后向雷达散射截面与入射角、风速和风向的关系更为准确，Ebuchi(2000)对该模型函数进行了有效的评估。JPL 在原有的 NSCAT - 2 模型函数的基础上，利用所获取的 QuikSCAT 测量值，构建了 QSCAT - 1 模型函数，并于 2000 年 5 月将该经验模型函数用于 QuikSCAT 探测资料的海面风场反演。Draper 和 Long(2002) 认为 QuikSCAT 散射计的海面风场反演受仪器设备噪声及降雨的影响较明显，且在低风速情况下，星下点区域海面风向的反演误差比较大。QuikSCAT 散射计反演得到的风矢量精度要优于以往散射计的反演结果，在中等风速条件下，QuikSCAT 散射计反演得到的海面风矢量和浮标实测数据比较，风速和风向的均方根偏差分别为 0.7m/s 和 14°。Bourassa 等(2003)将 QSCAT - 1 模型函数反演得到的海面风矢量与船舶测量资料进行了比较，分析指出，其误差分布与风速大小及风矢量单元的位置相关(冯倩，2004)。Portabella(2002)认为，由于 QuikSCAT 散射计星下点刈幅区域的前、后视天线方位角间隔接近 180°，因而导致了风向去除多解的准确率下降。Wentz 等通过对 QuikSCAT 散射计风矢量算法的改进，构建了 Ku-2001 模型函数，使得 QuikSCAT 散射计具备测量风速达 30m/s 以上的热带风暴及台风的能力。Yueh 等(2000,2001,2003)利用 QuikSCAT 散射计探测热带风暴出现时的海面雷达后向散射截面,考虑降雨的作用,获得极端风速条件下的经验模型函数,改进之后的经验模型函数反演的最大风速可达 60m/s。针对 CMOD4 模型函数的不足,Stoffelen 等(1999,2007)在 CMOD4 模型函数基础上,综合 Donnelly 等(1999)的研究成果,不断完善并正式提出了 CMOD5 模型函数,改进了 CMOD4 模型函数在高风速情况下反演风速偏低的不足。

在我国,对于海面风场反演的模型函数研究则处于发展阶段。金亚秋等在 1994 年研究了具有泡沫白浪的粗糙海面的后向散射特性,何宜军在 2000 年对海浪微波散射理论模式进行研究,取得了有意义的结果。国内研制岸基平台散射计的单位有中国科学院空间科学研究中心、浙江大学和上海科技大学等单位,中国科学院空间科学研究中心还研制出机载散射计。这些单位研制的散射计先后由国家海洋局一所、二所和三所做过海洋测风试验,其中包括在 1993 年 11 月由国家海洋局第一海洋研究所与第三海洋研究所联合对机载散射计进行的海上试验以及 2001 年国家海洋局第一海洋研究所首次利用我国自行研制的雷达散射计在渤海湾石油平台进行了测量的试验,获得在开阔海域条件下的后向散射截面与海洋环境参数同步测量数据,为我国进行海面风场测量的理论研究打下了基础(逢爱梅和孙元福,2002;刘良明,2005)。

针对风矢量反演算法的研究,Jones 等(1982)最早提出了用 σ^0 的对数表达式,将加权均方和作为目标函数的求解方法,并应用于 SASS,取得了开创性的效果,但此方法在信噪比较小,即 σ^0 值较小的情况下,有比较明显的偏差。Wentz 等(1982)提出二次方和算法,用来处理 SASS 散射计数据。该方法要求后向散射截面积以对数形式表示,因此不能处理后向散射能量为负值的情况,而此种情况在信噪比较低时经常发生。Pierson(1984)认为 MLE(Maximum Likelihood Estimator,最大似然估计)算法比较适合 SASS 散射计的海面风场反演,MLE 法不再受后向散射测量值正负的限制。

随着散射计技术的不断发展和完善,主要形成了如下 7 种风矢量反演算法:二次方和算法、MLE 法、LS(Least Squares,最小二乘)法、WLS(Weighted Least Squares,加权最小二乘)法、AWLS(Adjustable Weighted Least Squares,自适应加权最小二乘)法、L1 模法和 LWSS(Least Wind Speed Squares,最小风速二乘)法。Chi 和 Li(1988)对不同的风矢量反演算法进行了模拟研究,认为 MLE 法是海面风矢量反演的最佳算法。该方法通过计算给定风矢量单元的雷达后向散射截面,联合条件概率来反演海面风矢量,即找到最可能的风矢量解,使得星载微波散射计测量的后向散射截面与模拟计算的结果最为接近,且被用于处理 ERS,SeaWinds,ASCAT 等散射计数据(冯倩,2004)。在国内,解学通等(2005)对此反演方法进行了分析研究。对于 SeaWinds 散射计的海面风场反演,林明森等(2006)利用神经网络来实施散射计风场反演。陈晓翔等(2009)基于散射计雷达后向散射截面随风速和相对方位角的变化规律,从信息图谱几何形态特征出发,提出了一种新的反演方法,在散射计海面风场反演研究中做了积极的探索。

1.2.1.3 风场模糊去除的研究进展

由于散射计后向散射截面的测量噪声以及模型函数在逆风和顺风观测时具有的各向异性不是很明显,对于 GMF 的求解往往会获得多个风矢量解,这些多解也常称为模糊解。如果将散射计的观测值直接同化进 NWP,那么这些模糊解及其先验概率可结合其他的观测数据反馈到 NWP 模式的变分数据同化方案中(Stoffelen 和 Anderson,1997)。但换一个角度而言,当散射计的观测值作为临近预报的一个单独信息源时,从模糊解中选取最可能为真实解的数值解就显得很有必要,这一过程也就是所谓的风场 AR(Ambiguity Removal,模糊去除)。

从硬件上着手,国外不少学者在天线和极化方式设计上做了大量工作,但都无法从根本上解决风向模糊性问题。目前主要是从模糊去除方法上有诸多学者提出了很多的模糊去除方法。如 Levy 和 Brown(1986)提出了基于观测资料以及雷达数据分析排除风向伪解的方法。Schultz(1990)开创性地利用 ES(Expert System,专家系统,一种在特定领域内具有专家水平解决问题能力的程序系统)的知识提出了利用循环滤波法排除风向伪解的方法。Shaffer 等(1991)利用中值滤波技术对风向模糊性问题进行了处理,取得了较好的效果。Thiria 等(1993)提出了利用神经网络反演海面风场算法。林明森(1997)提出基于风速等值线图判断风场结构,进而排除风向伪解的方法,结果表明,此方法应用于大尺度海面风场取得较好效果。李燕初等(1999)采用了圆中数滤波器对风向进行了模糊去除。林明森等(2000)对 Long 和 Medel(1998)发展的场方式模型的反演方法进行了改进,提出了压力投影法对速度和压力进行分解,改进了原场方式的地转风假设,同时构造了新的差分格式及优化算子,简化了优化参数,一定程度上降低了计算量。刘良明(2005)研究证明虽然经过优化的场方式反演风场方法不存在多解消除的问题,但它仍然存在计算量过大的问题,还不是一个成功的可用于业务运行的方法。Hoffman 等(2003)给出了一种二维变分的风场模糊去除方法,该方法中的代价函数由包括考虑过滤和动力一致性的 7 个约束项构成,通过对代价函数求取极值来实现风场的模糊去除。Henderson 等(2003)在对来自 NASA 的 NSCAT 散射计资料进行海面风场反演的过程中,对此变分方法和中值滤波模糊去除方法进行了很好的对比分析,也进一步验证了该变分方法的有效性。

1.2.1.4　海上行星边界层要素的反演研究进展

传统的海岸调查在资料获取、信息处理等方面存在很大局限,主要表现在:海岸环境的可进入性与通达性(简单说就是从一处到另一处的容易程度)较差;近海和海岸环境复杂多变,难以进行多变量同步控制观测;海岸环境变化周期长、信息量大,难以取得理想的可控制数据,在实时处理上也有很大困难(谢文君和陈君,2001)。因此,对于气象水文要素的常规获取很难,目前海上行星边界层风压要素场可以通过 NCEP 的 $1° \times 1°$ 再分析资料获得,但由于这种再分析资料分辨率较低,特别是对中小尺度现象的描述更不理想,而通过海洋遥感来获取的也是诸如海面温度、海浪谱、海面风矢量、全球海表面变化等气象要素场,而诸如海平面气压要素场,则只能借助基本要素场间接获取,主要是依据海上行星边界层理论来得到。

星载微波散射计能够对海面风场进行有效的探测,并可成功反演获取海面风矢量信息。然而,在相当长的一段时间里,并没有很好的方法将这些反演得到的海面风矢量信息有效地利用起来。但随着 Deardorff(1972,1974)、Brown(1974,1978,1982)等在海上行星边界层的理论和行星边界层模式方面进行的富有开创性的工作,这一状况得以逐渐改变。Brown 和 Levy(1986)利用华盛顿大学设计开发的海上行星边界层模式,将由 SASS 散射计测得的海面风场作为输入量,对模式进行反向计算,得到了海平面气压要素场,并用此方法对 3 个不同的风暴个例进行了分析。此研究成果不仅是利用星载微波散射计获取的海面风场反演海平面气压场的最先尝试,也成为后来华盛顿大学行星边界层模式改进和发展的基础。Smith(1988)对海表风应力、感热、风廓线与海表风速、温度的关系进行了细致研究,给定了相应的系数值。Levy 和 Brown(1991)通过该模式,利用散射计资料对南半球的天气系统进行了分析。Brown 和 Zeng(1994)利用欧空局于 1991 年发射的 ERS-1 卫星提供的散射计的海面风场数据,估算了 25 个海洋风暴的中心最低气压。研究中所用的反演模式包含了可变层结、可变粗糙度和有组织大涡的作用,并且进行了热成风校正。Hsu 和 Wurtele(1997)则同时运用华盛顿大学的边界层模式和通过求解平衡气压场方程两种方法,利用 SASS 散射计的海面风场资料对海平面气压场进行了反演,并将反演得到的气压值与 NCEP、ECMWF 海平面气压场及海上浮标、商船提供的固定点的气压观测值进行了对比。随着 1996 年 ADEOS-1 卫星的发射升空,NSCAT 散射计的海面风场资料开始得到广泛应用。Zierden 等(2000)利用由 NSCAT 散射计的海面风场资料计算得到的相对地转涡度场与数值预报模式计算得到的地转涡度场进行融合得到新的地转涡度场,使用变分方法(Harlan 和 O'Brien,1986)计算得到最优的海平面气压场。Hilburn 等(2003)利用美国 QuikSCAT 卫星搭载的 SeaWinds 散射计风场资料,在该变分方法(Harlan 和 O'Brien,1986)的基础上,考虑梯度风作用,对南半球的气旋海平面气压场进行了有效反演。Stevens 等(2000,2001,2002)针对热带区域科氏力减弱明显,而对流运动和夹卷作用都很强的特点,提出了一种简化方法,在风场和气压场之间建立一定的近似关系,较好地由海面风场反演得到海平面气压场。Patoux 和 Brown(2002)考虑到地转平衡关系在流场中流线曲率较大的区域不再成立,而是满足梯度风平衡的关系,在华盛顿边界层模式中实施了梯度风修正,使得反演得到的气旋与反气旋的海平面气压场效果更为理想。Patoux 等(2003)将 Stevens 等提出的简化方法在华盛顿边界层模式中加以实现,进而使得原边界层模式由仅适合中纬度海域的模式改进为几乎可以反演全球海平面气压场的准全球模式。Von 等(2005)对 QuikSCAT 资料反演得到的海平面气压场与 NOAA 人工分析的海平面气压场进行了比较,验证了反演的效果。Patoux 等(2008)对由该模式反演得到的海平面气压场的效果进行了系统的评估。Portabella 和 Stoffelen(2009)利用散射计得到的海面风场反演得到了海表面风应力要素场,并对反演结果进行了有效验证。

在国内,对于利用星载微波散射计资料进行相关的气象水文要素的反演研究则开展得极少,主要就是张帆(2008)利用华盛顿大学行星边界层模式对 2006 年的西北太平洋海域的 16 个台风海平面气压场进行了反演和评估,进一步验证了该模式的反演效果。

1.2.2 合成孔径雷达海洋气象要素反演应用

1.2.2.1 星载合成孔径雷达发展历程

1978 年,Seasat 卫星升空。而后 ERS-1,JERS-1,ERS-2,RADARSAT-1 和 ENVISAT 等多个卫星均搭载了合成孔径雷达(见表 1-2),均采用侧视技术,其性能指标因仪器设计而不同,其分辨率从 3m～1km 不等,刈幅从 20～500km 不等,极化方式有的是垂直极化,有的是水平极化,还有的是交叉极化,频率亦有不同(C 波段、Ku 波段等)。一些合成孔径雷达可以实现不同的工作模式,以反演不同的大气或海洋参数。ENVISAT 所携带的合成孔径雷达可以改变分辨率、刈幅宽度及极化方式,工作于 ScanSAR,Wide-swath,Image,Alternating polarization,Global monitoring 等 7 种模式(Desnos 等,1995;Desnos 等,1999;Mancini 等,1996)。

表 1-2 已发射的星载合成孔径雷达

卫星	国家/组织	发射年份	波段
Seasat	美国	1978	L
ERS-1/2	欧空局	1991/1995	C
ALMAZ	USSR	1991	S
JERS-1	日本	1992	L
RADARSAR-1	加拿大	1995	C
SRTM	美国	2000	C
ENVISAT-1	欧空局	2002	C
TerraSAR-X	德国	2007	X
RADARSAR-2	加拿大	2007	C
COSMO-1/2/3/4	意大利	2007/2008/2010	X
ALOS	日本	2006	L
ALOS-2	日本	2014	L
RISAT-1	印度	2012	C
RISAT-2	印度	2009	X
SMAP	美国	2015	L
Meteor-M N2	俄罗斯	2014	
Kondor-E1	俄罗斯	2014	
Sentinel-1A/B	欧空局	2014/2016	C
TanDEM-X	德国	2010	X
RCM	加拿大	2019	C
NovaSAR-S	英国	2018	S
SEOSAR/Paz	西班牙	2018	X
SAOCOM-1A	阿根廷	2018	L
CSK-1/2/3/4	意大利	2007/2008/2010	X

1.2.2.2 星载合成孔径雷达反演海面风场研究进展

合成孔径雷达是 20 世纪 50 年代发展起来的新型微波侧视成像雷达,是目前发展极其迅速的一种现代空间探测装备。它综合利用了合成孔径技术、脉冲压缩技术和复杂的数据处理技术,通过发射大带宽信号或极窄脉冲信号来获得较高的距离向分辨率。合成孔径技术采用较短的天线就能获得较高的方位向分辨率,并且能够穿透云层,全天候的对全球进行成像,对某些地物也具有一定的穿透能力,所以合成孔径雷达具有其他遥感手段如红外遥感、光学遥感等不可比拟的优势,引起了各国的热切关注,竞相研制机载及星载合成孔径雷达。合成孔径雷达技术及应用水平已成为体现一个国家科研及军事实力很重要的部分(陈艳玲,2007)。

合成孔径雷达因其高分辨率的特点,已经应用于植被类型分类、海冰监测、海底地形监测、土壤湿度监测、灾害(如:洪水、地震、石油溢出)监测、沙漠化监测等(黄庆妮,2004)。和散射计类似,合成孔径雷达探测海面参数时,后向散射截面大小与海面粗糙度相关,海面粗糙度与风速和风向相关,所以可以通过合成孔径雷达所接收到的雷达后向散射截面来反演海面风场。所有星载主动探测设备反演海面风场的方法均是通过深入地研究风矢量与后向散射截面之间内在的联系而建立的。雷达入射角在 20°～60°之间时,主要的微波散射机制是布拉格散射,主要的回波能量归功于海面粗糙度与雷达波长相近的回波能量,对于星载微波探测设备,雷达波段主要在 L 波段到 C 或 Ku 波段之间。总体来说,随着风速增大,海面粗糙度增大,雷达后向散射截面增大。当然,在某些波段,海面粗糙度会因风速过大而达到饱和状态。当风正对着雷达前进方向吹或者远离雷达前进方向吹的时候,后向散射截面达到最大;当风垂直于雷达前进方向吹的时候,后向散射截面达到最小(Monaldo 等,2003)。

搭载于 Seasat 上的合成孔径雷达最初目的不是用于探测海面风场,而是用于探测海面波谱(Monaldo,2003)。在 Seasat 升空前,对空基合成孔径雷达的试验表明,后向散射截面与波长大于 50m 的海洋长波有关。对合成孔径雷达图像的谱分析之后得出了可以用合成孔径雷达测量海面波谱的结论。Weissman 等(1979)经分析指出,合成孔径雷达强度图像和风速、风向有相关性,Fu 等(1982)指出,从合成孔径雷达图像中可以清晰地看到台风的条纹,而该条纹与风向有关,从此掀开了合成孔径雷达反演海面风场的热潮。ERS-1 上搭载的合成孔径雷达是 C 波段垂直极化雷达。一同搭载于 ERS-1 上的散射计的主要作用是探测海面风场,由于雷达波段相同,入射角相似,所以散射计和合成孔径雷达的信号被海面散射的机理相同,即可以借鉴散射计反演海面风场的方法利用合成孔径雷达来反演海面风场(Kang 等,2007)。

散射计 C 波段垂直极化的地球物理模型函数已经发展得比较成熟。杨劲松(2005)、张毅等(2007)对 CMOD4 地球物理模型函数进行了仿真,结果表明,后向散射截面在不同程度上依赖于风速、风向、入射角和极化方式。Susanne 等(2000)分别利用方位角交叉相关法和CMOD4 地球物理模型函数法进行 ERS-2 合成孔径雷达波谱模式数据的风速反演,与ERS-2 散射计进行比较,CMOD4 地球物理模型函数法优于方位角交叉相关法。CMOD4 地球物理模型函数的最主要问题在于 20m/s 以上风速情况下的风场反演精度不足,这是由20m/s 以上的现场观测资料严重匮乏所导致的。CMOD5 地球物理模型函数是通过后向散射截面与欧洲中尺度天气预报中心的模式预报结果进行比较而发展起来的最新的地球物理模型函数,其在 20m/s 以上情况下的风场反演精度相比 CMOD4 和 CMOD-IFR2 有明显提高(Hersbach 等,2007)。Horstmann 等(2003,2005,2006)分别利用 CMOD4 和 CMOD5 针对Floyd,Ivan,Katrina 等台风进行了风速反演,结果表明,CMOD4 在台风眼墙附近计算结果偏低,CMOD5 表现较好。虽然对电磁散射及海面粗糙度与风矢量的关系的研究有了实质性的进展,但利用半经验的地球物理模型函数反演合成孔径雷达风矢量依旧是最准确且被广大学者采用的方法。上述地球物理模型函数通过给定的风速和风向即可计算出唯一的后向散射截面,而反过来却很复杂。一个单一的后向散射截面对应了太多的风速与风向的组合,这是通过地球物理模型函数反演海面风矢量的一大难题。合成孔径雷达反演海面风场,一般情况下,先确定风向,再通过地球物理模型函数计算风速。Birgitte 等(2000,2002)利用 CMOD - IFR2 地球物理模型函数反演 ERS 合成孔径雷达海面风场并分别与散射计、浮标和 MM5 模式预报结果进行比较,得出了合成孔径雷达风速反演结果精度较高的结论。Qian 等(2004)利用 RADARSAT ScanSAR 及 CMOD4 地球物理模型函数针对中国海海面风场进行了反演。Li 等(2006)利用 KdV 方程、布拉格散射模型及高频海洋波谱平衡方程推导出了海洋内波解析形式,并讨论了合成孔径雷达图像中的风场对海洋内波的影响。Lin 等(2008)系统总结了利用合成孔径雷达反演海面风场的方法。Monaldo 等(2006)针对 CMOD 地球物理模型函数是否适用于高分辨率合成孔径雷达风场反演的问题进行了深入研究,结果表明,以同一个点为中心从 1~50km 空间平均后计算的风速基本没有明显偏差,即 CMOD 地球物理模型函数可用于合成孔径雷达风场反演。Pichel 等(2008)利用 CMOD5 地球物理模型函数区分 0~15m/s,15~25m/s,大于 25m/s 三种情况,讨论台风情况下的风速反演结果:在 0~15m/s 情况下,标准差为 2.23m/s;在 15~25m/s 情况下,标准差为 2.37m/s;在 30m/s 以上由于强降雨的影响,反演结果偏差很大。所以在风速较大的情况下的风速反演有必要剔除降雨的影响。He 等(2004,2005)受散射计利用不同视角的后向散射截面通过最大似然法反演海面风场的思想启发,提出了新的合成孔径雷达反演海面风场的方法。在海面状况不发生剧烈变化的情况下,可以认为相邻风矢量非常接近,故假设两者风矢量相等,也就相当于对同一风矢量单元进行了两次观测,并认为后向散射截面的变化完全由入射角差异引起(张毅等,2010),将合成孔径雷达图像分成 25km×25km 的子图像,将每一个子图像编号为 (i,j),其中 i 为雷达扫描方向,共 N 个格点,$i=1,\cdots,N-1$,j 为卫星飞行方向的图像编号,共 M 个格点,$j=1,\cdots,M$,对于每一个子图像 (i,j),定义代价函数:

$$J(i,j) = [\sigma_A^m(i,j) - \sigma_A^o(i,j)]^2 + [\sigma_B^m(i+1,j) - \sigma_B^o(i+1,j)]^2 \qquad (1-1)$$

式中,下标 A,B 分别代表相邻的两块子图像;σ_A^m,σ_A^o 分别代表通过 CMOD 模型计算的后向散射截面和观测到的后向散射截面。风速、风向可以通过迭代法或者数值计算法求解最终结果。风向模糊问题通过引入浮标等外部数据来解决。该方法不需要考虑合成孔径雷达图像中的风条纹,可直接从合成孔径雷达图像中反演出风矢量,思路新颖,有实用价值。Shen 等(2006)指出上述方法仅可用于风速风向变化不大的风场,并提出了改进的最佳分析方法,该方法的优点在于可以不需要外部风向数据。在台风等风速大且变化剧烈的情况下,该方法以方位角方向作为风场反演的参考方向,反演结果中风速比散射计反演精度高,而风向仅能反映大致的风场结构。Shen 等(2007)针对在入射角较小的情况下高风速会产生速度模糊的问题,提出了基于风场结构(即由台风中心向外延拓的射线中,风向由小急剧增大,随后缓慢减小的过程)的去模糊方法,随后 Shen 等(2009)根据台风同一风圈半径上风速变化较小,提出台风风圈半径上的风速反演结果标准差最小的风速集合为去模糊后的风速集合。Cai 等(2000)指出同极化散射测量海面风场的局限在于小入射角情况下精度低,需要外部数据进行模糊去除,根据同极化和交错极化两种极化方式的回波受到风场调制的性质不同,提出了多极化散射测量海面风场理论。宋贵霆(2007)结合 Cai 等(2000)提出的海面风场与交错极化后向散射截面的半经验关系式与 CMOD - IFR2 地球物理模型函数,提出用多极化方式反演风场,并利用 ASAR 垂直极化和交错极化两组数据进行了试验,结果表明该方法是有效的。

从上面的介绍可知,基于散射计地球物理模型函数反演合成孔径雷达海面风场的方法被绝大多数学者采用。该方法通过已知的风向、后向散射截面及雷达方位角和入射角等信息,利

用散射计地球物理模型函数反演风速。该方法的主要问题是需要事先已知风向
(Christiansen,2006)。该风向可以通过外部数据的引入来指定,比如用目标区域的浮标风向,
或者散射计、模式预报结果中的风向来指定合成孔径雷达反演风场中的风向,亦可以通过合成
孔径雷达图像本身的条纹信息来指定风向(Korsbakken 等,1998)。Monaldo 等(2001)利用大
量星载合成孔径雷达、NOGAPS(Navy Operational Global Atmospheric Prediction System,海
军实用全球大气预测系统)模式和浮标的同步数据进行了系统的比较,通过合成孔径雷达反演
的风速与浮标风速进行比较表明,经准确校准后的合成孔径雷达数据能够用于高分辨率的海
面风场反演,具体在入射角 25°以内,后向散射截面被低估,以浮标为真值,反演的风速标准差
为 1.76m/s。Monaldo 等(2001)亦指出,空间平均的合成孔径雷达海面风场与时间平均的浮
标海面风场之间采样方式的不同亦会产生误差。这里采用的合成孔径雷达风向是由
NOGAPS 输出的风向(1°×1°)经插值给出的。Monaldo 等(2002,2003)经试验表明,利用
QuikSCAT 风向作为合成孔径雷达风向,通过地球物理模型函数反演风速能够明显提高反演
精度。Brown(1980),Alpers 等(1994)指出,图像中的线性特征与大尺度涡旋有关,对流单体
的水平分布亦可从中获取。Wackerman 等(1996)利用谱分析方法对 ERS-1 合成孔径雷达
进行风向反演,精度为±19°,利用 CMOD4 地球物理模型函数进行风速反演,精度为±1.2m/s。
杨劲松等(2001)利用 RADARSAT 合成孔径雷达图像及谱分析方法反演获得了中国海南省
东南部近岸海区海面风场,并与预报风场作了比较,结果显示二者符合较好。Schneiderhan 等
(2003)利用谱分析方法对 ENVISAT ASAR 数据波谱模式数据进行风向反演,利用该风向反
演结果及 CMOD4 地球物理模型函数进行风速反演,试验中利用固定的外部数据提供的单一
风向与谱分析方法风向分别进行风速反演,前者误差为 4.23m/s,后者误差为 2.03m/s,即利
用合成孔径雷达图像本身反演的风向精度要比外部提供的低分辨率风向精度高。陈艳玲等
(2007)利用谱分析方法得到的功率谱的前三个最大功率均值的线性拟合来确定风向。Saito
等(2009)利用谱分析方法对扫过津轻海峡(在日本北海道同本州岛之间)的 JERS-1 合成孔
径雷达数据进行了风向反演,并与灯塔数据进行了比较(共 16 个方向,间隔为 22.5°),得出绝
对误差为 21°的结论。Zecchetto 等(2002,2007)利用小波分析的方法来估计风向。这些方法
都使得风向反演接近于 Nyquist 极限,使得风向反演的范围在 10km 以内(Monaldo 等,
2003)。Horstmann 等(2003,2004)利用不同尺度下的空间梯度来估计风向。Koch(2004)、
Koch 等(2006)基于空域的分析方法,利用数字图像处理理论中的边缘检测来求取条纹边缘并
以梯度最大方向来指定风向。Koch 指出,空域分析方法有着更高的空间分辨率的优势。
Wackerman 等(2003)利用 RADARSAT 合成孔径雷达数据和美国东海岸的浮标,将谱分析方
法和 Koch(2004)提出的空域分析方法进行了比较,风向反演误差前者为 35°,后者为 20°。朱
华波等(2005)提出基于空域的尺度分离的合成孔径雷达图像梯度反演海面风向方法,风向均
方根误差达到 3.414°,并且指出基于空域的梯度方法在使用谱分析方法无法获得结果的情况
下依旧能够求得正确的风向结果。利用图像的条纹反演风向的方法的优势在于:第一,能够捕
获高分辨率的风向的频繁变化,而模式预报结果很难做到这一点;第二,图像条纹反演风向与图
像反演风速在时间和空间上是完全匹配的。不足之处在于:第一,存在 180°模糊问题;第二,条纹
特征常常不是很明显;第三,条纹特征常会被某些物理过程或信号处理过程(如 ENVISAT-1
中的扇形效应)所破坏。数值预报结果、浮标或其他星载探测设备获取的风向可以用来指定合
成孔径雷达风向,例如 QuickSCAT 散射计和 WindSat 辐射计均可以提供 25km 分辨率的风

矢量信息。然而,这种方法存在的问题是时间和空间不匹配,数值预报结果、浮标或其他星载探测设备获取的风向的空间分辨率均低于合成孔径雷达,这种时空不匹配极可能导致风向误差变大,而我们上面讨论过,合成孔径雷达反演风场要先指定风向,再通过 CMOD 模型反演风速,据统计,30%的风向误差将导致 40%左右的风速误差(与合成孔径雷达的方位角、入射角有关)。由于合成孔径雷达图像中的条纹不一定单纯由风驱动,Sikora 等(2002)讨论了海洋大气边界层(Marine Atmospheric Boundary Layer,MABL)不稳定层结、中性层结、稳定层结情况下部分大气现象(如对流单体、重力波等)在合成孔径雷达图像中的表现形式,为避免基于合成孔径雷达图像反演海面风向研究中因部分大气现象所导致的类似于风条纹的纹理现象的影响而将误差带入反演结果提供了理论依据。

1995 年升空的 RADARSAT-1 是水平极化的,而当时学者们还没有专门针对水平极化方式研究出合适的地球物理模型函数。部分学者提出了采用一种适用于 CMOD4 地球物理模型函数的将垂直极化产生的后向散射截面转换到相应的水平极化的后向散射截面的方法(Horstmann 等,2000,2002)。其中一个比较简单的表达形式为

$$POL = \frac{(1 + \alpha \tan^2\theta)^2}{(1 + 2\tan^2\theta)^2} \tag{1-2}$$

这里的 θ 是雷达入射角,α 是和表面散射有关的参数(Thompson 等,1998),POL 为极化比。

当 $\alpha=0$ 时,对应布拉格散射,当 $\alpha=1$ 时,对应 Kirchhoff 几何光学估计,即 $\sigma_H^o = \sigma_V^o$。Elfouhaily(1999)给出了一个新的极化比的计算形式,通过与 Seasat 散射计相比较,得出该极化比有更高精度的结论。

$$POL = \frac{(1 + 2\sin^2\theta)^2}{(1 + 2\tan^2\theta)^2} \tag{1-3}$$

由于对 RADARSAT-1 进行了较理想的校准,众多学者展开了风场反演工作(Horstmann 等,2003,2005)。Kim 等(2003)在朝鲜半岛东海岸海滩设置了两个三角反射镜,以实现 ENVISAT ASAR 数据的外部校准,他们利用 CMOD4 地球物理模型函数进行了 ASAR 垂直极化数据海面风速反演,利用 CMOD4 地球物理模型函数和 Kirchhoff 极化比进行了 ASAR 水平极化数据的风速反演,结果表明,Kirchhoff 极化比偏小,他们认为对含有入射角的极化比还需要更加深入的研究。Monaldo 等(2002,2003)认为调整极化比公式中的 α 亦可减小合成孔径雷达与散射计海面风场之间的平均误差。但是,Monaldo 等(2004)指出,无法找到一个同时能够满足让平均误差和标准差达到最小的 α,他们针对该问题提出了一个和 CMOD 地球物理模型函数相类似的适用于水平极化的模型函数,通过非线性回归得到相关参数,经试验,RADARSAT-1 的风速反演精度可降低到 1.24m/s。Johnsen 等(2008)利用基于 GCM(General Curvature Method,一般曲率法)的电磁散射模式(该模式考虑了破碎波浪对后向散射截面的影响)进行了极化比的计算,并将所得结果和 ENVISAT ASAR Alternating polarization 模式(VV/HH)的极化比进行了比较,标准差从 0.64 m/s 降到了 0.50 m/s。

Melsheimer 等(1998)指出,强降雨对 C 波段的微波辐射有严重影响,当降雨量大于 50mm/h(热带地区常发生这种情况)时,合成孔径雷达后向散射截面的衰减能够达到 5dB,对风速反演会产生较大影响。Melsheimer 等(1999)针对 SIR-C/X-SAR 数据进行分析,认为降雨所产生的影响因海表面波波长不同而不同,当波长大于 10cm 时为衰减,当波长小于 3cm 时为增强。对于 ERS 合成孔径雷达而言,波长为 7cm,这两种影响并存,后向散射截面所受到

的影响主要取决于降雨量。Melsheimer 等(2001)对比天气雷达中的雨区和 ERS 合成孔径雷达图像中的雨区后指出,雨区在 ERS 合成孔径雷达图像中强度变化很大,很难将其与其他中尺度或次中尺度大气海洋现象区分。受降雨影响的 C 波段布拉格散射强度亦即雷达后向散射截面的增大与减小取决于降雨量、雨滴大小及分布、风速和降雨事件的时间演变过程。Nie 等(2008)分析了 Katrina 台风的合成孔径雷达图像,在入射角 22°~23.6°之间的位置存在雨区,降雨的主要影响是衰减信号,雨区比其他区域在合成孔径雷达强度图像上看起来更暗。Reppucci 等(2007)针对台风情况下雷达信号受到严重衰减而给风场反演带来很大误差的问题,提出了利用 Holland 模式函数和 CMOD5 地球物理模型函数联合建立代价函数,以中心气压及最大风速为自由变量求取代价函数极小来反演风场,反演结果与 HRD(NOAA Hurricane Research Division,国家海洋与大气管理局飓风研究部)数据对比,仅有 2m/s 的差别。Reppucci 等的工作为台风情况下的风场反演提供了一个新的思路,而他们在构建代价函数过程中的后向散射截面并未定量地考虑降雨所引起的信号变化,所以剔除降雨对合成孔径雷达反演风场影响这方面工作还有待进一步深入研究。

以上利用合成孔径雷达资料反演海面风场的方法均是基于 CMOD 地球物理模型函数的,部分学者提出了不基于 CMOD 地球物理模型函数的反演方法。Kerbaol 等(1996)提出了基于动力学的方法。合成孔径雷达利用多普勒频移得到方位向的高分辨率的资料,而当海面有水平运动时会影响到多普勒信号,这也就间接提供了海面的速度信息。分析合成孔径雷达图像沿轨方向的与截断方向谱相关的拖尾效应可提取风速信息。方位角的拖尾效应与沿轨波速的均方根成正比。这种动力学方法需要对合成孔径雷达方位截断参数进行估计。雷达方位截断参数与从合成孔径雷达图像谱中反演的双尺度波谱有重要关联,所以 Kerbaol 等(1996)将合成孔径雷达图像方位角的自相关函数与高斯函数匹配来估计频域中的方位截断参数。这种方法的最大优点是在小入射角的情况下不需要风向信息即可以得到风速。但是由于方位截断参数亦包括大尺度波浪运动,因此对其选取需谨慎。方位截断参数不仅与风成波浪有关,亦与随机波浪运动有关,所以当存在大的涌浪系统时,可能会影响到方位截断参数的计算,最终影响到风速计算。喻亮等(2005)提出以相关长度确定风向,再利用随机粗糙海面理论模型反演风速,以长江口海区为研究对象,利用 ERS-2 合成孔径雷达图像获取了海面风场,反演结果与浮标测量风场比较,证明了方法的可行性。此外,还有针对未校准数据的神经网络方法(Horstmann 等,2002,2003),多普勒质心分析和交叉谱分析方法等不依赖于 CMOD 模型的反演方法。

Horstmann 等(2000)指出,直接用散射计的地球物理模型函数反演合成孔径雷达海面风场时,风向误差将直接导致风速误差。更进一步,由于地球物理模型函数本身的对称性,同样的风向误差导致的风速误差在 45°,135°,225°和 315°附近最大,低风速情况下,随着入射角增大,误差增大,高风速情况下,随着入射角增大,误差反而减小,风速精度亦严重依赖于仪器性能。Portabella 等(2002)针对上述不确定性,首次提出了利用统计反演方法来反演风矢量的方法,该方法基于贝叶斯理论,将后向散射截面与通过数值预报结果得到的风向先验估计引入到变分方程中,通过求取代价函数极小来确定最优风矢量。该变分方程包含了先验信息(背景场)和观测场信息,表达式如下:

$$J(x) = J_o(x) + J_b(x) \tag{1-4}$$

式中，$J_b(x) = \frac{1}{2}\left[\frac{u-u_B}{\text{SD}(u_B)}\right]^2 + \frac{1}{2}\left[\frac{v-v_B}{\text{SD}(v_B)}\right]^2$ 指的是背景项，u 和 v 分别为分析风速在 X 轴和 Y 轴方向的分量，u_B 和 v_B 分别为背景风速在 X 轴和 Y 轴方向的分量，$\text{SD}(u_B)$ 和 $\text{SD}(v_B)$ 分别为背景场在 X 轴和 Y 轴方向的标准差；$J_o(x) = \frac{1}{2}\left[\frac{H_{\sigma^o}(u,v,\theta_{\text{sat}},\chi_{\text{sat}}) - \sigma^o_{\text{obs}}}{\text{SD}(\sigma^o_{\text{obs}})}\right]^2$ 指的是观测项，σ^o_{obs} 为观测的后向散射截面，$\text{SD}(\sigma^o_{\text{obs}})$ 为后向散射截面的标准差，$H_{\sigma^o}(u,v,\theta_{\text{sat}},\chi_{\text{sat}})$ 为非线性正演模式，这里指的是 CMOD 模型。θ_{sat} 为雷达入射角，χ_{sat} 为雷达方位角。Cameron 等（2007）针对该问题，利用高斯-牛顿法求取代价函数极小来反演风场，统计试验表明该方法有效。进而 Choisnard 等（2008）对该方法在不同背景风向情况下的反演结果进行了评估。Dagestad 等（2010）将多普勒频移项加入上述代价函数，试验证明在气旋和锋面天气情况下反演结果更符合实际情况。

自从 1978 年 Seasat 卫星升空，1979 年 Weissman 等指出合成孔径雷达强度图像和风速、风向相关至今，众多学者对星载合成孔径雷达反演海面风场开展了深入的研究，反演算法取得了长足的进展。由于合成孔径雷达探测海面参数利用了布拉格散射机制，多数星载合成孔径雷达是 C 波段的，因此多数学者提出采用发展得比较成熟的 CMOD 地球物理模型函数来反演海面风场。一般首先确定风向，而后通过 CMOD 地球物理模型函数确定风速。首先确定的风向的误差势必会影响到而后反演的风速，针对该问题 Portabella 等引入了变分方法。和1.2.2 节中的雷达高度计反演海面风速比较，降雨和白沫等现象对合成孔径雷达反演海面风场的影响研究相对较少，如何消除降雨和白沫等现象对反演结果的影响的研究更少，是将来研究的一个方向。高风速情况下（如台风等）的风场反演结果精度相对来讲依旧较低，在考虑了降雨和白沫的影响后精度可能会有所提高，而现场观测资料较少依旧是制约高风速情况下反演算法精度的一大原因。

1.2.2.3　星载合成孔径雷达遥感海洋内波

1893 年，挪威探险家在北极考察的过程中发现船在分层水中航行速度显著降低的现象，其解释是内波增阻——由于船的运动在两层流体的界面处产生波动，此波动消耗了船的运动能量，使船速降低。在此之后，关于海洋内波的观测报告不断涌现（Gerkema 等，2008；蒋国荣等，2009）。

Osborne 等（1980）通过对安达曼海（Andaman Sea）的实地观测，用 KdV 方程的孤立波解描绘了海洋内波，并提出了海洋内波与表面波之间关系模型。Alpers（1985）利用 Seasat 卫星上搭载的合成孔径雷达图像研究了海洋内波遥感成像机制。Liu 等（1985，1988）将两层模式下的 KdV 方程与合成孔径雷达图像相结合，对纽约湾和苏禄海的非线性内波进行了深入分析，详细讨论了耗散系数在内波反演中的作用。Liu 等（1998）研究了台湾以东及海南以东中国海域内波现象。Zheng 等（2001）基于 KdV 方程的孤立波解推导了合成孔径雷达资料后向散射截面与内波参数的理论表达式，进而给出了计算内波半宽度和幅度的方法。Venayagamoorthy 等（2006）区分海洋内波与大陆架的相互作用及后续传播的动力过程，开展了二维高分辨率数值模拟，研究了内重力波与大陆架之间的相互作用。Arvelyna 等（2007）利用 1993 年到 2004 年的 ERS-1/2 合成孔径雷达资料研究了小波变换检测海洋内波的方法。Jackson（2009）利用合成孔径雷达图像确定内波相速等参量的模型函数，并给出了估计高频非线性内波地理位置的方法。Mitnic 等（2009）利用 ERS-1/2，ENVISAT 等搭载的合成孔径雷达及 EOS(Earth Observation System,地球观测系统)上搭载的传感器 MODIS(Moderate Resolution Imaging Spectroradiometer,中分辨率成像光谱仪)的可见光图像,系统地研究了班达海(Banda Sea)的海洋内波,指出班达海波包(Wave Packets)宽度达 100 多千米,由 15～20 个孤波组成,前导波相速大约在 2.2～3.1m/s 之间,最大波长在 12～15km 之间。Alpers 等 (2010)针对大气重力波和海洋内波在合成孔径雷达图像上的相似纹理现象,提出了区分大气重力波和海洋内波的方法。

我国关于海洋内波的观测始于 1963 年 5 月,对其深入研究始于 20 世纪 70 年代末。中国海洋大学王景明、方欣华、张玉琳、尤钰柱、徐肇廷、范植松、杜涛、江明顺、吴巍、鲍献文等,自然资源部第一海洋研究所(简称"海洋一所")的束星北、赵俊生、耿世江、孙洪亮、袁业立等,中国科学院南海海洋研究所的甘子钧、蔡树群等,中国科学院声学研究所的高天赋、关定华等,在极其困难的条件下开展了我国海洋内波的研究与教学工作(方欣华等,2005)。近年,我国学者何宜军、朴大雄、尹宝树、杨劲松、申辉、范开国等在海洋内波领域开展了卓有成效的工作。袁业立等(2004)在海波理论的基础上,用摄动的方法求解了海波高频谱控制方程组,利用精确到二阶的高波数海波谱得到了合成孔径雷达图像的解析表达式。Yang 等(2005)提出了含有 KdV 方程、作用量谱平衡方程及布拉格散射模型的数值模型以研究相对同一内波不同频率的合成孔径雷达信号的强度关系。申辉(2005)推导了包含地球旋转和海水黏性效应的海洋内波二维传播模型,讨论了地球旋转、海水黏性等对内波传播的影响,在此基础上提出了利用合成孔径雷达图像信息评估混合层厚度反演精度的方法。Ho 等(2009)利用 SeaWiFS(Sea Viewing Wide Field of View Sensor,宽视场水色扫描仪)和 MODIS 的水色数据针对南中国海吕宋海峡的海洋内波进行了研究,指出吕宋海峡东部没有发现海洋内波,满月和新月之后海洋内波出现的频率高,夏季海洋内波出现的频率比冬季高。林珲等(2010)对星载合成孔径雷达海洋内波遥感方面的研究进行了系统的阶段性总结。

1.2.3　雷达高度计海洋气象要素反演应用

雷达高度计以海面作为遥测靶,向星下点发射雷达脉冲信号,得到回波波形,以此波形来确定距海面高度、有效波高、后向散射截面等物理量。通过后向散射截面等参量可反演海面风速(杨乐,2009)。本节仅讨论雷达高度计反演海面风速的进展。

雷达高度计的雷达脉冲入射角小于 10°,回波能量(决定了海面风速的反演值)归功于海洋波浪的镜面反射,而散射计依靠海面波浪的布拉格散射探测海面风场(Chelton 等,1985)。雷达高度计探测海面风速的优势在于沿轨分辨率(6km 左右)远高于散射计(25km 左右),精度(1.7m/s)高于散射计(2.0m/s)(Zhang 等,2006),其劣势在于只能进行星下点探测,重复周期较长(Topex/Poseidon 卫星为近 10 天)(Remy 等,2009)。

总之,散射计资料已成为海面风场的主要来源,而雷达高度计风速资料以其分辨率及精度高的优点,可作为散射计资料的有效补充。

1.2.3.1　星载雷达高度计发展历程

1964 年在美国伍兹霍尔(Woods Hole)举行的一次"空间海洋学研讨会"引入了高度计的概念,随后 1973 年搭载于 Skylab 卫星的雷达高度计升空,却因噪声过大而得不到风速信息。1975 年 4 月升空的 Geos-3 卫星搭载了第一颗能够反演风速的雷达高度计。三年半之后的 Seasat 雷达高度计因电力故障仅运行 3 个月就夭折了。1985 年升空的 Geosat 卫星是第一颗提供长时间序列高质量雷达高度计资料的卫星(Chelton 等,1985)。1991 年欧空局发射了载有雷达高度计的第一颗欧洲遥感卫星 ERS-1(刘良明等,2005)。1992 年,美国宇航局和法国空间局联合发射 Topex/Poseidon 卫星,其中 Topex 为第一台双频雷达高度计(Ku 波段 13.6GHz 和 C 波段 5.3GHz),其初衷是利用 C 波段确定大气中的电子含量(Kalra 等,2006;Zieger 等,2009;Faugere 等,2006),也正是由于该双频雷达高度计的出现,风速反演有了实质性的进展。国内外雷达高度计见表 1-3。

表 1-3　国内外雷达高度计

卫星平台	国家	发射年份
Skylab	美国	1973
Geos-3	美国	1975
Seasat	美国	1978
Geosat	美国	1985
ERS-1	欧盟	1991
Topex/Poseidon	美国/法国	1992
ERS-2	欧盟	1995
Mir-Pirroda	俄罗斯	1996
GFO	美国	1998
Jason-1	美国/法国	2001
ENVISAT	欧盟	2002
Jason-2	美国/法国	2008
Saral	印度/法国	2013
HY-2A	中国	2011
Sentinel-3	欧盟	2012
Jason-3	美国/法国	2016
ICesat-2	美国	2018
Sentinel-3A	欧盟	2016
Sentinel-3B	欧盟	2018
HY-2B	中国	2018
HY-2C	中国	2020
TG-2	中国	2016

1.2.3.2　星载雷达高度计反演海面风速研究进展

后向散射截面和有效波高是雷达高度计风速反演过程中经常用到的物理量,下面介绍一下雷达高度计接收到的回波波形与这两个物理量之间的关系。雷达高度计回波理想波形示意图如图 1-4 所示,通过计算其半功率点的时间可得到卫星到海面的距离;上升沿的斜率则与有效波高关系密切,上升沿越陡有效波高越小;波形所覆盖的区域面积则与后向散射截面成正比(王广运等,1995)。在实际应用过程中,通常将含有噪声的实测波形与理想回波模型进行拟合,以确定距海面高度、有效波高和后向散射截面。所以,构建理想的回波模型就显得尤为重要。Barrick(1972)在总结了前人研究结果的基础上提出,海面回波的平均功率是平均海面的冲激响应与雷达系统点目标响应的卷积,其中平均海面的冲激响应又可以表示为平坦光滑海面的冲激响应与海面散射元的高度概率密度函数的卷积。Brown(1977)推导出了平坦光滑海面的冲激响应与海面散射元的高度概率密度函数卷积的简化模型,成为其后学者们研究的参考。Hayne(1980)在 Brown 模型的基础上,推导出目前普遍采用的无须数值卷积、大大提高运算效率的回波模型。通过建立实测波形和回波模型误差极小的目标泛函(Fernandes 等,2006;Rodriguez 等,2006),利用最小二乘、最大似然估计等方法,可得到距海面高度、有效波高、后向散射截面等物理量(Hauser,2008)。

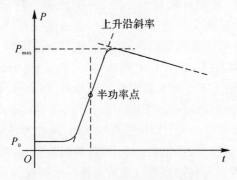

图 1-4　雷达高度计回波波形示意图

下面介绍雷达高度计反演海面风速的基本理论依据。雷达高度计探测海面风速属于小入射角探测,后向散射主要由海面的镜面反射引起,Wu(1992)给出了后向散射截面 σ^0 和雷达高度计照亮区域的海面均方根斜率 $\bar{s}^2$ 的简化理论模型,其中后向散射截面与海面均方根斜率成反比,而距海面 10m 高的风速 v_{10} 与波长大于 2.5cm 的重力毛细波所产生的海面均方根斜率存在一个对数关系(Wu,1993)。也就是说,风速越大,雷达回波的后向散射截面越小,进一步讲,可以通过雷达高度计的后向散射截面来计算距海面 10m 高的风速。

雷达高度计后向散射截面反演海面风速存在三大问题。第一,通过雷达高度计后向散射截面反演海面风速属于反问题的范畴,存在不适定性。第二,人们对电磁波与不同海面状况的相互作用机理、大气衰减等物理特性没有彻底理解,多数采用统计反演算法,少数采用半物理半统计的算法,很难建立起严格的地球物理模型函数来反演海面风速。第三,由于高风速往往给人们带来更多的生命和财产的损失,而这种情况下的海面现场观测资料和雷达高度计后向散射截面数据均较少,给高风速情况下的统计反演带来了困难。如何建立一个尽量消除不适定性、更加精确的地球物理模型函数是摆在我们面前的一个艰巨的任务。

利用雷达高度计反演海面风场,经历了一个由单纯考虑后向散射截面到考虑有效波高、降雨及白沫等因素影响的过程,其中的具体方法分为统计反演方法和半物理半统计的反演方法。

雷达高度计后向散射截面的大小很大程度上取决于海面风速的大小,这一点在合成孔径雷达和散射计的风场反演中同样起到十分重要的作用,所以最初的风速反演算法基本都是基于后向散射截面与海面风速的统计关系。Brown 等(1981)选取 184 个分布于 0~18m/s 的浮标风速数据,与 Geos-3 卫星上雷达高度计的数据进行比较,得出了著名的三段式风速反演算法。Chelton 等(1985)为排除陆地对反演结果的影响,选取 Seasat 雷达高度计和散射计在轨期间的所有远离陆地 200km 以上的风速数据,经空间平均(经度网格为 6°,纬度网格为 2°)和时间平均(96 天)后,采用了其中风速分布在 3~14m/s 的 1 947 个个例进行分析,得出了 Brown 的三段式算法会导致风速不切合实际的多状态概率密度分布的结论。为得出一个更加精确的形式,他们提出了新的反演算法。Chelton 算法和 Brown 算法相比,两个算法在低风速区结果吻合较好,原因是两个算法的拟合数据 90% 都分布在 3~12m/s,而 12m/s 以上的模型函数的风速观测较少,其计算结果是值得怀疑的(Witter 等,1991)。首个应用大量数据进行拟合计算的风速反演算法当属 CW 算法(Chelton and Wentz wind speed model function),该算法数据选取方法是将雷达高度计后向散射截面在 50km 范围内做平均,再选取 100km 范围内的散射计的风速反演值,数据选取量为 241 000 对数据。Witter 等(1991)充分肯定了 Chelton 和 Wentz 的工作,为得到一个适用于 Geosat 雷达高度计风速反演的算法,通过比较 Geosat 和 Seasat 雷达高度计后向散射截面,得到了风速分布范围为 0~20m/s 的后向散射截面与距海面 10m 高的风速对照表,即 MCW 算法(Modified Chelton and Wentz wind speed model function)。该算法选取 119 个浮标数据作误差分析,得出该反演算法均方根误差为 1.9m/s 的结论。该算法是 Topex/Poseidon,ERS-1,ERS-2 等雷达高度计的业务化运行算法(Tran 等,2006;Dobson 等,1987)。从上面论述可以看出,单纯考虑后向散射截面的统计反演方法依赖于两个方面。第一,统计数据量的大小,统计数据量越大,反演误差越小。第二,参考数据的匹配方法,由于很难找到与雷达高度计探测点相匹配的现场观测资料,因此必须设定一个合理的时间和空间差,差别越大,反演误差越大。

是否只有风速影响雷达高度计后向散射截面的大小呢?答案是否定的。研究表明,有效波高对后向散射截面有影响,该影响分两个方面:①特定区域的海面波浪是局地风成波浪与异地传入波浪的组合,这导致的结果是高的海面均方根误差会被误认为单纯由于局地风速影响,使得风速被高估;②海面风对海面波高的驱动能量会受到已经存在的波浪的影响。在这种情况下雷达高度计估计的风速会比浮标风速低。这两方面的影响会产生相反的效应(Kara 等,2008;Tran 等,2010;赵栋梁等,2004)。将有效波高的影响引入风速反演算法中的代表人物有 Monaldo,Gourrion,Zhao。Monaldo 等(1989)认为,风速亦是有效波高的函数,对 CW 算法进行了修正,在回归过程中采用了 236 个浮标风速和相应时间和空间位置的 Geosat 雷达高度计探测值,雷达高度计与浮标的最大时空差别分别为 30min 和 50km。Gourrion 等(2000)在对雷达高度计和散射计轨道交叉点测量的风速研究中发现,雷达高度计测风的误差和测得的有效波高之间存在相关性。在相同的风速情况下,有效波高越高,Ku 波段后向散射截面 σ^0_{Ku} 越小。因此在反演风速时除了采用 σ^0_{Ku} 外,还要考虑有效波高这一因子。首先选取 1996 年和 1997 年的 Topex 和 NSCAT 散射计的大量同步测量数据(96 436 个),然后通过神经网络的方法,得到了用于 Jason-1 的业务化运行算法,该算法计算风速的范围也只是 0~20m/s。Zhao 等

(2003)提出了一种利用海面均方根斜率反演雷达高度计风速的解析算法,该均方根斜率是通过对含有重力毛细波的风浪谱积分得到的。也就是说,后向散射截面不仅取决于风速,也取决于波龄。风速越高,波浪状态对雷达高度计雷达回波的影响越大,在高风速区尤其不能忽略。算法的解析形式如下:

$$\sigma_{Ku}^\circ = \frac{\left|R(0)\right|^2}{\alpha}\beta C_D^{-1/2}\left[2 + \frac{3}{2}\ln\frac{a + \sqrt{a^2 + 81g^2/(\beta v_{10})^4}}{9g/(\beta v_{10})^2} - \frac{3}{2}\ln\frac{a + \sqrt{a^2 + k_d^2}}{k_d}\right]^{-1}$$

$$(1-5)$$

式中,Toba 常数 $\alpha = 0.08$; $\left|R(0)\right|^2$ 是 Fresnel 反射系数; C_D 是阻力系数; k_d 是截断波数; g 是重力加速度; β 是波龄; $a = \sqrt{g/\gamma_s}$, $\gamma_s = \Gamma/\rho_w$, Γ 是海表面张力系数, ρ_w 是海水密度。

Zhao 等认为,无因次波高 gH_s/v_{10}^2 (H_s 为有效波高)与波龄存在关系,利用 1997—2000 年的浮标观测数据,通过最小二乘计算,得出 $\beta = 3.31(gH_s/v_{10}^2)^{0.6}$,这样就建立了波龄与有效波高之间的关系。该算法的优势在于不是简单地做回归拟合,而是考虑了海面均方根斜率与后向散射截面之间的物理过程,引入了风浪谱模型,所以可以将其归为半物理半统计的雷达高度计风速反演算法。

近些年的研究表明,降雨对雷达高度计微波信号存在下面几种影响(Quartly 等,1996):①其主要影响是对信号的衰减,导致风速反演值偏高。②当降雨率大于 20mm/h 时,雨滴会完全扭曲回波波形,使得雷达高度计无法进行反演。③极少数情况下,后向散射截面在存在降雨的情况下增强,可能的解释是雨滴降低了海面的均方根斜率,导致后向散射截面增强。所以在风速反演过程中有必要消除降雨的影响。双频雷达高度计的出现使得对降雨的判别及消除降雨的风速反演成为可能。Quartly 等(1996)分析了降雨对雷达高度计风速反演的影响,针对降雨对双频雷达高度计后向散射截面的不同影响,得出了可利用 C 波段来判断降雨区域的结论,给出了在理想情况下,C 波段与 Ku 波段的分段式的拟合的 Ku-C 拟合关系。陈戈等(1999)为降低降雨对雷达高度计风速反演的影响,考虑到雨水对 Ku 波段的吸收比 C 波段大一个量级左右,提出了双波段补偿法。他指出,可建立一个 σ_{Ku}° 和 σ_C° 的 Ku-C 拟合关系,一旦出现对 Ku-C 拟合关系的系统性偏离,就意味着存在某种海洋或大气的干扰因素,可将 σ_{Ku}° 转换到晴空情况下的值来反演风速。他引入了 Topex/TMR 联合降水概率指数 P_J ,当 $P_J < 1.0$ 时定义为晴空,当 $P_J \geqslant 1.0$ 时定义为降雨,此时可利用 σ_{Ku}° 和 σ_C° 的 Ku-C 拟合关系将 σ_{Ku}° 调整到正常位置(Chen 等,2002)。Yang 等(2008)考虑到降雨率与降雨引起的衰减强度之间的关系:

$$r = \left(\frac{A}{2ha}\right)^{1/b}$$

$$(1-6)$$

式中, r 为降雨率,mm/h; A 为降雨引起的衰减,dB; h 为降雨的高度,m; a,b 为常数。其反演风速的具体实施步骤是:首先用 Ku-C 拟合关系判断是否降雨,如果降雨,利用 Ku-C 拟合关系计算 Ku 波段的衰减量,得到 r ,由 r 可计算出 C 波段的衰减量,得到理想情况下的 σ_C° ,代入 Ku-C 拟合关系,得出校正后的 σ_{Ku}° ,进行迭代,直到衰减量小于某一阈值,则终止迭代并由该 σ_{Ku}° 反演风速。通过以上论述可见,Ku-C 拟合关系对降雨判别、雨区的风速反演有重要影响(Karaev 等,2006;Mackay 等,2008)。上述几种算法中均提及了 C 波段与 Ku 波段的 Ku-C 拟合关系,而该 Ku-C 拟合关系的表达形式却不同。其中 Quartly 与 Yang 给出了 Ku-C 拟合关系的具体形式。Quartly 利用 80 天的资料进行了分段式拟合,数据量偏小,不具有代表性,而 Yang 所提出的分段式 Ku－C 拟合关系在分段点是不连续的。

Yang 等(2008)、杨乐(2009)、Huang 等(2008)基于一个大气—白沫—海水的三层模型和电磁波散射理论,分析了海面白沫对双频雷达高度计及大气校正辐射计测量的影响,发现白沫和降雨对电磁波有类似的衰减作用,不能忽略其影响。他们在已有只考虑降雨校正算法的基础上,提出了利用辅助大气校正的辐射计测量数据校正白沫的迭代算法。该算法的有效性还需要经过大量现场观测数据的验证。

Young(1993)通过 Geosat 雷达高度计经过热带气旋时,后向散射截面与模式预报结果之间的比较,得出 20～40m/s 的风速反演算法。当 $v_{10}=20m/s$ 时,反演结果与 MCW 算法相吻合,当 $v_{10}=40m/s$ 时,由后向散射截面导出的均方根斜率与理论上限一致。Zhao 算法(Zhao 等,2001)也适合于高风速的计算,但由于缺乏实测数据,无法深入验证。但 Zhao 指出,在波龄等于 1 的情况下该算法的结果与 Young 算法的结果较好地吻合。

从 20 世纪 70 年代至今,建立了很多反演雷达高度计风速的算法。从以上分析可见,随着研究的不断深入,越来越多影响风速反演的因素被引入到反演模型中,以提高反演精度。本书中没有给出各种算法的误差对照表,原因是模型建立时采用的参考数据不同,从而导致无法对误差进行横向比较。但不可否认,反演精度是不断提高的。在以后的雷达高度计资料反演海面风速的研究中,有几个方面需要认真考虑:①参考数据的选取。Chelton 等(1985)曾指出,浮标等现场观测数据是一个点的数据,受海气相互作用及湍流影响明显,而雷达高度计测量的是 6km 左右的平均风速,其时间窗区与空间窗区的选取是要谨慎的。散射计资料或模式预报结果本身存在的误差都在 2m/s 左右,作为真值来验证雷达高度计风速模型函数的准确性,其可行性需谨慎斟酌。②现行的业务运行的 Gourrion 等的算法仅将有效波高纳入反演模型中,还需要将降雨及白沫的最新研究成果应用到反演模型中,以提供更加准确的风速数据,为雷达高度计风速应用做数据准备。③将有效波高、降雨及白沫等因素的影响引入高风速的反演中,使雷达高度计对热带气旋等恶劣天气情况下海面风速的探测成为可能,这是可喜的成绩,但由于严重缺乏现场观测资料,其准确性依旧值得深入验证。④由于雷达高度计测量的后向散射截面是海面风速和有效波高的函数,因此在通过 Brown 模型反演海面高度、有效波高和后向散射截面的过程中就不应该将三者看作独立变量进行迭代。若将实测风场作为背景约束来求解 Brown 模型,对所求解的海面高度、有效波高和后向散射截面必将有积极作用,这也将对后续的雷达高度计风速反演有积极作用。

第2章 散射计气象海洋要素反演应用

2.1 星载微波散射计资料的海面风场反演

2.1.1 星载微波散射计资料反演海面风场的原理

微波散射计通常称为斜视观测的主动式微波探测装置,是一种非成像雷达传感器。它可以测量较为广阔的海面受特定频率的长脉冲照射所产生的雷达后向散射能量。散射计测量海面风主要通过向海面发射扇型微波脉冲并测量海面后向散射截面(过杰,2009)。

在海面上,由风所引起的毛细波叠加在重力波上,风的变化引起海表面粗糙度的变化,使散射计接收到的后向散射数据随之变化,因此根据后向散射截面与海面风矢量的经验模型函数就可以"反演"海面风场。从散射计截面反演风场参数包括正、反演两个问题。正演问题是建立雷达截面与入射角、风速、风向关系的精确 GMF,反演问题则是从建立的模型函数反演风速和风向(过杰,2009)。

事实上,海面微波散射的物理机制十分复杂。一般认为,海水的雷达后向散射主要有两个物理机制:当入射角接近天底角时,后向散射主要是镜面反射;当入射角大于 20°,后向散射主要是 Bragg 散射。微波散射计的海面入射角一般大于 20°,散射计测量海面风场以 Bragg 散射模型为主(刘良明,2005;刘叶,2006)。

已知普遍的雷达系统中,接收功率 P_r 与发射功率 P_t 满足如下的关系式(Ulaby 等,1982):

$$P_r = \frac{\lambda^2}{(4\pi)^3} \int \frac{P_t G_t G_r \sigma^\circ}{R_t^2 R_r^2} \mathrm{d}A_r \tag{2-1}$$

式中,λ 为波长;G 为天线增益;R 为雷达与目标之间的距离;A 为有效区域(雷达脚印);σ° 为归一化的雷达后向散射截面(NRCS)。下标 t 和 r 分别表示发射机和接收机。对于属于有源雷达(发射机与接收机使用相同天线)的星载微波散射计而言,发射机和接收机的天线增益,雷达与目标之间的距离,有效区域等值是相同的。因此,式(2-1)可以写为

$$P_r = \frac{\lambda^2}{(4\pi)^3} \int \frac{P_t G^2 \sigma^\circ}{R^4} \mathrm{d}A \tag{2-2}$$

假定 σ° 在有效区域 A 内不变化,可以得到在有效区域 A 内的平均 σ° 为

$$\sigma^\circ = \frac{(4\pi)^3 R^4}{\lambda^2 G^2 A} \frac{P_r}{P_t} \tag{2-3}$$

如果能把海面风与 σ° 联系起来,并建立起一定的数量关系,就有可能用测得的 σ° 来计算

海面风矢量。

1955 年 Crombie 根据频率为 13.56GHz（波长为 22cm）的分米波雷达观测资料,发现海面回波具有多普勒谱的性质,即由于水波的运动,实际收到的信号频率和发射信号频率之间产生差值构成多普勒频移,它和向雷达方向运动、波长为雷达波长一半的海面波的速度相对应（Jones 等,1982）。Crombie 的发现为海面散射建立了新的概念,由 $v=\sqrt{gL/2\pi}=\sqrt{g/N}$ 可知重力波所产生的多普勒频移为

$$f_D = \frac{2v}{\lambda} = \sqrt{\frac{g}{\pi\lambda}} = \sqrt{\frac{gf}{\pi c}} \tag{2-4}$$

由式（2-4）可知,多普勒频移和雷达载频的均方根成正比,而在一般情况下多普勒频移直接和雷达频率成正比,这是因为散射物质的运动速度是雷达波长的函数。海面包含了以重力波相速 v 向着雷达和离开雷达方向运动的一个连续的波群,其中包括了各种波长。因此对于一个给定的雷达波长,在海面波中只有波长 $L=\lambda/2$ 的波动分量才能引起共振而产生散射,这就是一阶布拉格（Bragg）散射。在 12～18GHz 微波频率内,在 20°～60°入射角,风致海面短波是产生雷达后向散射的主要散射体。因此,由风速与雷达后向散射截面之间的关系,可以反演海面风场。

1966 年 Moore 最早提出了星载微波散射计测量海面风场的概念。当时许多航空试验已经确定了微波后向散射与海面风速、风向之间的相关关系,随着人们对微波和海洋厘米级表面张力波和重力波的 Bragg 共振散射关系认识的深化,散射计测风的理论基础也逐渐建立起来了（刘良明,2005）。根据 Bragg 散射的性质,雷达的后向散射的回波系数 σ° 与毛细波的波高成正比,同时,毛细波高假设与风摩擦速度相平衡,而且后向散射是各向异性的,因此,可以从几个雷达的不同方位角测量中导出风向来。

λ_i 为雷达波长,λ_t 为表面波长,Δ 为双程波程差,θ 为入射角,则

$$\Delta = 2\lambda_t\sin\theta \tag{2-5}$$

当 $\Delta=m\lambda_i$（m 为正整数）时,散射回波就同相位相加,产生共振,此时有

$$m\lambda_i = 2\lambda_t\sin\theta \tag{2-6}$$

当仅取一阶量（$m=1$）时,得

$$\lambda_i = 2\lambda_t\sin\theta \tag{2-7}$$

这就是 Bragg 一阶共振条件。图 2-1 为 Bragg 共振散射原理图。

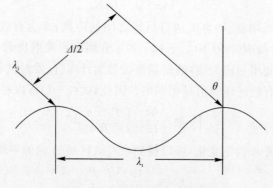

图 2-1　Bragg 共振散射原理图

根据 Bragg 散射的性质,雷达的后向散射截面 σ^0 与毛细波的波高成正比,同时,毛细波的波高假设与风摩擦速度相平衡,而且后向散射是各向异性的,因此,可以从几个雷达的不同方位角测量中导出风向来。从根本上说,星载微波散射计测风是通过海面波浪将风和回波能量联系起来的,σ^0 只与海面波浪有关。因此,通过海面波浪谱将 σ^0 与风联系起来。

2.1.2　MLE(最大似然估计)法

对于遥感学而言,观测值与状态量之间的关系一般由如下方程表示:

$$y = K_n(x) \tag{2-8}$$

式中,y 表示观测矢量;x 表示由 y 决定的状态矢量;将状态量与观测量联系起来的算子 K_n 称为前向模型,下标 n 表示关系式可能是非线性的。给定 y 值,在允许观测误差存在的条件下,求取 x 的最优估计值的过程称为反演。对于遥感变量的求取,有包括贝叶斯定理、精确代数解、逐次近似、最小二次方估计、截断特征值展开等多种方法(Rodgers,2000)。对于该问题最普遍的方法是贝叶斯方法。对于星载微波散射计资料处理而言,该反演过程是高度非线性的,贝叶斯方法是适用的。在使用贝叶斯方法的时候,依据所要求的统计目标,又包括 MLE、最大后验概率、最小方差、最小测量误差等多种最优化技术可以实施。而 MLE 是星载微波散射计资料海面风场反演中得到最广泛应用的技术(Pierson,1989;Stoffelen,1998)。

2.1.2.1　贝叶斯方法

由 Lorenc(1986)提出的贝叶斯方法在气象分析中已得到普遍的应用。它通过对依据多维概率分布函数来表示的贝叶斯分析方程的处理,经过一系列的规范假定,转换为变分方程来实现对最优解的求取。

在贝叶斯定理中,在假定事件 B 是已知发生的事件的情况下,事件 A 发生的后验概率为 $P(A|B)$,事件 A 的先验概率为 $P(A)$,而在假定事件 A 是已知发生的事件的情况下,事件 B 发生的概率为 $P(B|A)$,它们之间满足如下关系:

$$P(A|B) \propto P(B|A)P(A) \tag{2-9}$$

将此关系式应用到反问题中,假如 A 表示事件的真实状态(x_t),B 表示事件的观测值(y_o),则式(2-9)可以改写为

$$P(x_t|y_o) \propto P(y_o|x_t)P(x_t) \tag{2-10}$$

式(2-10)定义了 N_x 维 PDF(Probability Density Function,概率分布函数),也称之为 $P_a(x)$,也就是所谓的后验概率(Rodgers,2000),包含了人们对分析解的所有认知。对于一般问题的完整解,也需要知道 x_a 的准确度,这一信息也包含在 $P_a(x)$ 里面。

概率 $P(y_o|x_t)$ 包含了观测值和前向模型里面的不适定性,可以改写为

$$P(y_o|x_t) = P_{of}[y_o - k_n(x)] = \int P_o(y_t - y_o)P_f[y_t - k_n(x)]\mathrm{d}\,y_t \tag{2-11}$$

式中,y_t 是真实的观测值;k_n 表示 GMF;P_o 表示随机的观测误差;P_f 表示前向模型的误差。先验概率 $P(x_t)$ 包含了在未获取状态量 x 的观测值之前,对 x 的相关认知,而对先验概率的定义对整个反问题的求解是十分重要的。式(2-10)可改写为

$$P_a(x) \propto P_{of}[y_o - k_n(x)]P(x_t) \tag{2-12}$$

对于一般情形,可以预先假定 P_{of} 和 $P(x_t)$ 的 PDF 是独立的,也就是假定它们的误差是不相关的。而对于其他情形,则使用联合 PDF 来替代。

在使用贝叶斯方法[见式(2-12)]的时候,依据所要求的统计目标,有多种最优化技术可以实施。例如,对于状态量 x_a 的最优估计可以是求取 $P_a(x)$ 的平均值或是求取 $P_a(x)$ 的最大值,分别对应于状态量 x_a 的最小方差估计值和最大后验概率估计值(Portabella,2002)。

2.1.2.2 MLE 最优化技术

对于星载微波散射计,MLE 由对 $P_a(x)$ 最大化构成[见式(2-12)],而先验概率项 $[P(x_t)]$ 未利用外部信息(仅考虑散射计)。例如 ERS 散射计,对于 $P(x_t)$ 项,利用测量空间的先验信息来定义 MLE(Stoffelen 和 Anderson,1997)。对于 SeaWinds 散射计而言,关于状态量 x,未使用任何先验信息,即

$$P(x_t) = 常数 \qquad (2-13)$$

星载微波散射计资料的海面风场反演,不采用外部信息来处理先验概率,在通常情况下是一种有效的方法(Portabella,2002)。求取式(2-12),需要指定 P_f 和 P_o 的 PDF。一种简化求解的普遍做法是假定误差满足高斯分布,也就是假定 PDF 是多维高斯函数。在这种简化处理的情况下,式(2-12)可以写为

$$P_a(x) \propto \exp\left\{-\frac{1}{2}\left[y_o - k_n(x)\right]^{\mathrm{T}}(O+F)^{-1}\left[y_o - k_n(x)\right]\right\} \qquad (2-14)$$

其中的 O 和 F 分别是 P_o 和 P_f 的误差协方差矩阵。因为最大化 P_a 等效于最小化 $-\ln(P_a)$,所以 MLE 的代价函数可以写为

$$\mathrm{MLE} = \left[y_o - k_n(x)\right]^{\mathrm{T}}(O+F)^{-1}\left[y_o - k_n(x)\right] \qquad (2-15)$$

对于星载微波散射计而言,y_o 包含了 σ^o 的测量值,x 表示海上 10m 高度的风矢量。考虑 GMF 是理想的,即 $F \approx 0$,而 σ^o 的测量值则假定是不相关的,即 O 矩阵是对角矩阵。式(2-15)可以通过对逐个 WVC(Wind Vector Cell,风矢量单元)局部最小化的方式来实施求解。因此 SeaWinds 散射计的 MLE 可以定义如下:

$$\mathrm{MLE} = \frac{1}{N}\sum_{i=1}^{N}\frac{(\sigma^o_{mi} - \sigma^o_{si})^2}{\mathrm{Var}(\sigma^o_{si})} + \ln\left[\mathrm{Var}(\sigma^o_{si})\right] \qquad (2-16)$$

式中,N 表示后向散射截面的测量次数;σ^o_m 表示后向散射截面的测量值;σ^o_s 表示由 GMF 模拟得到的后向散射截面;$\mathrm{Var}(\sigma^o_s)$ 表示测量偏差,且 $\mathrm{Var}(\sigma_s)_i = \alpha(\sigma_s)_i^2 + \beta(\sigma_s)_i + \gamma = (K_p^2)_i$,系数 α,β,γ 与天线和风矢量单元有关。式(2-16)右边的第二项是极小量,一般略去该项。

MLE 的代价函数式(2-16)的极小值,对应着最可能成为"真实"风矢量的局地解。求取此代价函数的极小值是一个多变量(风速和风向)非线性的极值问题,通常的计算代价是高昂的,在星载微波散射计资料的模型函数求解过程中一般采用如下的程序来求取极小值:

针对某一具体风向,求取 MLE 代价函数的极小值转变为求取风速度的函数,相对于风向的求取而言,此函数为准线性函数,通常可以很好地确定单一的极小值。一般利用 LUT(Look up Table,查询表)给定的风速度步长来完成对风速度的搜索(QuikSCAT 的风速度步长为 0.2m/s)。

针对每一个具体的风向,重复执行相同的操作,风向的步长大小由 LUT 给定(QuikSCAT 的风向步长为 2.5°),共计 144 个极小值。这样求 MLE 代价函数的极小值问题转换为求取风向函数的极小值问题。

在标准的风场反演程序中,通常是从至多 4 个最小的 MLE 代价函数极小值来搜索最接近"真实"解的极小值,这些极小值对应的风矢量常称为模糊解,并在下一步的模糊去除中

使用。

2.1.3　多解方案

风场反演的运算法则或反演的效果很大程度上取决于后向散射测量值的数目、波束的极化方式以及测量方位角的差异性。对于 QuikSCAT 搭载的 SeaWinds 散射计,其采用旋转的 1m 长且带有两个点状光源的碟形雷达天线对海面进行扫描观测,采用两个固定入射角(46°和 54°),分别对应内、外波束,内、外波束分别又是采取 HH 和 VV 极化探测方式,最终在海面上形成一个圆形的刈幅。根据测量值的数目、波束的极化方式及方位角的差异性,可将扫描刈幅由内至外分为 3 个区域,分别是星下点刈幅(nadir swath)、纯净刈幅(sweet swath)和外部刈幅(outer swath)。其中的纯净刈幅拥有 4 种测量值(内部前视、外部前视、内部后视和外部后视),并且测量方位角的差异性很好,在利用 MLE 技术实施反演的时候,代价函数的区分度很好,反演效果也是最理想的,相当于 NSCAT 或 ERS/SCAT 的刈幅。外部刈幅范围,最外侧只有一个测量值,无法进行反演,其余地方有前、后两个测量值,但测量方位角的多样性不够好,前、后方位角比较接近,相当于 SASS 的刈幅。星下点刈幅范围,虽然前、后也共有 4 个测量值,但前、后测量方位角间隔几乎达到 180°,前、后内部之间的方位角间隔非常小,之前没有可比较的先例,效果是最差的。

星下点刈幅和外部刈幅的反演好坏将直接决定整体风场反演的效果,尤其是范围更大的星下点刈幅。为提高 SeaWinds 散射计在星下点刈幅范围内风场反演的准确性,考虑采用多解方案。在采用 MLE 技术实施反演时,星下点刈幅范围内,代价函数的峰值调制不明显,尤其是在低风速情况下,代价函数的峰值将更加平坦,顺着相对宽阔的峰值,有好几个具有几乎一样的相对概率的风矢量解可作为峰值。但是在标准方案实施的过程中,只选择其中的最大概率值作为模糊解,而把属于宽阔峰值的余下节点指定为零概率,而这些峰值无法代表风场反演的全部信息内容。多解方案就是考虑宽阔峰值的所有节点,将所有的反演质量信息用于模糊去除。更确切地说,反演过程可能无法找到针对详细区域代价函数的明确候选解,但比只有少量的具有可比较概率的候选解要好得多。因此,多解方案不同于上面提到的标准反演所采取的方案——至多考虑 4 个极小值来进行模糊去除。例如,对于 QuikSCAT 搭载的 SeaWinds 散射计,多解方案则充分考虑到刈幅的区域差异,尤其是针对星下点刈幅的特点,至多考虑全部 144 个极小值来进行模糊去除。

2.1.4　2DVAR 模糊去除法

在全球天气数值预测(Numerical Weather Prediction,NWP)中,模糊的星载微波散射计风矢量解可作为模式分析过程中整个最小化问题的一部分自动加以去除。但是,NWP 无论从时间上还是从频率上来说,都不足以对星载微波散射计风场的近实时应用实施分析,且完整的三维或四维变分分析的计算代价是高昂的。为达到散射计风场资料的模糊去除目的,可以由单一层(二维)的变分分析方法来实现。

2.1.4.1　问题的表述

2DVAR 模糊去除法的基本思想首先是结合星载微波散射计的观测值和模式预报值(背景场)构造出一个权重场(分析场),然后再从局地模糊解中选取最接近分析场的解作为真实解。依据概率理论和贝叶斯理论,这一概率问题可以表述为

$$P(x \bigcap v_o^k) \propto P(v_o^k | x) P(x | x_b) \tag{2-17}$$

式中，x 表示状态矢量，也称为分析解；x_b 为近表面风场的先验背景场信息（即风场的模式预报值）；v_o^k 表示散射计反演得到的模糊风矢量解，其中 k 为模糊解索引值；在假定星载微波散射计模糊风矢量解 v_o^k 已知的情况下，x 为近表面风场真实状态值的概率等于 $P(x \bigcap v_o^k)$；$P(v_o^k | x)$ 表示在给定状态矢量 x 条件下所能观测到的模糊散射计风矢量解 v_o^k 的条件概率；$P(x | x_b)$ 表示在给定 x_b 条件下，x 为近表面风场的条件概率。通过极大化式(2-17)，或者等效于极小化由下式给定的代价函数，可确定最可能的 x 的估计值(Stoffelen 等，2000；Vries 和 Stoffelen，2000；Vogelzang，2007)：

$$J(v_o^k, x, x_b) = -2\ln P(v_o^k | x) - 2\ln P(x | x_b) \tag{2-18}$$

为提高 2DVAR 的计算效率，采用的分析增量 δx 要优于状态矢量 x 本身，增量表达式为

$$\left.\begin{array}{l} \delta x = x - x_b \\ \delta v^k = v_o^k - x_b \end{array}\right\} \tag{2-19}$$

对每一个散射计的观测值而言，其背景值假定已知，且两者在时间和空间上一致，因为必要的话可以进行插值以确保两者相匹配。因此，代价函数式(2-18)可以写为

$$J(\delta v^k, \delta x) = J_o(\delta v^k, \delta x) + J_b(\delta x) \tag{2-20}$$

式中，J_o 为观测项；J_b 为背景项。

风场分量存储在状态矢量 x 中，该状态矢量也称为控制矢量。假定观测值和背景场值给定在规则网格点

$$(x_{ij}, y_{ij}), \quad i = 1, 2, \cdots, N_1, j = 1, 2, \cdots, N_2 \tag{2-21}$$

上，分析解或控制矢量 x（或者是在增量方法中的 δx）具有 $2N_1 N_2$ 个分量，这些分量顺序显示在表 2-1 中，其中

$$u_{ij} = u(x_{ij}, y_{ij}), v_{ij} = v(x_{ij}, y_{ij}) \tag{2-22}$$

$$\delta u_{ij} = u(x_{ij}, y_{ij}) - u_b(x_{ij}, y_{ij}), \delta v_{ij} = v(x_{ij}, y_{ij}) - v_b(x_{ij}, y_{ij}) \tag{2-23}$$

$$\delta u_{ij,k}^{(o)} = u_k^{(o)}(x_{ij}, y_{ij}) - u_b(x_{ij}, y_{ij}), \delta v_{ij,k}^{(o)} = v_k^{(o)}(x_{ij}, y_{ij}) - v_b(x_{ij}, y_{ij}) \tag{2-24}$$

式(2-22)～式(2-24)中，(u_{ij}, v_{ij}) 表示分析场，$(\delta u_{ij}, \delta v_{ij})$ 表示增量分析场，$(\delta u_{ij,k}^{(o)}, \delta v_{ij,k}^{(o)})$ 表示观测的模糊风矢量增量场，$k = k_{ij} = 1, \cdots, M_{ij}$ 表示在单元 (i,j) 处的模糊解索引值。

表 2-1   控制矢量中速度场变量的存储

λ	1	2	$\cdots$	$N_1 N_2$	$N_1 N_2 + 1$	$\cdots$	$2N_1 N_2$
x_λ	u_{11}	u_{12}	$\cdots$	$u_{N_1 N_2}$	v_{11}	$\cdots$	$v_{N_1 N_2}$
δx_λ	δu_{11}	δu_{12}	$\cdots$	$\delta u_{N_1 N_2}$	δv_{11}	$\cdots$	$\delta v_{N_1 N_2}$
δv_λ^k	$\delta u_{11,1}^{(o)}$ $\vdots$ $\delta u_{11,M_{11}}^{(o)}$	$\delta u_{12,1}^{(o)}$ $\vdots$ $\delta u_{12,M_{12}}^{(o)}$	$\vdots$	$\delta u_{N_1 N_2,1}^{(o)}$ $\vdots$ $\delta u_{N_1 N_2,M_{N_1 N_2}}^{(o)}$	$\delta v_{11,1}^{(o)}$ $\vdots$ $\delta v_{11,M_{11}}^{(o)}$	$\vdots$	$\delta v_{N_1 N_2,1}^{(o)}$ $\vdots$ $\delta v_{N_1 N_2,M_{N_1 N_2}}^{(o)}$

2.1.4.2　代价函数的定义

由式(2-20)的定义可知，代价函数可以表述为观测项和背景项两项之和。对于观测项，

可依据水平风矢量场的正交分量来进行表述(Stoffelen 和 Anderson,1997),表达式如下:

$$P(\mathbf{v}_\mathrm{o}^k \mid \mathbf{x}) \propto \sum_k p_k \exp\left[\frac{1}{2} (\delta \mathbf{v}^k)^\mathrm{T} (\mathbf{O} + \mathbf{F})^{-1} (\delta \mathbf{v}^k)\right] \tag{2-25}$$

式(2-25)中的总和遍及所有可能的解(模糊解)。在式(2-25)中,$\mathbf{O}$ 表示观测误差的相关值,$\mathbf{F}$ 表示代表误差(由观测与背景之间的空间和时间差异所造成的误差)。第 k 个模糊解为正确解的概率给定为 p_k。

代价函数的观测项依据分离的风速度场可以表示为

$$J_\mathrm{o} = \sum_{i,j=1}^{N_1,N_2} \left\{ \sum_{k=1}^{M_{ij}} \left[\frac{(\delta u_{ij} - \delta u_{ij,k}^{(\mathrm{o})})^2}{\varepsilon_u^2} + \frac{(\delta v_{ij} - \delta v_{ij,k}^{(\mathrm{o})})^2}{\varepsilon_v^2} - 2\ln p_k \right]^{-p} \right\}^{-1/p} \tag{2-26}$$

式中,u 和 v 分别表示东西向(纬向)和南北向(经向)的风矢量分量;下标 ij 表示星载微波散射计条形格点单元(i,j)处的索引值;N_1 和 N_2 分别表示垂直和平行于卫星移动方向的条形格点单元数;M_{ij} 表示在格点单元(i,j)处的模糊解个数;k 为模糊解的索引值;ε_u 和 ε_v 是星载微波散射计风分量的期望标准偏差,对于 SeaWinds 和 ASCAT 散射计,$\varepsilon_u = \varepsilon_v = 1.8\mathrm{m/s}$;参数 p 是一个在多解中给出最优分离度的经验参数,给为 $p=4$(Stoffelen 和 Anderson,1997)。p_k 可由反演和控制程序来预先给出。

为提高计算效率,对于观测项,可直接在条形格点上进行处理,设定 t 和 l 分别是垂直于卫星轨迹的横向风矢量分量和平行于卫星轨迹的纵向风矢量分量,通过下式可与 u 和 v 建立起转换关系:

$$\left.\begin{array}{l} t = u\cos\theta_{ij} + v\sin\theta_{ij} \\ l = -u\sin\theta_{ij} + v\cos\theta_{ij} \end{array}\right\} \tag{2-27}$$

式中,θ_{ij} 表示索引指数为(i,j)的风矢量单元(WVC)的方位角,即正北方向出发,逆时针旋转的测量角度。它是随 WVC 的变化而连续变化的,越接近赤道越慢,而越接近两极则越快。因为(u,v)和(t,l)之间是一个普通的角度旋转关系,所以在此种变量变换的情况下,代价函数的值或形式不会发生改变,即在 2DVAR 条形格点中的 t 和 l 扮演了 u 和 v 在地理坐标格点中相同的角色。式(2-26)可等价为

$$J_\mathrm{o} = \sum_{i,j=1}^{N_1,N_2} \left\{ \sum_{k=1}^{M_{ij}} \left[\frac{(\delta t_{ij} - \delta t_{ij,k}^{(\mathrm{o})})^2}{\varepsilon_t^2} + \frac{(\delta l_{ij} - \delta l_{ij,k}^{(\mathrm{o})})^2}{\varepsilon_l^2} - 2\ln p_k \right]^{-p} \right\}^{-1/p} \tag{2-28}$$

式中,$\varepsilon_t = \varepsilon_l = 1.8\mathrm{m/s}$。

对于背景项,假定背景风场的误差满足高斯函数分布(Vogelzang,2007):

$$P(\delta \mathbf{x}) \propto \exp\left[\frac{1}{2} (\delta \mathbf{x})^\mathrm{T} \mathbf{B}_{t,l}^{-1} (\delta \mathbf{x})\right] \tag{2-29}$$

式中,$\mathbf{B}_{t,l}$ 为背景风场的误差协方差矩阵,其下标表示依据风矢量分量 t 和 l 来定义。则背景项可表示为

$$J_\mathrm{b}(\delta \mathbf{x}) = (\delta \mathbf{x})^\mathrm{T} \mathbf{B}_{t,l}^{-1} (\delta \mathbf{x}) + C \tag{2-30}$$

式中,C 是常数,且在极小化过程中可忽略。需要注意的是,由于 $\delta \mathbf{x}$ 是实向量,此处满足实施转置的条件。在更为普遍的情况下,应该实施埃尔米特共轭(转置的复共轭)。

依据已分离的速度场,代价函数的背景项可表示为

$$J_\mathrm{b} = \sum_{i,j=1}^{N_1,N_2} \mathbf{B}_{ij}^{-1} (\delta u_{ij}^2 + \delta v_{ij}^2) \tag{2-31}$$

如果考虑背景场是在格点上的离散物理量,则可以采用此式;如果是考虑连续场,则代价函数的背景项表示为

$$
J_b = \int\int_{-\infty}^{\infty}\int\int dxdy \int\int_{-\infty}^{\infty}\int dx'dy'[\delta u(x,y)\boldsymbol{B}^{-1}(x,y,x',y')\delta u(x',y')+
$$

$$
\delta v(x,y)\boldsymbol{B}^{-1}(x,y,x',y')\delta v(x',y')] \qquad (2-32)
$$

在实施 2DVAR 的过程中,假定风场是连续场,即所有物理量均在足够大而密的格点上抽样,以确保积分的收敛。

2.1.4.3 代价函数的变换

式(2-28)和式(2-32)分别指定了代价函数的观测项和背景项部分。假定两个方程都是依据横向和纵向风分量(t,l)来进行表述的。由代价函数的表达式可知,背景风场的协方差矩阵$\boldsymbol{B}_{t,l}$的表达式和计算其逆矩阵$\boldsymbol{B}_{t,l}^{-1}$的有效方式如果建立起来,则总的代价函数即可计算得到。

为有效地计算逆矩阵$\boldsymbol{B}_{t,l}^{-1}$,利用一系列的变换(统称为预处理变换)来实现求解。预处理变换包括:实现风场由空间域向频率域转换的傅里叶变换;实现风场到频率域里的位势场转换的赫尔姆兹变换;具有误差方差和误差自相关的规则化处理。预处理变换的作用是将空间域中依据风分量(t,l)来表达的矩阵$\boldsymbol{B}_{t,l}$转换到频率域中,并依据规则化处理的位势场$(\hat{\chi}^{(n)},\hat{\psi}^{(n)})$建立与之相一致的矩阵。

风矢量的误差协方差是通过两点的风矢量计算得到的。遵循 Daley(1991)的假定,协方差满足齐次(独立于两点的绝对位置)和各向同性(仅取决于两点间的距离)。在此情况下,矩阵$\boldsymbol{B}_{t,l}$是对称和正定的,则其逆矩阵是存在的。设$\langle\cdots\rangle$表示风矢量的误差协方差,依据空间域中的风分量,矩阵$\boldsymbol{B}_{t,l}$可表示为

$$
\boldsymbol{B}_{t,l} = \begin{pmatrix} \langle\delta t,\delta t^{\mathsf{T}}\rangle & \langle\delta t,\delta l^{\mathsf{T}}\rangle \\ \langle\delta l,\delta t^{\mathsf{T}}\rangle & \langle\delta l,\delta l^{\mathsf{T}}\rangle \end{pmatrix} = \begin{pmatrix} B_u & B_u \\ B_u & B_u \end{pmatrix} \qquad (2-33)
$$

由式(2-30)可知,背景项对代价函数的贡献可表示为

$$
J_b = \delta\boldsymbol{x}^{\mathsf{T}}\boldsymbol{B}_{t,l}^{-1}\delta\boldsymbol{x} \qquad (2-34)
$$

该项可表述为如式(2-31)的求和形式或式(2-32)的积分形式。

预处理变换的第一步是实施傅里叶变换(用 F 表示),实现由空间域到频率域的转换,也实现了矩阵-矢量乘积由卷积形式向普通乘积形式的转换。该变换读取 $\hat{\delta t}=F\delta t$ 和 $\hat{\delta l}=F\delta l$,其中添加帽子上标表示是频率域中的物理量。在空间坐标域中,规则网格点的格点大小为Δx,而在频率域中的格点大小为 $\Delta p=(N\Delta x)^{-1}$,其中 N 为格点数,二维场中的函数 f 的离散傅里叶变换及其逆变换可以表述为

$$
\hat{f}_{k,l} = \Delta^2\sum_{m=1}^{M}\sum_{n=1}^{N}f_{m,n}e^{2\pi i(\frac{km}{M}+\frac{ln}{N})} \qquad (2-35)
$$

$$
f_{m,n} = \frac{1}{MN\Delta^2}\sum_{k=1}^{M}\sum_{l=1}^{N}\hat{f}_{k,l}e^{-2\pi i(\frac{km}{M}+\frac{ln}{N})} \qquad (2-36)
$$

式中,$\Delta=\Delta x=\Delta y$。注意逆变换的规则化因子等于频率空间里的格点大小。详细的傅里叶变换参见附录 A。

经过傅里叶变换之后,背景项对于代价函数的贡献可以表示为

$$
J_b = \delta\hat{\boldsymbol{x}}^{\mathsf{T}}\boldsymbol{B}_{t,l}^{-1}\delta\hat{\boldsymbol{x}} \qquad (2-37)
$$

其中的 $\delta \hat{x}$ 为频率域中的控制矢量。

预处理变换的第二步是利用逆赫尔姆兹变换,依据速度势和流函数增量 $(\delta \hat{\chi}, \delta \hat{\psi})$ 来表示频率域中的风速度增量 $(\delta \hat{t}, \delta \hat{l})$。

在空间域中的连续函数的前向赫尔姆兹算子 $H = (H_1, H_2)$ 可表示为

$$t(x, y) = H_1[\chi, \psi](x, y) = \frac{\partial \chi(x, y)}{\partial x} - \frac{\partial \psi(x, y)}{\partial y} \tag{2-38}$$

$$l(x, y) = H_2[\chi, \psi](x, y) = \frac{\partial \chi(x, y)}{\partial y} + \frac{\partial \psi(x, y)}{\partial x} \tag{2-39}$$

式(2-38)和式(2-39)中,方括号表示函数作为算子的自变数。其中前向赫尔姆兹变换是将位势量转换为水平风分量,而逆变换则是将水平风分量转换为位势量。在附录 B 中显示了在频率域中的前向赫尔姆兹变换为

$$\hat{t}(p, q) = \hat{h}_1(p) \hat{\chi}(p, q) - \hat{h}_2(q) \hat{\psi}(p, q) \tag{2-40}$$

$$\hat{l}(p, q) = \hat{h}_2(q) \hat{\chi}(p, q) + \hat{h}_1(p) \hat{\psi}(p, q) \tag{2-41}$$

其中

$$\hat{h}_1(p) = -2\pi \mathrm{i} p, \hat{h}_2(q) = -2\pi \mathrm{i} q \tag{2-42}$$

2DVAR 需在离散格点上实施前向赫尔姆兹变换及其复共轭转置变换。通过附录 B 的详细推导,其可表示为

$$\hat{t}_{m,n} = -\nu_n \hat{\psi}_{m,n} + \mu_m \hat{\chi}_{m,n} \tag{2-43}$$

$$\hat{l}_{m,n} = \nu_n \hat{\chi}_{m,n} + \mu_m \hat{\psi}_{m,n} \tag{2-44}$$

其中

$$\mu_m = \frac{-\mathrm{i}}{\Delta} \sin\left(2\pi \frac{m}{N_1}\right), \nu_n = \frac{-\mathrm{i}}{\Delta} \sin\left(2\pi \frac{n}{N_2}\right) \tag{2-45}$$

下标 m, n 表示所需求解的物理量的格点位置。

预处理变换的第三步是实施规则化变换(或称为卷积变换)。经过第二步中的逆赫尔姆兹变换 $\boldsymbol{H}^{-1}$ 之后,背景项对代价函数的贡献可以由下式给定:

$$J_{\mathrm{b}} = (\delta \boldsymbol{\xi})^{*\mathrm{T}} \boldsymbol{B}_{\hat{\chi}, \hat{\psi}}^{-1} \delta \boldsymbol{\xi} \tag{2-46}$$

其中, $\delta \boldsymbol{\xi} = \boldsymbol{H}^{-1} F \delta \boldsymbol{x}$ 是依据频率域中的速度势和流函数来表示的控制矢量,而误差相关系数矩阵由下式给定:

$$\boldsymbol{B}_{\hat{\chi}, \hat{\psi}} = \begin{pmatrix} \langle \delta \hat{\chi}, \delta \hat{\chi}^{\mathrm{T}} \rangle & \langle \delta \hat{\chi}, \delta \hat{\psi}^{\mathrm{T}} \rangle \\ \langle \delta \hat{\psi}, \delta \hat{\chi}^{\mathrm{T}} \rangle & \langle \delta \hat{\psi}, \delta \hat{\psi}^{\mathrm{T}} \rangle \end{pmatrix} = \begin{pmatrix} \boldsymbol{B}_{\hat{\chi}\hat{\chi}} & \boldsymbol{B}_{\hat{\chi}\hat{\psi}} \\ \boldsymbol{B}_{\hat{\psi}\hat{\chi}} & \boldsymbol{B}_{\hat{\psi}\hat{\psi}} \end{pmatrix} \tag{2-47}$$

应用这些变换的作用是因为在矩阵 $\boldsymbol{B}$ 中存在交叉协方差,在空间域中, δu 和 δv 之间的协方差,依据水平风分量来计算的时候,其值并不是可以忽略的,但是在经过这些变换之后,其值则几乎等于零,即

$$\boldsymbol{B}_{\hat{\chi}, \hat{\psi}} = \begin{pmatrix} \langle \delta \hat{\chi}, \delta \hat{\chi}^{\mathrm{T}} \rangle & \langle \delta \hat{\chi}, \delta \hat{\psi}^{\mathrm{T}} \rangle \\ \langle \delta \hat{\psi}, \delta \hat{\chi}^{\mathrm{T}} \rangle & \langle \delta \hat{\psi}, \delta \hat{\psi}^{\mathrm{T}} \rangle \end{pmatrix} = \begin{pmatrix} \boldsymbol{B}_{\hat{\chi}\hat{\chi}} & \boldsymbol{B}_{\hat{\chi}\hat{\psi}} \\ \boldsymbol{B}_{\hat{\psi}\hat{\chi}} & \boldsymbol{B}_{\hat{\psi}\hat{\psi}} \end{pmatrix} \approx \begin{pmatrix} \boldsymbol{B}_{\hat{\chi}\hat{\chi}} & \boldsymbol{0} \\ \boldsymbol{0} & \boldsymbol{B}_{\hat{\psi}\hat{\psi}} \end{pmatrix} = \boldsymbol{\Lambda} \tag{2-48}$$

至此,经过变换之后的背景误差协方差矩阵可近似成为块对角矩阵,第三步就是通过下式

将其分解为误差方差 $\boldsymbol{\Sigma}$ 和误差相关系数 $\boldsymbol{\Gamma}$（Daley，1991）：

$$\boldsymbol{B}_{\hat{\chi},\hat{\psi}} = \boldsymbol{\Sigma}^{*\mathrm{T}}\boldsymbol{\Gamma}\boldsymbol{\Sigma} \tag{2-49}$$

式中

$$\boldsymbol{\Sigma} = \begin{pmatrix} \boldsymbol{\Sigma}_{\hat{\chi}} & \mathbf{0} \\ \mathbf{0} & \boldsymbol{\Sigma}_{\hat{\psi}} \end{pmatrix}, \boldsymbol{\Gamma} = \begin{pmatrix} \boldsymbol{\Gamma}_{\hat{\chi}\hat{\chi}} & \mathbf{0} \\ \mathbf{0} & \boldsymbol{\Gamma}_{\hat{\psi}\hat{\psi}} \end{pmatrix} \tag{2-50}$$

式中，$\boldsymbol{\Sigma}_{\hat{\chi}}$ 和 $\boldsymbol{\Sigma}_{\hat{\psi}}$ 分别是由误差标准偏差 ε_χ 和 ε_ψ 作为分量构成的对角矩阵，而 $\boldsymbol{\Gamma}_{\hat{\chi}\hat{\chi}}$ 和 $\boldsymbol{\Gamma}_{\hat{\psi}\hat{\psi}}$ 则分别包含了自相关值。一旦矩阵是对角矩阵，求其逆矩阵将很容易实现。逆矩阵也是对角矩阵，且在逆矩阵中的每一个对角元素都是初始矩阵与之对应元素的求逆。与此同时，对角矩阵的均方根也很容易找到，即均方根之后，对角矩阵中的每一个对角元素值等于初始矩阵与之对应元素的均方根。最后，背景项对代价函数的贡献可以表示为

$$J_b = (\delta\boldsymbol{\xi})^{*\mathrm{T}}\boldsymbol{\Lambda}^{-1}\delta\boldsymbol{\xi} = (\delta\boldsymbol{\xi})^{*\mathrm{T}}\boldsymbol{\Lambda}^{-1/2}\boldsymbol{\Lambda}^{-1/2}\delta\boldsymbol{\xi} \tag{2-51}$$

在初始的空间域中，式（2-30）求取代价函数需要一个完整的矩阵与矢量的乘积，而经过变换之后，在频率域中，仅需要对角分量的乘积（卷积形式），因此，这一步也常为卷积。

以上变换可组合构成预处理变换，定义预处理状态矢量 $\delta\boldsymbol{\zeta}$，且 $\delta\boldsymbol{\zeta} = \boldsymbol{\Sigma}^{-1}\boldsymbol{\Gamma}^{-1/2}\delta\boldsymbol{\xi}$。则 $\delta\boldsymbol{\zeta}$ 与 $\delta\boldsymbol{x}$ 之间的关系可由条件变换 Z 给定，即

$$\delta\boldsymbol{\zeta} = Z\delta\boldsymbol{x} = (\boldsymbol{\Sigma}^{-1})^{\mathrm{T}}(\boldsymbol{\Gamma}^{-1/2})^{\mathrm{T}}\boldsymbol{H}^{-1}F\delta\boldsymbol{x} \tag{2-52}$$

其逆变换 Z^{-1}（也称为无条件变换）满足

$$\delta\boldsymbol{x} = Z^{-1}\delta\boldsymbol{\zeta} = F^{-1}H\boldsymbol{\Sigma}^{\mathrm{T}}(\boldsymbol{\Gamma}^{1/2})^{\mathrm{T}}\delta\boldsymbol{\zeta} \tag{2-53}$$

至此，依据条件状态矢量 $\delta\boldsymbol{\zeta}$，可将背景误差相关矩阵简化为与原矩阵一致的单位矩阵，代价函数的背景项部分可简化为如下形式：

$$J_b = (\delta\boldsymbol{\zeta})^{*\mathrm{T}}(\delta\boldsymbol{\zeta}) = |\delta\boldsymbol{\zeta}|^2 \tag{2-54}$$

2.1.4.4　极小化及梯度处理

代价函数的极小化的实现有多种方式，如共轭梯度法、拟牛顿法等。在 2DVAR 中，极小化是由 Nocedal（1989）编写的名为 LBFGS 的有限内存的拟牛顿程序来实现的。通过设定初始步长为 $30J|\nabla J|^{-1}$，其中的 J 为总的初始代价函数，∇J 是 J 相对于控制矢量分量的梯度，可以获得好的计算结果（Vogelzang 等，2009）。

极小化程序以 $\delta\boldsymbol{\zeta} = \mathbf{0}$ 为初始条件，进行极小化处理。因此，初始的分析值等同于背景值，并且使用代价函数相对于在 $\delta\boldsymbol{\zeta}$ 中的控制变量的梯度值。按照式（2-54），梯度值的背景项部分可以简化为

$$\nabla_{\delta\boldsymbol{\zeta}}J_b = 2\delta\boldsymbol{\zeta} \tag{2-55}$$

对于梯度值的观测项部分，首先通过对式（2-28）微分到 δt 和 δl，可在空间域中进行求值，接着将求取的导数存储进状态矢量中，最后，利用逆条件变换的伴随矩阵（转置的复共轭矩阵），将该状态矢量转换回谱域中，可得

$$\nabla_{\delta\boldsymbol{\zeta}}J_o = \boldsymbol{\Gamma}^{1/2}\boldsymbol{\Sigma}H^{*\mathrm{T}}F\nabla_{\delta\boldsymbol{x}}J_o \tag{2-56}$$

具体的转换关系见附录 C（Errico，1997；Giering 和 Kaminski，1998）。

J_o 在空间域中的导数可以由式（2-28）很方便地求取获得，写为

$$J_o = \sum_{i,j=1}^{N_1,N_2}J_s^{-1/p}, J_s = \sum_{k=1}^{M_{ij}}\left[\frac{(\delta t_{ij} - \delta t_{ij,k}^{(o)})^2}{\varepsilon_t^2} + \frac{(\delta l_{ij} - \delta l_{ij,k}^{(o)})^2}{\varepsilon_l^2} - 2\ln p_k\right]^{-p} \tag{2-57}$$

在空间域中的梯度分量等于

$$
\left.\begin{aligned}
\frac{\partial J_o}{\partial \delta t_{ij}} &= \frac{\partial J_o}{\partial J_s} \frac{\partial J_s}{\partial \delta t_{ij}} = \frac{-1}{p} J_s^{-1-1/p} \frac{\partial J_s}{\partial \delta t_{ij}} \\
\frac{\partial J_o}{\partial \delta l_{ij}} &= \frac{\partial J_o}{\partial J_s} \frac{\partial J_s}{\partial \delta l_{ij}} = \frac{-1}{p} J_s^{-1-1/p} \frac{\partial J_s}{\partial \delta l_{ij}}
\end{aligned}\right\}
\tag{2-58}
$$

其中

$$
\left.\begin{aligned}
\frac{\partial J_s}{\partial \delta t_{ij}} &= -p \sum_{k=1}^{M_{ij}} \left[\frac{(\delta t_{ij} - \delta t_{ij,k}^{(o)})^2}{\varepsilon_t^2} + \frac{(\delta l_{ij} - \delta l_{ij,k}^{(o)})^2}{\varepsilon_l^2} - 2\ln p_k \right]^{-p-1} \frac{2(\delta t_{ij} - \delta t_{ij,k}^{(o)})}{\varepsilon_t^2} \\
\frac{\partial J_s}{\partial \delta l_{ij}} &= -p \sum_{k=1}^{M_{ij}} \left[\frac{(\delta t_{ij} - \delta t_{ij,k}^{(o)})^2}{\varepsilon_t^2} + \frac{(\delta l_{ij} - \delta l_{ij,k}^{(o)})^2}{\varepsilon_l^2} - 2\ln p_k \right]^{-p-1} \frac{2(\delta t_{ij} - \delta t_{ij,k}^{(o)})}{\varepsilon_l^2}
\end{aligned}\right\}
\tag{2-59}
$$

在具有单位概率的单个观测值情况下,式(2-58)和式(2-59)可以简化为

$$
J_o^{SO} = \frac{(\delta t_{ij} - \delta t_{ij,k}^{(o)})^2}{\varepsilon_t^2} + \frac{(\delta l_{ij} - \delta l_{ij,k}^{(o)})^2}{\varepsilon_l^2}
\tag{2-60}
$$

$$
\frac{\partial J_o^{SO}}{\partial \delta t_{ij}} = \frac{2(\delta t_{ij} - \delta t_{ij,k}^{(o)})}{\varepsilon_t^2}, \frac{\partial J_o^{SO}}{\partial \delta l_{ij}} = \frac{2(\delta l_{ij} - \delta l_{ij,k}^{(o)})}{\varepsilon_l^2}
\tag{2-61}
$$

从转换的观点来看,在实际极小化过程中所使用的控制矢量没有必要等同于状态矢量(Hoffman 等,2003)。在空间域中,状态矢量 δx 是具有 $2N_1N_2$ 个元素的实数,且等于控制矢量。在谱空间域里面,状态矢量 $\delta \xi$ 是复数,且拥有的元素个数是空间域中的 2 倍,然而,仅仅是具有非负空间频率的元素是独立的(Press 等,1988),因此独立元素的个数仍然为 $2N_1N_2$ 个。但是当从状态矢量转换到控制矢量时,一个附加的封装/分解变换过程是必需的,反之,在谱空间域中转换也是必需的(Vogelzang,2007;Vogelzang 等,2009)。

2.1.4.5　误差模型及模糊解的选取

虽然流函数和速度势均不是直接观测得到的物理量,但是它们的误差方差和误差的相关值仍能由风场推导得出。在空间域中,背景误差的相关值遵循 Daley(1991)给出的误差相关值的模拟方法。假定针对速度势和流函数的误差相关值满足高斯函数分布,即

$$
f_\psi(r) = (1-\nu^2) V_\psi L_\psi^2 e^{-r^2/R_\psi^2}
\tag{2-62}
$$

$$
f_\chi(r) = \nu^2 V_\chi L_\chi^2 e^{-r^2/R_\chi^2}
\tag{2-63}
$$

式中,ν^2 表示旋度和散度对风场的贡献比率;R_ψ 和 R_χ 为相关长度,其决定着误差相关范围。上述参数具有物理意义且不能任意变化。此外,它们并不是独立的物理量,因为对于分析解的作用影响是由误差的标准方差与相关长度的比率来决定的(de Vries 和 Stoffelen,2000)。V_ψ 和 V_χ 分别表示 ψ 和 χ 的误差方差;尺度参数 L_ψ 和 L_χ 定义如下:

$$
\left.\begin{aligned}
L_\psi^2 &= -\frac{2f_\psi(r)}{\nabla^2 f_\psi(r)} \Big|_{r=0} \\
L_\chi^2 &= -\frac{2f_\chi(r)}{\nabla^2 f_\chi(r)} \Big|_{r=0}
\end{aligned}\right\}
\tag{2-64}
$$

式(2-64)适用于任何形式的误差相关函数。对于式(2-62)和式(2-63)的高斯形式,可以很容易地得到 $L_\psi^2 = R_\psi^2/2$ 和 $L_\chi^2 = R_\chi^2/2$。

背景误差相关模型也很便于实施傅里叶变换,无论是数值解形式还是解析解形式,转换到

谱域之后,它仍然保留了高斯函数特征,可见附录 D。利用式(D-4),频率域中的误差相关值可表示为

$$\hat{f}_\psi(p,q) = (1-\nu^2) V_\psi L_\psi^2 \pi R_\psi^2 e^{-\pi^2 R_\psi^2 (p^2+q^2)} \qquad (2-65)$$

$$\hat{f}_\chi(p,q) = \nu^2 V_\chi L_\chi^2 \pi R_\chi^2 e^{-\pi^2 R_\chi^2 (p^2+q^2)} \qquad (2-66)$$

对于条件(无条件)变换,我们需要知道 $\Lambda^{1/2}$ 的矩阵元素,此为式(2-65)和式(2-66)的均方根。利用式(2-64),可以得到

$$\Lambda_\psi^{1/2}(p,q) = \sqrt{(1-\nu^2)\frac{\pi}{2}} \varepsilon_\psi R_\psi^2 e^{-\frac{1}{2}\pi^2 R_\psi^2 (p^2+q^2)} \qquad (2-67)$$

$$\Lambda_\chi^{1/2}(p,q) = \sqrt{\frac{\pi}{2}} \varkappa \varepsilon_\chi R_\chi^2 e^{-\frac{1}{2}\pi^2 R_\chi^2 (p^2+q^2)} \qquad (2-68)$$

式中,$\varepsilon_\psi = \sqrt{V_\psi}$,$\varepsilon_\chi = \sqrt{V_\chi}$。

de Vries 和 Stoffelen(2000) 在与其他变分方法进行了比较分析之后,给出了背景误差相关模型的参数在 2DVAR 方法中的默认值,具体见表 2-2。

表 2-2　背景误差相关模型的参数默认值

区　域	纬　度	$R_\psi = R_\chi$	$\varepsilon_\psi = \varepsilon_\chi$	ν^2
北半球区域	$> +20°$	300km	$2m^2 \cdot s^{-1}$	0.2
热带区域	$(-20°, +20°)$	600km	$2m^2 \cdot s^{-1}$	0.6
南半球区域	$< -20°$	300kmX	$2m^2 \cdot s^{-1}$	0.2

由参数默认值可知,在热带区域的相关长度值高于在副热带区域的相应值,这表明在赤道周围一般存在大尺度对流环流结构。在副热带区域,环流具有更强的旋度,因而对应着更小的 ν^2 值。所以,通过采用增量方式进行模糊去除,当分析解中存在大尺度环流形式时,其由背景场来确定,而存在小尺度环流形式时,则通过式(2-62)和式(2-63)的自相关函数来适应(Vogelzang 等,2009)。

星载微波散射计风场模糊解的选取,就是指当经过上述步骤的分析处理,2DVAR 生成分析风场,在由 MLE 求解产生的模糊解中选择最接近分析解的风矢量作为 2DVAR 的结果,最终实现星载微波散射计资料的风矢量模糊去除。

2.1.5　单点观测值实验

在只存在单个观测值的情况下,2DVAR 问题是可以求取解析解的。假定在 2DVAR 的条形格点 (x_i, y_j) 上只存在唯一的观测值 (u_o, v_o)。开始阶段,背景增量场和分析增量场均为零值,对代价函数及其梯度的唯一贡献来自于此观测值。由式(2-60)和式(2-61)可知,该贡献值为

$$J_o = \frac{u_o^2 + v_o^2}{\varepsilon_o^2} \qquad (2-69)$$

$$\frac{\partial J_o}{\partial u_{ij}} = -\frac{2u_o}{\varepsilon_o^2}, \frac{\partial J_o}{\partial v_{ij}} = -\frac{2v_o}{\varepsilon_o^2} \qquad (2-70)$$

式中,$\varepsilon_o = \varepsilon_u = \varepsilon_v$。此时 2DVAR 问题简化为一个最优插值问题(Daley,1991),其解为

$$J_t^{\text{final}} = \frac{\varepsilon_b^2 \varepsilon_o^2}{(\varepsilon_b^2 + \varepsilon_o^2)^2} J_t^{\text{initial}} \tag{2-71}$$

式中，$\varepsilon_b = \varepsilon_\psi = \varepsilon_\chi$，是背景误差的标准方差。在数值解处，总的代价函数的梯度应该为零，因为在该处总的代价函数是极小值，因此

$$\nabla J_b = -\nabla J_o \tag{2-72}$$

由 $J_b = (\delta\zeta)^{*T}(\delta\zeta) = |\delta\zeta|^2$ 可知

$$\nabla_{\delta\zeta} J_b = 2\delta\zeta \tag{2-73}$$

由式（2-73）可反演得到背景位势场，详尽的推导见附录 E。在观测点处的分析风场满足

$$(u,v) = \frac{\varepsilon_b^2}{\varepsilon_b^2 + \varepsilon_o^2}(u_o,v_o) \tag{2-74}$$

由式（2-74）可见，式中虽然不显含背景场误差模型的参数 ν, R_χ, R_ψ，但这些参数在求解分析风场的完整表达式中是存在的（Vogelzang，2007）。

图 2-2 显示了当 (u_o,v_o) 等于 $(1,1)$ m/s，ν 等于 0（纯旋转场）或者 1（纯辐散场）时的结果风场。观测点位于中心格点处（$x = y = 1\ 600$ km）。相关长度参数 R_ψ 和 R_χ 的值均等于 300km。观测场和背景场中的误差方差均设为 1.8m/s。由解析解表达式可知，在 x 和 y 等于 1 600km 处的风速应该等于初始观测值的一半。利用 SOAP（Single Observation Analysis Plot，单点观测分析显示）程序计算求取，可得 $u = v = 0.500\ 000\ 2$，精度达到 2.384 185 8E-7，几乎等同于解析解，也验证了 2DVAR 的有效性。

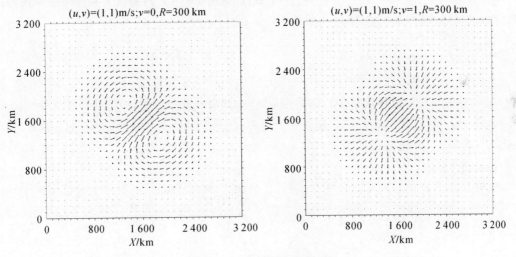

图 2-2　单点观测实验结果

2.1.6　实际个例分析

2.1.6.1　处理流程和数据来源

借助 KNMI（Royal Netherlands Meteorological Institute，荷兰皇家气象学会）的 SDP（SeaWinds Data Processor，SeaWinds 散射计数据处理）模式，按照图 2-3 所示的流程进行散射计资料的处理。所用数据为 QuikSCAT 卫星上搭载的 SeaWinds 散射计所获取的近实时海面雷达后向散射截面值，由 NOAA/NESDIS（National Oceanographic and Atmospheric

Administration/National Environmental Satellite,Data and Information Service,美国国家海洋和大气管理局卫星资料中心)制作并分发,资料格式为 BUFR(Binary Universal Format Representation,通用二进制格式)。模式的背景风场为 NCEP 模式预报风场,用于风向的模糊去除。SDP 模式输出分辨率选择为 25km。

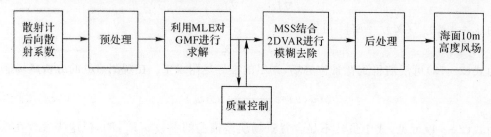

图 2-3 处理流程图

2.1.6.2 结果及分析

为验证并分析 2DVAR 结合 MSS 的有效性,考虑了不同风速及海域的情况,对比分析了 2DVAR 和 2DVAR 结合 MSS 进行散射计资料风向模糊去除的结果,并对 2DVAR 结合 MSS 进行风向模糊去除的风场结果与 NOAA/NEDIS 的近实时风场资料做了定量比较。

1. 低风速个例

本书选取的是 2006 年 9 月 12 日,世界时 22:20,QuikSCAT 扫描西太平洋—菲律宾群岛西南海域的风场个例,结果如图 2-4 所示。

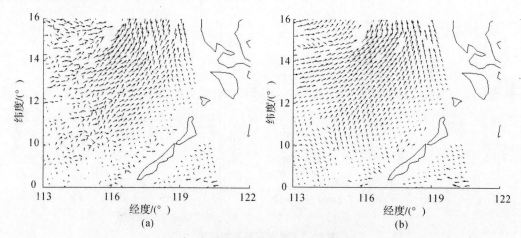

图 2-4 低风速情况下的海面风场反演
(a)2DVAR;(b)2DVAR+MSS

低风速通常指海面风场速度小于 5m/s 的情况,风驱动生成的毛细波不明显,整个海面的"粗糙"度不够充分,与无风的平静海面差异不是很大。海面对散射计的电磁波的散射作用是比较弱的,散射计接收的雷达后向散射截面值非常小,这种情况下的海面风场反演的效果往往是不理想的。特别是在星下点刈幅区域,由于标准方案仅仅提供了至多 4 个模糊解,且极小值与其他值的区分不够明显,因而使得采用标准方案结合 2DVAR 的反演效果不理想。但是在采用 MSS 结合 2DVAR 后,由于 MSS 将所有的反演信息传递给了模糊去除阶段,使得风场反演效果得到显著改善,整个流场很平滑。同时也可以看到,由于对受质量控制和降水影响的雷达后向散射截面值进行了剔除,反演得到的风场不够完整。

2.中等风速个例

本书选择的是 2006 年 4 月 16 日,世界时 08:55,QuikSCAT 扫描西太平洋—菲律宾群岛以东海域的风场个例,结果如图 2-5 所示。

中等风速通常指海面风场速度处于 5～12m/s 的情况,风驱动生成的毛细波明显,整个海面的"粗糙"度很充分,海面对散射计的电磁波的散射作用强,这种情况下的海面风场反演的效果往往是最理想的。从图中也可以看到,采用标准方案结合 2DVAR 与采用 MSS 结合 2DVAR 的结果相差不大,只是由于 MSS 方案将所有的反演信息传递给了模糊去除阶段,因而使得风场反演效果得到进一步改善,流场更加平滑。同时,由于对受质量控制和降水影响的雷达后向散射截面值进行了剔除,反演得到的风场也是不够完整的。

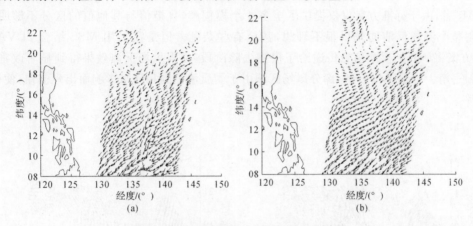

图 2-5 中等风速情况下的海面风场反演

(a)2DVAR;(b)2DVAR+MSS

3.高风速个例

本书选择的是 2006 年 9 月 11 日,世界时 21:05,QuikSCAT 扫描到的西北太平洋的第 13 号"珊珊"台风中心时的风场个例,结果如图 2-6 所示。

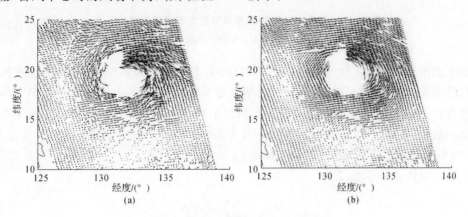

图 2-6 高风速情况下的海面风场反演

(a)2DVAR;(b)2DVAR+MSS

高风速通常指风速大于 15m/s 的情况,风驱动生成的毛细波明显,整个海面的"粗糙"度很充分,海面对散射计的电磁波的散射作用强,风场反演效果是很好的。从图中也可以看到,采用标准方案结合 2DVAR 与采用 MSS 结合 2DVAR 的结果相差不大,只是由于 MSS 将所有的反演信息传递给了模糊去除阶段,因而使得风场反演效果得到进一步改善,流场更加平滑。但是对受质量控制和降水影响的雷达后向散射截面值进行了剔除,使得台风中心的风场没有反演出来,出现了一个明显的空白区域。

4. 近海岸个例

本书选择的是 2006 年 9 月 8 日,世界时 22:25,QuikSCAT 扫描我国南海海域的风场个例,结果如图 2-7 所示。

由于受到大陆地表的影响,海岸附近的风速不是很大。尤其是在近海岸的低风速情况,此种情况下的海面风场反演效果与低风速海面风场反演的情况一样。同样采用标准方案结合 2DVAR 后,由于标准方案仅仅提供了至多 4 个模糊解,且极值与其他值的区分不够明显,因而使得整个流场反演的效果很不理想,甚至有些杂乱。但是在采用 MSS 结合 2DVAR 后,MSS 方案将所有的反演信息传递给了模糊去除阶段,使得风场反演效果得到显著改善,整个流场很平滑。但也可以看到,部分风场区域由于受质量控制和降水影响而出现空白,使得风场不完整。

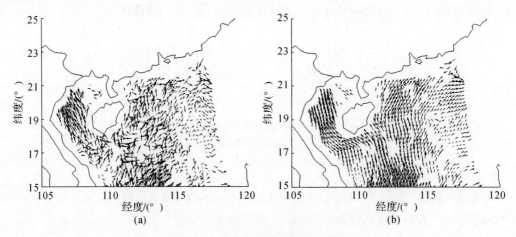

图 2-7　近海岸情况下的海面风场反演

(a)2DVAR;(b)2DVAR+MSS

以上的图示结果从定性的角度描述了 2DVAR 模糊去除方案结合 MSS 的反演性能。分别通过低风速风场、中等风速风场、台风风场及近海岸风场的分析,与单独的 2DVAR 模糊去除方案对比,验证了新方法在散射计资料的风矢量模糊去除方面的有效性。为更客观地反映新方法的效果,现对两种方法(2DVAR 与 2DVAR+MSS)的风向模糊去除进行定量分析,假定 NOAA/NESDIS 近实时风场为真实风场。

平均绝对误差 σ_a 的定义为

$$\sigma_a = \frac{1}{N} \sum_{i=1}^{N} |a_i - b_i| \tag{2-75}$$

均方根误差(标准差)σ_s 的定义为

$$\sigma_{\mathrm{s}} = \sqrt{\frac{1}{N} \sum_{i=1}^{N} (a_i - b_i)^2} \qquad (2-76)$$

式中，a_i,b_i 分别为分析比较的两个风场的第 i 个风向（或者风速），此处仅对两种方法的风向反演效果进行对比分析。对比分析结果见表 2-3。

表 2-3　对比分析结果

个　例	风向（2DVAR）/(°)		风向（2DVAR+MSS）/(°)	
	σ_{n}	σ_{s}	σ_{n}	σ_{s}
低风速个例	29.917 74	46.747 31	27.470 38	42.502 76
中等风速个例	13.181 46	22.512 33	9.227 55	15.818 38
高风速个例	24.367 23	44.463 50	24.658 29	35.135 97
近海岸个例	38.978 84	57.895 49	36.425 25	43.828 23

从定量的角度对 2DVAR 模糊去除方案结合 MSS 的风场反演性能进行整体分析。仍假定 NOAA/NESDIS 近实时风场为真实风场，分别对风速和风向进行统计分析。

选取 QuikSCAT 卫星 2006 年 9 月的观测数据进行分析。所选区域范围为西北太平洋上一个 5°×5° 的矩形范围，具体为东经 125°~130°，北纬 15°~20°。在 2006 年 9 月共收集处理了 41 个时次共计 13 606 对风矢量样本数据。分析结果见表 2-4。

表 2-4　统计分析结果

误差	σ_{n}	σ_{s}
风速/(m·s^{-1})	0.737 044	1.074 37
风向/(°)	26.051 9	40.772 8

2.1.7　小结

在本节中给出了星载微波散射计资料海面风场反演的基本原理，在此基础上，对 MSS 和 2DVAR 进行了详细的分析和推导，尤其是对 2DVAR 这一模糊去除的新方法，从问题的表述、代价函数的定义、代价函数的变换、极小化及梯度处理、误差模型函数及模糊解的选取等几个关键方面进行了详细阐述。新方法的有效性，通过对单点观测值的分析得到了有效验证。而在实际个例的研究中，对比分析了标准方案结合 2DVAR 和 MSS 结合 2DVAR 的反演效果，进一步说明了该方法具有普遍的应用性，由风矢量模糊去除的对比分析结果也表明 MSS 结合 2DVAR 是一种更优的散射计资料模糊去除的新方法。本章的个例和统计分析结果在一定程度上表明，海面风场反演的难度主要在于风向的模糊去除，这不仅与 QuikSCAT 散射计的自身刈幅特性有关（特别是星下点刈幅区域的天线相对方位角较差），也与分析过程中作为真实值的 NOAA/NESDIS 近实时风场自身存在误差有关（应考虑引进浮标、商船等实际测量数据，以替代 NOAA/NESDIS 近实时风场作为真实风场，以提高检测的可信度）。

从实际个例分析可知，降雨的影响，使得反演得到的海面风场不完整，尤其是对于高风速、强降水的台风风场的反演,考虑降水等因素的影响,构建起一个更加完善的地球物理模型函数是十分重要的,这不仅是 SDP 处理模式今后改进的主要方向,也是星载微波散射计资料海面风场反演所面临的一个极为重要的技术难题。在 2.2 节中,将对降雨对散射计资料的作用和影响进行深入的研究和分析。

2.2 基于大气辐射传输理论的海面风场的优化改进

在星载微波散射计资料反演海面风场的过程中,降雨对星载微波散射计雷达后向散射截面值的影响是不可忽略的。目前,对于降雨对散射计资料海面风场反演的影响,主要是实施质量控制,即对受降雨影响的雷达后向散射截面进行剔除,也就是对其不再实施风场反演。随之而来的结果就是造成星载微波散射计资料反演得到的海面风场不完整,尤其是针对台风这类高风速、强降雨的天气系统,降雨对海面风场反演效果的作用更加显著的这从 2.1 节的台风风场反演结果中可清楚地看到。因此,研究降雨对星载微波散射计雷达后向散射截面值的影响,进而优化改进星载微波散射计资料反演得到的海面风场,就显得尤为重要。本节基于大气辐射传输理论,研究降雨对星载微波散射计雷达后向散射截面值的作用,改进现有的地球物理模型函数,进而实现对反演得到的海面风场的优化。

2.2.1 引言

热带气旋是一种生成于热带洋面,活动于热带和副热带洋面、岛屿和陆地的气旋性低压环流,它往往会危及人类生命安全,给人类财产带来重大损失。热带气旋路径和强度预报的准确度,在很大程度上取决于预报模式对海气初始状态描述的准确性(Bender 等,1993)。过去限制热带气旋预报发展的一个主要原因在于对驱动海气之间热量和水汽交换的关键因素——海面风场无法直接获取(Dickinson 和 Brown,1996;Hsu 等,1997;Liu 等,2000)。星载微波散射计的出现为大面积获取海面风场提供了一种新的手段,它通过测量海面雷达后向散射截面间接获取海面风场,并具有大范围、持续工作的特点,可以实现全天候观测且不受云的影响。星载微波散射计对极端天气系统的监测具有其他传感器所不可比拟的优势,已成为目前获取海面风场最主要的星载探测传感器。星载微波散射计的观测资料可以应用于对热带气旋的追踪和监测,因此,加强对星载微波散射计资料海面风场反演的研究具有很强的实用价值。

搭载在 QuikSCAT 卫星上的 SeaWinds 散射计,通常称之为 QuikSCAT 散射计,其工作于 Ku 波段(13.402GHz),采用内、外两个波束的圆锥扫描方式,其中内波束采用水平极化方式,入射角为 46°,外波束采用垂直极化方式,入射角为 54°(见图 2-8)(Portabella,2002)。随着卫星的运行,散射计天线将前向和后向两次扫描同一 WVC,且前向和后向扫描方位角之差介于 0～180°之间。每个 WVC 最多可观测到来自外波束前视、内波束前视、内波束后视、外波束后视 4 个不同方位角的雷达后向散射截面值 σ°,σ° 的观测数量取决于 WVC 在刈幅区域内的位置。QuikSCAT 从 1999 年 8 月开始提供全球的海面风场数据,当风速小于 20m/s 时,风场反演结果误差很小。目前,星载微波散射计风场资料在 NCEP(美国环境预报中心)及 ECMWF(欧洲中期天气预报中心)等数值预报模式同化系统中得到业务化应用,并显示出积极效应。研究表明,对于观测资料稀少的南半球,同化星载微波散射计风场资料对数值预报模式具有明显的正效应,而在北半球上亦改进了分析场,特别是气旋的强度和位置(Stoffelen 和

Anderson,1997;Courtier 等,1994)。

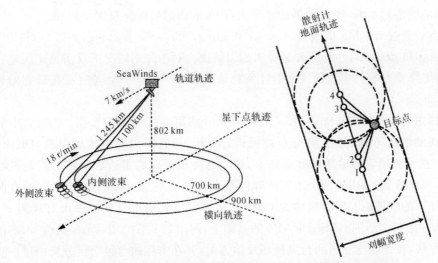

图 2 - 8　QuikSCAT 卫星搭载的 SeaWinds 散射计扫描方式示意图

SSM/I 为一种扫描式辐射计,搭载在 DMSP(Defense Meteorological Satellite Program,国防气象卫星项目)发射的极轨卫星上,其运行频率包括 4 个:19.35GHz,22.235GHz,37GHz和 85.5GHz。SSM/I 观测数据可反演得到 10m 高度风速、水汽、云中液态水含量及降雨率(Wentz 和 Spencer,1998)。

星载微波散射计通过测量海面后向散射截面间接获取海面风场,这一过程也称为星载微波散射计资料的海面风场反演,由前面章节所述,主要包括经验 GMF 的求解和风矢量解的模糊去除两个过程。其中,经验 GMF 用以描述雷达后向散射截面与风矢量之间的关系,是整个星载微波散射计资料风场反演能否顺利实施的基础。目前业务中采用的 GMF 均是依据雷达后向散射截面值与数值天气预报模式风场经验建立起来的,对于无雨、中低风速情况下的风场反演是有效的。但对于受降雨影响的海域,例如台风区域的风场反演并不适用,特别在风速达到 20m/s 以上、强降雨的台风风场区域误差很大(Braun 等,1999),主要原因在于此种情况下,降雨对观测 σ^0 的影响不可忽略。

降雨过程中,雨滴溅落到海面将产生包括环、柄和冠在内的多种飞沫而对雷达回波信号产生后向散射,后向散射的强度大小取决于雷达波束的入射角和极化方式。对于 Ku 波段散射计,在垂直极化情况下,无论什么入射角,环所产生的后向散射都一直占据主导作用;在水平极化情况下,随着入射角的增加,环所产生的后向散射强度不断减小,而柄和冠产生的后向散射强度则不断增加(Braun 等,1999)。Melsheimer 等(2001)的研究表明,降雨对水面粗糙度的影响在很大程度上依赖于水体内传播波长的大小,对于波长大于 10cm 的波,降雨使波振幅减小;而对于波长小于 5cm 的波,降雨则使波振幅增大。但是,5~10cm 波长的波受降雨影响时,其振幅增强或减弱取决于降雨率大小、雨滴大小分布及风速大小。水面粗糙度除受雨滴溅落水面影响外,还受海表面降雨所带来的空气运动影响。与此同时,雨滴在大气降落过程中将对 σ^0 进行削弱及通过体散射使 σ^0 增强。总之,降雨对 σ^0 的影响可以归结如下(Braun 等,1999;Draper 和 Long,2004;Nie 和 Long,2007;Zou 等,2009):

(1)雨滴在降落过程中对雷达回波信号的削减作用,使观测 σ^0 减小;

（2）雨滴在大气中对雷达回波信号的后向体散射，使观测 σ^0 增强；

（3）雨滴溅落到水面，使水面粗糙度增大，产生表面散射而使观测 σ^0 增强。

目前主要通过对 GMF 的改进（Draper 和 Long，2004；Nie 和 Long，2007）和利用海表风压场分析（Zeng 和 Brown，1998）两种途径来加以解决。对于降雨情况下反演风速误差过大的难题，发展考虑降雨影响的星载微波散射计资料风场反演算法是一个当前正在研究的热点问题（Yueh 等，2003）。

本节的内容和结构安排如下：在 2.2.2 小节介绍研究所使用的数据。2.2.3 小节对台风区域 σ^0 的观测值在降雨影响下的分布特征进行分析，研究降雨对雷达后向散射截面的影响。2.2.4 小节在大气辐射传输理论的基础上，建立起降雨对观测雷达后向散射截面影响的辐射传输模型，在此基础上，引进两个不同的降雨辐射传输模型，与 NSCAT2 相结合，进而构建适合降雨条件下的改进的 GMF，简称为 GMF＋RAIN，以实现定量刻画降雨对观测 σ^0 的影响。2.2.5 小节在改进之后的 GMF＋RAIN 的基础上，利用 2.1 节的 2DVAR 结合 MSS 的风矢量模糊去除方法，设计和建立新的台风风场反演方案，并在实际的台风个例分析中进一步验证新方案的有效性。在最后的 2.2.6 小节给出对本节内容的小结。

2.2.2 数据

星载微波散射计仪器按照其工作频率可分为 Ku 波段和 C 波段两类。相比较而言，Ku 波段星载微波散射计由于具有更短的波长，也更容易受到大气中的雨滴影响。此外，由于仪器设计的缘故，目前在轨的 C 波段散射计，无论是 ERS 散射计还是 ASCAT 散射计，均只采用了垂直极化（VV）方式的天线，而 Ku 波段的 QuikSCAT 散射计在采用垂直极化（VV）方式的天线的同时，还采用了水平极化（HH）方式的天线。虽然水平极化（HH）方式的天线信号要弱一些，但其对风速的饱和要大于 40m/s（Stoffelen，2008）。因此，从以上角度考虑，对于台风风场的反演研究，选择以 Ku 波段的 QuikSCAT 散射计资料来进行分析研究。本书选取了 2006 年 QuikSCAT 及 SSM/I 数据匹配较好的 3 次台风个例"珊珊""摩羯"及"象神"进行分析。该 3 个时次分别对应 QuikSCAT 37654、37796 及 37897 轨道，QuikSCAT 的近实时海面雷达后向散射截面值数据资料由 NOAA/NESDIS 制作并分发。SSM/I 数据由美国的 RSS（Remote Sensing Systems，遥感系统）制作并提供，所用的降雨率探测数据取自其中的 F13 观测获得的逐日降雨率数据。台风的报文资料来自于 JMA（Japan Meteorological Agency，日本气象厅）。星载微波散射计资料所对应的台风最大风速、中心位置及 QuikSCAT 观测时间具体见表 2-5。

表 2-5　3 次 QuikSCAT 台风观测对应 QuikSCAT 轨道数、台风的中心最大风速、台风中心位置及 QuikSCAT 观测时间

QuikSCAT 轨道	最大风速/(m·s⁻¹)	报文台风中心	QuikSCAT 观测时间（UTC）
37654	45	(19.3°N,132.4°E)	11/9/2006,21:07
37796	55	(22.9°N,144.4°E)	21/9/2006,20:09
37897	32	(15.5°N,116.5°E)	28/9/2006,22:06

2.2.3　QuikSCAT 观测值分布

当前,业务化中普遍应用的 Ku 波段 GMF 主要有 QSCAT1 和 NSCAT2。图 2-9 表示方位角为 35°时,利用 NSCAT2 计算的内、外波束在不同风速情况下,QuikSCAT 观测值 $\sigma°$ 随相对方位角(方位角与风向之差)的变化。图中显示对于所有风速,$\sigma°$ 随风向呈双调和振荡分布,在 90°和 270°风向处存在两个 $\sigma°$ 极小值点,风向间隔为 180°,并且振荡振幅随风速增加而减小。$\sigma°$ 存在风向的双调和性,使得风场反演过程中存在风向模糊解问题。图中显示,相同风向、相同风速条件下,外侧波束观测的 $\sigma°$ 比内侧波束要大,并且风速越小,差异越明显。

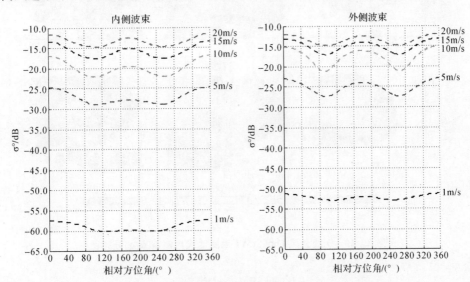

图 2-9　不同风速(中低风速)观测 $\sigma°$ 随风向分布图

下面对 3 次台风的 $\sigma°$ 观测值进行分析,以便讨论降雨对 $\sigma°$ 观测的影响。

图 2-10(彩图见封三)显示了 QuikSCAT 散射计轨道内侧波束前、后向的 $\sigma°$ 观测值分布,图 2-11(彩图见封三)显示了 QuikSCAT 散射计轨道外侧波束前、后向的 $\sigma°$ 观测值分布。图 2-12(彩图见封三)第一行显示了 SSM/I 观测的台风区域降雨率分布。由图中显示可知,台风区域大部分地区对应 SSM/I 降雨率小于 10mm/h。必须注意到,SSM/I 与 QuikSCAT 在观测时间上存在差异,这可能会导致实际降雨率分布与图 2-11 第一行所描绘的降雨率分布有差异。为了验证图 2-12 第一行 SSM/I 降雨率的有效性,引入 QuikSCAT 同步测量的亮温值(图 2-12 第二行),SSM/I 降雨率分布应与 QuikSCAT 亮温分布相对应。图中 3 次个例的 QuikSCAT 亮温虽然缺测较多,但两者的分布是相匹配的,从中可清晰地看到,QuikSCAT 亮温大值区明显与 SSM/I 降雨率大值区相对应,说明本书所采用的 SSM/I 降雨率数据可用。图 2-10～图 2-12 显示,受强降雨率(降雨率大于 12mm/h)影响的 $\sigma°$ 高值区域,其 $\sigma°$ 观测值相对于其周围区域的 $\sigma°$ 观测值小,这进一步说明了降雨对 $\sigma°$ 的削弱作用。

图 2-10～图 2-12 显示了 $\sigma°$ 观测值的分布与台风中心位置的关系。由于台风风场结构具有气旋式涡旋特征,在台风眼区域风弱、少云,围绕风眼一般有环状最大风速区,伴随着高风速和强降水,因雷达后向散射截面值与风速成正比,由此可从台风眼区域的 $\sigma°$ 分布确定台风中心(Zou 等,2009)。在图 2-10 和图 2-11 中,箭头所指表示在台风眼区搜索 $\sigma°$ 极小值所确定

的台风中心位置,✕表示由 JMA 发布的台风报文在该时次的台风中心位置,可见两者差别很小,达到了较好的一致性,尤其是对于发展成熟,涡旋结构特征明显的"摩羯"台风。结果也再次验证了利用 σ° 观测值分布确定台风中心的有效性和可行性。

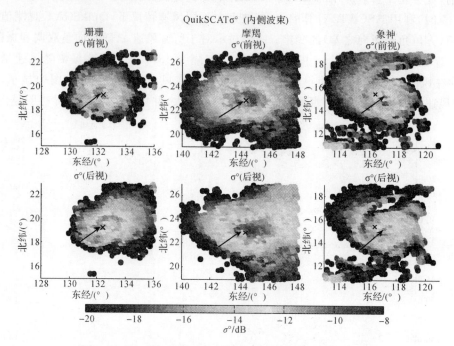

图 2-10 3 次台风 QuikSCAT 观测时次内侧波束 σ° 分布图

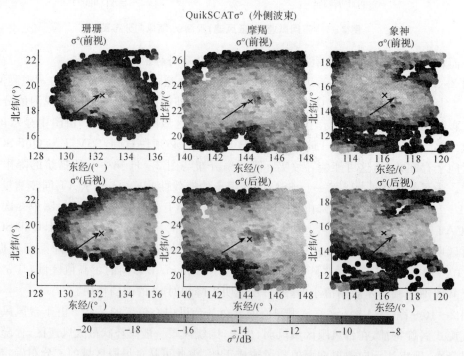

图 2-11 3 次台风 QuikSCAT 观测时次外侧波束 σ° 分布图

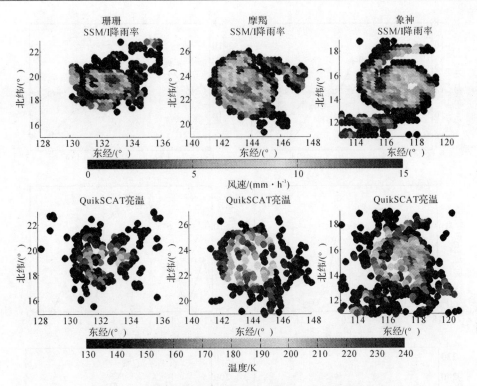

图 2-12　SSM/I 降雨率分布及 QuikSCAT 亮温观测值分布

图 2-13 描绘了 QuikSCAT 第 37654 轨道"珊珊"台风沿轨道方向和垂直轨道方向观测 σ^0 分布、SSM/I 在同一路径上的降雨率分布以及 QuikSCAT 同步获取的亮温分布。由图可知，沿着轨道方向降雨率大部分小于 10mm/h。在台风眼南侧，前、后向观测 σ^0 差异很小，而在台风眼北侧，前、后向观测 σ^0 相差达到 0.5～3dB，并且离台风眼越远，前、后向观测 σ^0 差异越大。对于距离台风眼 200km 的风矢量单元，内波束（水平极化）上两者差异达到 3dB，而外波束（垂直极化）上两者差异达到 2dB。垂直轨道方向也存在类似现象，在台风眼中心以西前、后向观测 σ^0 相差很小，而在台风眼中心以东，前、后向观测 σ^0 随着距离台风眼中心距离增大而增大。对于某一指定风矢量单元，固定某一天线的前、后向 σ^0 观测值之间存在这么大的差异，不可能是完全由降雨的削弱及增强作用造成的。这在一定程度上表明了风向对 σ^0 的依赖性随着风速的增加（离台风眼越近）而减小，但是在风速为 40～50m/s（台风眼附近）时仍然具有 0.5～1dB 的差异。

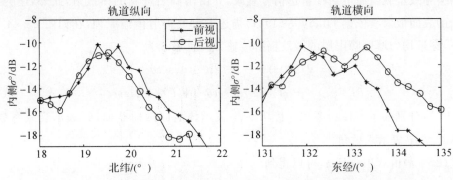

图 2-13　"珊珊"台风沿轨道及垂直轨道方向以台风眼为中心观测 σ^0 的分布

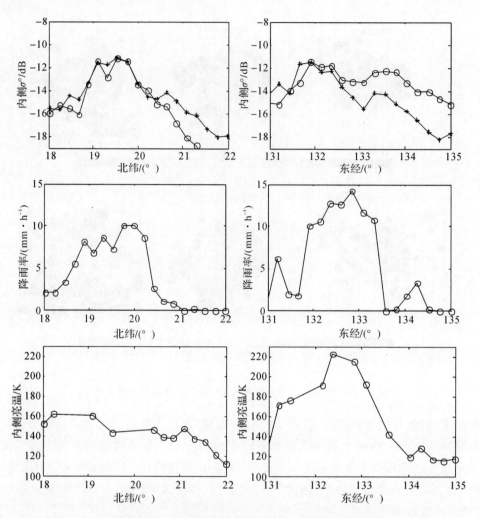

续图 2 - 13 "珊珊"台风沿轨道及垂直轨道方向以台风眼为中心观测 σ^0 的分布

2.2.4 基于降雨率的 GMF 改进

2.2.4.1 降雨辐射传输模型

降雨会导致星载微波散射计雷达信号衰减,并由雨滴引进新的体散射,此外,还会导致水面产生新的表面散射。依据 Ulaby 等(1981)描述的大气辐射传输原理,在如图 2 - 14 所示的坐标系下,穿过均匀厚度降雨层的微波辐射传输方程可表示为

$$\mathrm{d}I^+ \ (z) = - k_a I^+ \ (z) \mathrm{d}z \sec\theta \tag{2-77}$$

$$\mathrm{d}I^- \ (z) = - \eta I^+ \ (z) \mathrm{d}z \sec\theta + k_a I^- \ (z) \mathrm{d}z \sec\theta \tag{2-78}$$

式中,I^+ 和 I^- 分别表示下传功率和上传功率;η 表示体后向散射截面;k_a 表示衰减系数(单位为 $\mathrm{dB \cdot km^{-1}}$);$\theta$ 表示入射角。

将式(2 - 77)由 0 积分到 z,可以得到

$$I^+ \ (z) = I^+ \ (0) \mathrm{e}^{-k_a z \sec\theta} \tag{2-79}$$

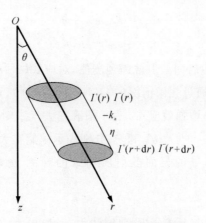

图 2 - 14 穿越圆柱体的辐射传输

利用式(2-79)的关系,将式(2-78)由 d 积分到 z,可以得到

$$I^-(z) = I^-(d)\mathrm{e}^{k_a(z-d)\sec\theta} + \mathrm{e}^{k_a\sec\theta z}\int_d^z \eta I^+(0)\mathrm{e}^{-2k_a z'\sec\theta}\sec\theta \mathrm{d}z' \qquad (2-80)$$

其中的 d 为底边界(海表面)坐标。

假定 σ° 是底边界处的表面后向散射截面值,则

$$I^-(d) = \sigma^\circ I^+(d) \qquad (2-81)$$

假定 H 为降雨层厚度,则依据式(2-79),底边界条件可以表示为

$$I^+(d) = I^+(0)\mathrm{e}^{-k_a H\sec\theta} \qquad (2-82)$$

$$I^-(d) = \sigma^\circ I^+(d) = \sigma^\circ I^+(0)\mathrm{e}^{-k_a H\sec\theta} \qquad (2-83)$$

其中的 $I^+(0)$ 是发射脉冲的功率。

结合式(2-81)、式(2-82)和式(2-83),天线接收的脉冲功率 $I^-(0)$ 可以表示为

$$I^-(0) = I^-(d)\mathrm{e}^{-k_a d\sec\theta} + \int_d^0 \eta I^+(0)\mathrm{e}^{-2k_a z'\sec\theta}\sec\theta \mathrm{d}z'$$

$$= \sigma^\circ I^+(0)\mathrm{e}^{-2k_a H\sec\theta} + \eta I^+(0)\frac{1}{2k_a}(1-\mathrm{e}^{-2k_a H\sec\theta}) \qquad (2-84)$$

至此,考虑降雨的作用,由散射计传感器测量获取的 NRCS,$\widetilde{\sigma}^\circ$ 可以表示为

$$\widetilde{\sigma}^\circ = \frac{I^-(0)}{I^+(0)} = \sigma^\circ \mathrm{e}^{-2k_a H\sec\theta} + \eta\frac{1}{2k_a}(1-\mathrm{e}^{-2k_a H\sec\theta}) \qquad (2-85)$$

式(2-85)右边的第一项 $\sigma^\circ \mathrm{e}^{-2k_a H\sec\theta}$ 表示雨滴在大气中对雷达回波信号的削减作用,第二项 $\eta\dfrac{1}{2k_a}(1-\mathrm{e}^{-2k_a H\sec\theta})$ 表示雨滴在大气中对雷达回波信号的体散射作用。如果考虑雨滴溅落到水面时对雷达回波信号的表面散射所导致的雷达后向散射截面值的变化项 σ_{ors},则式(2-85)可以表示为

$$\widetilde{\sigma}^\circ = \frac{I^-(0)}{I^+(0)} = \sigma^\circ \mathrm{e}^{-2k_a H\sec\theta} + \eta\frac{1}{2k_a}(1-\mathrm{e}^{-2k_a H\sec\theta}) + \sigma_{\mathrm{ors}}\mathrm{e}^{-2k_a H\sec\theta} \qquad (2-86)$$

式(2-86)即为考虑降雨对微波信号作用的降雨辐射传输模型(Tournadre 和 Quilfen,2003)。在此基础上,可构建适合降雨情况下的改进的 GMF(称为 GMF+RAIN),具体如下:

$$\sigma_{\text{obs}}^{\text{o}} = \sigma_{\text{wind}}^{\text{o}} \alpha_{\text{att}} + \sigma_{\text{eff}} \tag{2-87}$$

$$\sigma_{\text{eff}} = \sigma_{\text{orv}}^{\text{o}} + \alpha_{\text{att}} \sigma_{\text{ors}}^{\text{o}} \tag{2-88}$$

式中,$\sigma_{\text{obs}}^{\text{o}}$表示 QuikSCAT 雷达后向散射截面观测值,对应式(2-86)的$\tilde{\sigma}^{\text{o}}$;$\sigma_{\text{wind}}^{\text{o}}$表示由风矢量产生的雷达后向散射截面值(它通过无雨情况的 GMF 计算得到),对应式(2-86)的σ^{o};σ_{eff}表示降雨对雷达后向散射截面总的增强效应;α_{att}表示雨滴在大气中对雷达回波信号的削减使得观测σ^{o}减弱,对应式(2-86)的$\mathrm{e}^{-2k_a H \sec\theta}$;$\sigma_{\text{orv}}^{\text{o}}$和$\sigma_{\text{ors}}^{\text{o}}$分别表示雨滴在大气中对回波信号的体散射及溅落到水面时对雷达回波信号的表面散射所导致的观测σ^{o}增强,$\sigma_{\text{orv}}^{\text{o}}$对应式(2-86)的$\eta \dfrac{1}{2k_a}(1-\mathrm{e}^{-2k_a H \sec\theta})$。

针对降雨对σ^{o}的影响,结合上述分析,普遍认为α_{att}和σ_{eff}均为降雨率和降雨高度的函数,但具体函数形式有所不同(Yueh 等,2003;Nielsen,2007),其中,对于降雨强度的度量,主要有表面降雨率(单位为 mm/h)和积分降雨率(单位为 km·mm/h)两种度量单位,本小节引入两个不同的降雨辐射传输模型(SY 和 AMSR 模型),分别通过表面降雨率和积分降雨率来刻画降雨对雷达后向散射截面值的影响。

1. SY 模型

本书将 Stiles 等(Stiles 和 Yueh,2002;Yueh 等,2003)利用 QuikSCAT 雷达后向散射截面值数据、NCEP 模式预报风场数据及 SSM/I 降雨率探测资料数据统计得到的辐射传输模型简称为 SY 模型。该模型中α_{att}和σ_{eff}仅为降雨率及降雨高度的函数,具体表达式为(Yueh 等,2003)

$$\sigma_{\text{eff}} = f\,(RH)^g \tag{2-89}$$

$$\alpha_{\text{att}} = \exp[-p\,(RH)^q] \tag{2-90}$$

式中,H 的单位为 km。模型系数见表 2-6。

表 2-6　SY 模型的模型系数

	f	g	p	q
内侧波束	0.003 2	0.64	0.096	0.54
外侧波束	0.002 9	0.54	0.13	0.55

2. AMSR 模型

Nielsen(2007)利用 AMSR(Advanced Microwave Scanning Radiometer,高级微波扫描辐射计)的降雨率数据及 QuikSCAT 后向散射截面数据统计分析建立的积分降雨率与α_{att}和σ_{eff}之间的经验表达式,称为 AMSR 模型。该模型的最大特点在于所采用的观测σ^{o}值与降雨率之间并不存在时空匹配误差,因为星载微波散射计与 AMSR 搭载在同一卫星上。所谓积分降雨率,是指降雨层各层降雨率 R_i(mm/h)之和,积分降雨率和降雨率之间关系式为(Nielsen,2007)

$$R_{\text{ir}} = 10\lg\left(\int_H R_i \mathrm{d}z\right) \tag{2-91}$$

式中，H 表示降雨层厚度，单位为 km；R_{ir} 的单位为 dB；α_{att} 和 σ_{eff} 定义为 R_i 的二次函数，它们分别表示为

$$\alpha_{att} = 10^{-10^{f_{att}(R_{ir})/10}/10} \tag{2-92}$$

$$\sigma_{eff} = 10^{f_{eff}(R_{ir})/10} \tag{2-93}$$

式中

$$f_{att}(R_{ir}) = \sum_{n=0}^{2} C_{att}(n)R_{ir}^n \tag{2-94}$$

$$f_{eff}(R_{ir}) = \sum_{n=0}^{2} C_{eff}(n)R_{ir}^n \tag{2-95}$$

模型系数见表 2-7。

表 2-7　AMSR 模型的模型系数

	$C_{att}(0)$	$C_{att}(1)$	$C_{att}(2)$	$C_{eff}(0)$	$C_{eff}(1)$	$C_{eff}(2)$
内侧波束	−5.241 0	0.407 6	0.016 7	−24.633 5	0.410 8	0.016 0
外侧波束	−4.603 6	0.443 2	0.017 1	−24.557 9	0.280 2	0.011 5

3. SY 和 AMSR 模型特性分析

当降雨层厚度为 3km 时，SY 和 AMSR 模型中 σ_{eff} 和 α_{att} 随降雨率的变化特征如图 2-15 所示。

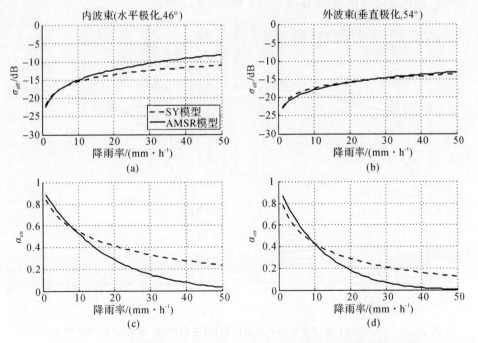

图 2-15　SY 和 AMSR 模型降雨增强项 σ_{eff} 与削弱项 α_{att} 随降雨率变化图

图 2-15 中的(a)(b)两个子图分别表示内、外波束 σ_{eff} 随降雨率的分布,而(c)(d)两个子图则表示内、外波束 α_{att} 随降雨率的变化。由图可见,对于内波束,两个模型在降雨率小于10mm/h 时 σ_{eff} 相差很小,但随着降雨率的增加差异逐渐增大;对于外波束,两个模型中 σ_{eff} 基本相等。

两个模型函数在 α_{att} 上的差异相对明显,由图 2-15 可见,对于内波束,当降雨率小于8.5mm/h 时,SY 模型 α_{att} 值小于 AMSR 模型,当降雨率大于 8.5mm/h 时,SY 模型 α_{att} 值大于AMSR 模型,降雨率越大,两者差异越大,在降雨率为 50mm/h 时,SY 模型 α_{att} 值为 0.24,而AMSR 模型 α_{att} 值为 0.03;对于外波束,两模型 α_{att} 变化基本与内波束相似,α_{att} 值相等对应的降雨率由 8.5mm/h 增加到 10mm/h。

两个模型之间的差异可能是由于所使用降雨率测量的空间分辨率不同及 SY 模型系数确定时所采用探测资料的精度有限所造成的。

Wentz 和 Spencer(1998)利用 SSM/I 反演算法对降雨层厚度进行了无偏估计,统计得到月气候平均降雨层厚度值,发现赤道地区平均降雨层厚度小于 3km,为简化起见,在研究降雨的过程中,统一采用降雨层厚度为 3km。但必须注意到,降雨层厚度越大,对后向散射截面值的影响越大。

2.2.4.2 改进的模型对比分析

为进一步定量分析降雨对观测 σ^o 的影响,本小节将两个降雨辐射传输模型与 NSCAT2相结合构造适合降雨情况下的 GMF+RAIN,讨论分析当降雨层厚度为 3km 时,不同降雨率(0~20mm/h,间隔 5mm/h)、不同极化方式(垂直极化和水平极化)和不同相对方位角(0°和90°)下观测 σ^o 随风速的变化,结果如图 2-16 和图 2-17 所示。

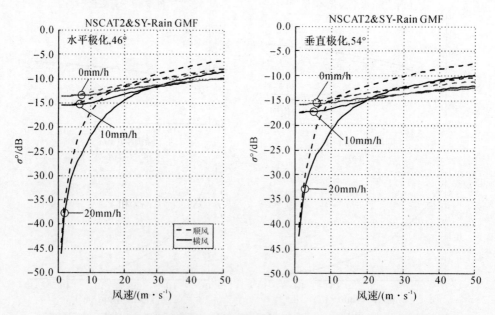

图 2-16 QuikSCAT 降雨模型(SY 降雨模型)订正后内、外波束 σ^o 随风速变化图

由图 2-16 和图 2-17 可知,降雨的一个重要作用是改变 σ° 值的大小,对于所有 GMF＋RAIN,不论是内波束还是外波束,也不论是顺风还是横风,降雨均使中低风速观测 σ°（对应 0mm/h 曲线）值偏大,使高风速观测 σ° 值偏小,这也是强台风中心最大反演风速值远小于台风年鉴资料最大风速值的主要原因。降雨的另一个重要作用是减弱风向对观测 σ° 的敏感性,对于低风速（风速小于 5m/s）情况,无雨时,顺风和横风的观测 σ° 之差可达到 4.3dB,当降雨率为 10mm/h 时,降雨的影响使得顺风与横风情况下观测 σ° 之差小于 1dB,而随着降雨率增加,顺风与横风差异更小,可见降雨使风向对 σ° 的敏感性降低。这是因为降雨削弱项 α_{att} 及体散射和海表散射增强项 σ_{eff} 的经验统计公式均假定与风向无关。随着风速增加,风矢量所产生的观测 σ° 逐渐占主导作用,降雨对观测 σ° 的影响不断减小,从而使风向对 σ° 的敏感性增强。当内、外波束在风速分别增加到 30m/s 和 20m/s 时,10mm/h 降雨率的观测 σ° 值基本等于无雨情况的 σ° 值,此时降雨对观测 σ° 的影响远小于风矢量对观测 σ° 的影响。

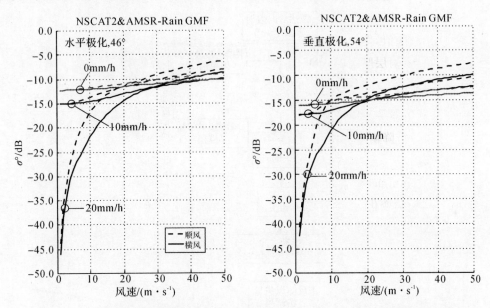

图 2-17　QuikSCAT 降雨模型（AMSR 降雨模型）订正后内、外波束 σ° 随风速变化图

当某一海域存在降雨时,降雨及风矢量都将影响观测 σ° 值,两者具体谁占主导作用取决于风速大小和降雨率强度。通过具体的数值计算,经分析可知:当降雨层厚度小于 3km,降雨率为 10mm/h 时,风矢量所产生的后向散射截面 $\alpha_{att}\sigma_{wind}$ 在风速大于 30m/s 时占主导作用;当降雨层厚度小于 3km,降雨率增加到 15mm/h 时,σ_{eff} 和 $\alpha_{att}\sigma_{wind}$ 两项作用基本相当。

2.2.5　台风风场反演

2.2.5.1　反演流程图

利用 2.2.4 小节给出的改进的 GMF＋RAIN,设计了台风风场反演流程图（见图 2-18）。第一步:采用加权平均法,将 SSM/I 降雨率数据 R 与雷达获取的后向散射截面值（σ°）进

行匹配,即

$$R_{i,j} = \frac{1}{N} \sum_{k=1}^{N} R_k \qquad (2-96)$$

式中,$R_{i,j}$ 表示在 (i,j) 处 WVC 的 SSM/I 降雨率,选取距离 (i,j) 为 0.5 倍 WVC 格距的区域;R_k 表示该区域内第 k 个 SSM/I 降雨率值;N 表示该区域内所获取的 SSM/I 降雨率值的总数。

第二步:利用建立的降雨辐射传输模型考虑降雨对 σ^o 的影响,其中降雨层厚度统一近似取 3km,实现对 σ^o 的订正。

第三步:对 GMF+RAIN 利用 MLE 进行求解,得到模糊风矢量解。

第四步:利用 2.1 节给出的 2DVAR+MSS 方案实施风场的模糊去除,得到最终的台风风场反演结果。

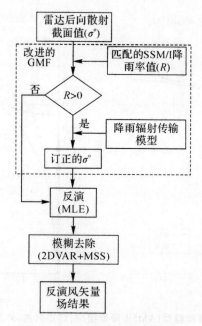

图 2-18　台风风场反演流程图

2.2.5.2　实例分析

本节选取"摩羯"和"象神"两次台风个例进行分析,之所以选择这两次台风,是因为"摩羯"和"象神"台风分别对应强、弱台风个例,且"象神"台风最大风速接近 2.2.4 小节中的降雨使观测 σ^o 增大或减小的临界风速值(30m/s)。

考虑到 SSM/I 当降雨率达到 $10\sim15$mm/h 以上时测量趋于饱和使测量精度有所降低,本书所选 3 次台风个例降雨率均低于 15mm/h(见图 2-12 第一行)。图 2-19 和图 2-20 所示分别为利用 QuikSCAT 资料反演"摩羯"和"象神"台风的风场分布,风场反演结果见表 2-8。

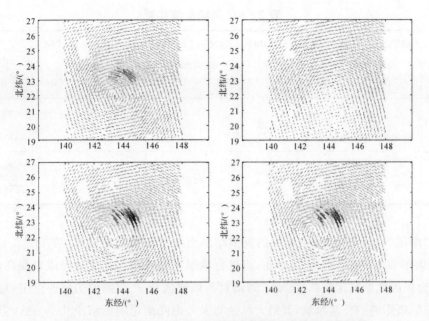

图 2 - 19　QuikSCAT 第 37796 轨道"摩羯"台风风场反演结果

注:左上角对应利用 NSCAT2 GMF 不考虑降雨影响的风场反演结果,右上角对应 NCEP 模式预报风场,左下角对应利用 NSCAT2＋SY 风场反演结果,右下角对应利用 NSCAT2＋AMSR 风场反演结果。均采用 2DVAR＋MSS 模糊去除方法。

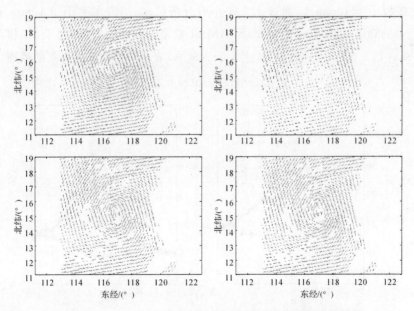

图 2 - 20　QuikSCAT 第 37897 轨道"象神"台风风场反演结果

注:左上角对应利用 NSCAT2 GMF 不考虑降雨影响的风场反演结果,右上角对应 NCEP 模式预报风场,左下角对应利用 NSCAT2＋SY 风场反演结果,右下角对应利用 NSCAT2＋AMSR 风场反演结果。均采用 2DVAR＋MSS 模糊去除方法。

表 2 - 8 风场反演结果

	JMA 台风报文 最大风速	NSCAT2 GMF 最大风速	NSCAT2＋SY 最大风速	NSCAT2＋AMSR 最大风速	结论
	m/s	m/s	m/s	m/s	
强台风 (摩羯)	55	39.7	50	50	降雨使高风 速区的 σ° 削弱
弱台风 (象神)	32	23.5	24.4	22.5	降雨使低风 速区的 σ° 增强

对于"摩羯"台风,考虑降雨影响的反演结果更接近台风报文资料,结合图 2 - 12 第二列 SSM/I 降雨率和 QuikSCAT 亮温分布,可见台风眼南侧降雨率比北侧降雨率要高,但是反演的风速比台风眼北侧风速要低,反映了降雨对高风速区域 σ° 观测值的削弱作用;对于"象神"台风,考虑降雨影响的反演风场,其最大风速与未考虑降雨影响的结果几乎一致,但是整体风场风速明显减弱,尤其是在台风眼南侧。结合图 2 - 12 第三列降雨率大值区域,验证了降雨辐射传输模型的降雨对低风速区域 σ° 观测值的增强作用。

图 2 - 21 和图 2 - 22 描绘了以台风眼为中心,沿 QuikSCAT 第 37796 和 37897 轨道纵向和横向的风速分布。综合图 2 - 9 至图 2 - 12,以及图 2 - 19 和图 2 - 20,由于台风中高风速区域降雨率大多数小于 10mm/h,通过 2.2.4 小节分析可知,当降雨率小于 10mm/h 时,SY 和 AMSR 模型中的降雨增强项 σ_{eff} 相一致,而 AMSR 模型的削弱项 α_{att} 则大于 SY 模型的削弱项 α_{att},因而 NSCAT2＋SY 反演得到的风速大于 NSCAT2＋AMSR 反演得到的风速。

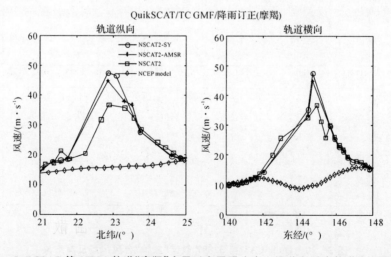

图 2 - 21 QuikSCAT 第 37796 轨道"摩羯"台风以台风眼为中心沿着和垂直轨道方向风速分布图

注:不考虑降雨作用利用 NSCAT2 GMF 反演的风场用 NSCAT2 表示,采用 SY 降雨模型结合 NSCAT2 GMF 反演的风场用 NSCAT2＋SY 表示,采用 AMSR 降雨模型结合 NSCAT2 GMF 反演的风场用 NSCAT2 ＋AMSR 表示。

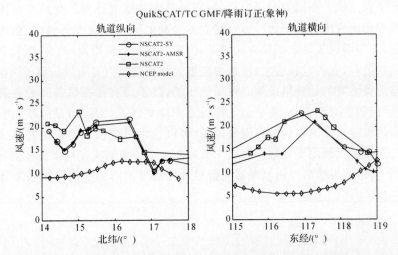

图 2 - 22　QuikSCAT 第 37897 轨道"象神"台风以台风眼为中心沿着和垂直轨道方向风速分布图

注:不考虑降雨作用利用 NSCAT2 GMF 反演的风场用 NSCAT2 表示,采用 SY 降雨模型结合 NSCAT2 GMF 反演的风场用 NSCAT2+SY 表示,采用 AMSR 降雨模型结合 NSCAT2 GMF 反演的风场用 NSCAT2 ＋AMSR 表示。

2.2.6　小结

本节基于大气辐射传输理论,考虑降雨对散射计雷达后向散射截面值的作用,设计和构建了现有的 GMF＋ RAIN 模型,在此基础上,利用 2DVAR＋MSS 模糊去除方法对 QuikSCAT 散射计资料实施了台风风场反演。主要结论是:

(1)验证了利用星载微波散射计的 σ° 分布特征确定台风中心位置的可行性。

(2)引进降雨辐射传输模型(SY 和 AMSR 模型),与 NSCAT2 GMF 结合构建适合降雨情况的 GMF＋RAIN,定量刻画了降雨对星载微波散射计雷达后向散射截面值的作用,并在实际台风风场反演中验证了改进的 GMF＋RAIN 的有效性。

(3)针对星载微波散射计资料的台风风场反演,本节在改进的 GMF＋RAIN 基础上,利用 2DVAR＋MSS 模糊去除方法,设计并实施了新的星载微波散射计资料台风风场处理流程,反演结果与 JMA 台风报文资料、NCEP 模式风场对比分析,充分验证了新的处理流程的有效性和可行性,也进一步验证了 2DVAR＋MSS 模糊去除方法的有效性。

(4)在研究降雨对雷达后向散射截面值的作用时,考虑了降雨率和降雨层厚度的影响。如何更细致地刻画降雨对雷达后向散射截面值的影响,在降雨辐射传输模型中引入新的降雨参数进而改进降雨辐射传输模型,这是需要继续深入研究的问题。

2.3　基于行星边界层理论实施由散射计资料反演台风海平面气压场

星载微波散射计资料主要用于海面风场的反演,在 2.1 节和 2.2 节中,针对星载微波散射计资料海面风场反演过程的风矢量模糊去除,以及降雨对星载微波散射计雷达后向散射截面值的影响进行了深入的分析研究。可以说,利用星载微波散射计资料反演海面风场是一个典型的卫星资料应用研究中的反问题。通过建立的经验GMF,在观测资料(星载散射计雷达后向散射截面值)与海面风矢量之间建立起联系,由观测资料计算求取海面风矢量。这个过程是一个由果及因的过程,在一定程度上,星载微波散射计资料反演海面风场属于一次直接反演的反问题。由星载微波散射计资料反演海平面气压场,并不是直接在星载微波散射计观测资料(散射计雷达后向散射截面值)与海平面气压场之间建立联系,而是由星载微波散射计资料反演得到的海面风场间接反演得到海平面气压场,可以说由星载微波散射计资料反演海平面气压场是属于二次间接反演的反问题。在2.1节和2.2节主要研究星载微波散射计资料反演海面风场的基础上,本节着重研究由星载微波散射计资料反演得到的海面风场来计算求取海平面气压场的过程。

2.3.1 引言

台风的海平面气压场对台风结构及动力特征分析、台风的移动路径和强度预报起着十分重要的作用。众所周知,由于海洋上气压观测手段的缺乏,通常只能通过设置在岛屿上的气象观测站和极少数的浮标、商船来获取气象探测资料,而这些探测资料无法在时间与空间上形成有效的海平面气压资料,这给利用常规气象探测资料进行海平面气压场的分析研究带来了很大困难。

卫星探测器的出现,使得探测实时、大面积的海洋气象资料成为现实,各种基于卫星探测器的气象探测资料为海洋和大气研究提供了丰富的资料数据。其中的星载微波散射计已成为当前获取海面风场资料的一种最主要的手段,如QuikSCAT散射计具有宽达1 800km的刈幅,几乎可以捕捉到全球海洋上所有的热带气旋和强风暴。考虑到星载微波散射计资料反演得到的海面风场的优越性,基于行星边界层理论,利用风压场之间的关系,进而实现由星载微波散射计风场资料反演得到海平面气压(Brown和Levy,1986;Brown和Zeng,1994;Hsu和Wurtele,1997;Patoux等,2001,2002,2003,2005,2008)。

目前,基于行星边界层理论来实现由星载微波散射计风场资料对海平面气压场的反演,主要依靠行星边界层模式对海上行星边界层的模拟来实施。其中最具代表性并广泛使用的是UWPBL模式。该模式针对中纬度和赤道及低纬度地区的不同特点构建了不同的物理模型,利用星载微波散射计获取的海面风场资料反演出海平面气压场。国外的Patoux(2002,2003,2008)和国内的张帆(2008)等均利用此行星边界层模式对海平面气压场反演进行了有效的研究。

本节基于行星边界层理论,借助UWPBL模式,首先利用星载微波散射计获取的海面风场资料对海平面气压场进行反演,对反演得到的海平面气压场的强度进行分析(此种方法我们称为直接反演);其次借助于变分方法(黄思训等,2007)对获取的海面风场进行分解,从风场中提取最大的有旋流场并输入UWPBL模式,对台风气压场的中心气压进行精度定位,进而改进之前的反演效果,提高台风海平面气压场中心气压的定位精度。

本节的内容和结构安排如下:在2.3.2小节介绍本节研究所使用的模式和资料。2.3.3小节阐述基于行星边界层理论,海平面气压场的反演原理,详细介绍中纬度区域的两层模型、低纬度区域的混合层模型、梯度风订正以及具体的海平面气压场反演方法。2.3.4小节基于变分思想,提出利用变分方法来实施星载微波散射计资料的海面风场分解,分离出有旋流场和无旋流场,进而对台风风场资料信息进行分离。2.3.5 小节在 2.3.3 小节和 2.3.4 小节提出的方法的基础上,确定星载微波散射计资料反演得到的海平面气压场强度及台风气压中心信息。最后在 2.3.6 小节给出对本节内容的小结。

2.3.2　模式和资料

本研究所采用的 UWPBL 模式是美国华盛顿大学行星边界层研究组开发的行星边界层模式。此模式对符合海洋下垫面特征的可变海面粗糙度、有组织大涡等因素均进行了参数化处理,并能够很好地利用星载微波散射计获得的海面风场资料来反演包括海平面气压场在内的一些大气行星边界层要素。研究所使用的风场资料是装载于美国 QuikSCAT 极轨卫星上的 SeaWinds 散射计提供的 L2b 海面风场数据,数据分辨率为 25km,由美国 PODAAC (Physical Oceanography Distributed Active Archive Center,物理海洋数据分发存储中心)制作并分发。用来与反演结果作检验比较的气压场资料为 NCEP 的 1°×1°的再分析资料,台风中心气压及经纬度资料来自于国家气象中心的台风年鉴。

2.3.3　海平面气压场的反演原理

基于行星边界层理论,利用行星边界层模式(如 UWPBL 模式)反演海平面气压场,主要依据是风压场的相互关系。若风场满足地转关系,则可求出海平面气压梯度的分布;若已知海平面若干个气压观测值,则可利用最小二乘法进行拟合,从而可获得满足该气压梯度的气压场分布。可见海平面气压场的反演关键是计算求取对应的海平面气压梯度场。

无论在自由大气中,还是在行星边界层大气中,风压之间均满足一定的关系。在行星边界层顶以上的自由大气中,风场与气压场满足地转平衡关系。在热带以外的区域,可在得到边界层顶处的地转风的条件下,依据地转平衡方程,求出边界层顶的水平气压梯度(Patoux 和 Brown,2002),而边界层顶的地转风则可以利用星载微波散射计测得的 10m 高度场的海面风矢量,在充分考虑海洋行星边界层的物理过程的基础上,利用边界层的垂直风廓线等关系式求出。在热带区域,由于科氏力减弱,而对流运动和夹卷作用很强,且必须考虑湍流摩擦力(湍流黏性应力)的作用,适合于热带以外区域的方法不再适用,因此利用 Stevens 等(2002)提出的简化方法,在风场和气压场之间建立起一定的近似关系,进而得到海平面气压场。虽然海上行星边界层的厚度是变化的,但其平均厚度通常约为海平面以上 1km 范围(赵鸣等,1991),因此,边界层顶的水平气压梯度可近似地看作海平面的水平气压梯度。UWPBL 模式针对不同的纬度区域,分别建立了两种模型来求解水平气压梯度。UWPBL 模式反演海平面气压场的流程见图 2-23。

图 2-23　UWPBL 模式反演海平面气压场的流程图

海面风场反演海平面气压场,首先按照海面风场(星载微波散射计获取的 10m 高度风场)的纬度分布,在中纬度地区使用两层模型,在低纬度地区使用混合层模型,分别按照模型给定的垂直风廓线求出边界层顶的地转风场和边界层整体风场。接着按照地转平衡关系和Stevens提出的整体风压场的关系,求出气压梯度场,其中的中纬度区域实施梯度风订正。然后,在获得海平面若干个气压观测值的情况下,利用最小二乘法可以拟合出海平面气压场,按照纬度区分,共计3套气压场:两套在中纬度区域($10°N\sim60°N$ 和 $60°S\sim10°S$);一套在低纬度区域($20°S\sim20°N$)。由于在一条完整的轨道刈幅区域内分别独立地使用这两种模型的反演结果具有较好的一致性,因此,最后可使用一定的权重函数(Patoux,2004)将上述3套海平面气压场进行结合,具体见附录F,即可得到完整轨道刈幅区域的海平面气压场。

2.3.3.1 中纬度区域的两层模型

在中纬度区域,采用的两层模型将行星大气边界层分为两层,即外层(Ekman层)和内层(近地面层)。在外层,垂直风廓线在遵循经典的Ekman螺线解的基础上,考虑热成风和二级环流的作用。在内层,垂直风廓线则满足对数律分布,考虑层结影响。内、外层的风廓线按照一定条件进行衔接,可推导出相关系列表达式,依据这些表达式即可求解出包括海平面气压梯度在内的诸多行星边界层要素。

1. Ekman 层

在水平方向同性、稳定条件下,满足静力平衡和无辐散条件的大气运动方程组经过尺度分析后,可简化为

$$-fV + \frac{1}{\rho}\frac{\partial P}{\partial x} + \frac{\partial(\overline{uw})}{\partial z} = 0 \tag{2-97}$$

$$fU + \frac{1}{\rho}\frac{\partial P}{\partial y} + \frac{\partial(\overline{vw})}{\partial z} = 0 \tag{2-98}$$

$$\frac{\partial P}{\partial z} = -\rho g \tag{2-99}$$

$$\frac{\partial U}{\partial x} + \frac{\partial V}{\partial y} = 0 \tag{2-100}$$

式中,P 是气压;ρ 为空气密度;f 为科氏力参数;U 和 V 分别是纬向和经向风速分量;u,v,w 是风速的3个湍流分量;x,y,z 是空间坐标。

考虑具有风速协方差形式的湍流通量采取一阶闭合近似,即

$$\tau_x = -\rho\overline{uw} = \rho K_M \frac{\partial U}{\partial z} \tag{2-101}$$

$$\tau_y = -\rho\overline{vw} = \rho K_M \frac{\partial V}{\partial z} \tag{2-102}$$

由一阶湍流闭合理论可知,其中的 K_M 为湍流动量交换系数,假定其在 Ekman 层为常值,水平运动方程可改写为

$$-fV + \frac{1}{\rho}\frac{\partial P}{\partial x} - K_M \frac{\partial^2 U}{\partial z^2} = 0 \tag{2-103}$$

$$fU + \frac{1}{\rho}\frac{\partial P}{\partial y} - K_M \frac{\partial^2 V}{\partial z^2} = 0 \tag{2-104}$$

选取 Ekman 层底部和顶部的风矢量作为式(2-103)和式(2-104)的边界条件,即

$$U(0) = U_h \tag{2-105}$$

$$V(0) = 0 \tag{2-106}$$

$$U(\infty) = G\cos\alpha \tag{2-107}$$

$$V(\infty) = G\sin\alpha \tag{2-108}$$

其中人为地假定在 Ekman 层底部,风速大小为 U_h,风向平行于 x 轴,而在 Ekman 顶部,地转风 G 与底部的风向偏转角度为 α。

风矢量可分解为地转风分量和非地转风分量两部分,即

$$U = U_g + U_E \tag{2-109}$$

$$V = V_g + V_E \tag{2-110}$$

其中的地转风分量 (U_g, V_g) 与气压梯度的关系为

$$U_g = -\frac{1}{\rho f}\frac{\partial P}{\partial y} = G\cos\alpha \tag{2-111}$$

$$V_g = \frac{1}{\rho f}\frac{\partial P}{\partial x} = G\sin\alpha \tag{2-112}$$

分量 (U_E, V_E) 为经典的 Ekman 螺线解,即

$$-fV_E - K_M\frac{\partial^2 U_E}{\partial z^2} = 0 \tag{2-113}$$

$$fU_E - K_M\frac{\partial^2 V_E}{\partial z^2} = 0 \tag{2-114}$$

其边界条件为

$$U_E(0) = U(0) - U_g = U_h + \frac{1}{\rho f}\frac{\partial P}{\partial y} = U_h - G\cos\alpha \tag{2-115}$$

$$V_E(0) = V(0) - V_g = -\frac{1}{\rho f}\frac{\partial P}{\partial x} = -G\sin\alpha \tag{2-116}$$

$$U_E(\infty) = V_E(\infty) = 0 \tag{2-117}$$

以式 $(2-115)\sim$ 式 $(2-117)$ 为边界条件,对式 $(2-113)$ 和式 $(2-114)$ 求解,可得

$$U_E(\xi) = e^{-\xi}\left[(U_h - G\cos\alpha)\cos\xi - G\sin\alpha\sin\xi\right] \tag{2-118}$$

$$V_E(\xi) = e^{-\xi}\left[(G\cos\alpha - U_h)\sin\xi - G\sin\alpha\cos\xi\right] \tag{2-119}$$

进而可以得到

$$U(\xi) = G\cos\alpha - e^{-\xi}\left[G\cos(a - \xi) - U_h\cos\xi\right] \tag{2-120}$$

$$V(\xi) = G\sin\alpha - e^{-\xi}\left[G\sin(\alpha - \xi) - U_h\sin\xi\right] \tag{2-121}$$

式中

$$\xi = \sqrt{\frac{f}{2K_M}}z = \frac{z}{\delta} \tag{2-122}$$

δ 为"Ekman 标高",可表示为

$$\delta = \sqrt{\frac{2K_M}{f}} \tag{2-123}$$

考虑大气的斜压性作用,对经典的 Ekman 螺线解进行热成风校正。热成风可表示为

$$U_T = \frac{\Delta U_g}{\delta} = -\frac{g}{fT_0}\overline{\left(\frac{\partial T}{\partial y}\right)} \tag{2-124}$$

$$V_T = \frac{\Delta V_g}{\delta} = \frac{g}{fT_0}\overline{\left(\frac{\partial T}{\partial x}\right)} \tag{2-125}$$

其中的 ΔU_g 和 ΔV_g 分别表示由 Ekman 底部到边界层顶地转风的纬向和经向变化分量。将式 $(2-124)$ 和式 $(2-125)$ 式的热成风校正 U_T 和 V_T,从 Ekman 层底层(订正为零)向上至

Ekman 层顶部(订正为最大值)线性化应用到式(2-120)和式(2-121)的风速 Ekman 螺线解中,可以得到

$$\frac{U(\xi)}{G} = \cos\alpha + \frac{U_T}{G}\xi - e^{-\xi}\Big[\cos(\alpha-\xi) - \frac{U_h}{G}\cos\xi\Big] \tag{2-126}$$

$$\frac{V(\xi)}{G} = \sin\alpha + \frac{V_T}{G}\xi - e^{-\xi}\Big[\sin(\alpha-\xi) - \frac{U_h}{G}\sin\xi\Big] \tag{2-127}$$

海上行星边界层中,有组织大涡是一种常见系统。由于其具有二次环流的特征,因此需要在运动方程中添加风速的二阶扰动项(u_2, v_2, w_2),以考虑二级环流的作用。对于二级环流,可通过参数化的方式来加以考虑,即

$$-fV + \frac{1}{\rho}\frac{\partial P}{\partial x} + \frac{\partial(\overline{uw})}{\partial z} = 0 \tag{2-128}$$

$$fU + \frac{1}{\rho}\frac{\partial P}{\partial y} + \frac{\partial(\overline{vw})}{\partial z} + A(u_2 w_2) = 0 \tag{2-129}$$

其中的 $A(u_2 w_2)$ 为描述二级环流作用的非线性项。

至此,考虑热成风和二级环流作用的 Ekman 风速廓线可表示为

$$\frac{U(\xi)}{G} = \cos\alpha + \frac{U_2}{G} + \frac{U_T}{G}\xi - e^{-\xi}\Big[\cos(\alpha-\xi) - \frac{U_h}{G}\cos\xi\Big] \tag{2-130}$$

$$\frac{V(\xi)}{G} = \sin\alpha + \frac{V_2}{G} + \frac{V_T}{G}\xi - e^{-\xi}\Big[\sin(\alpha-\xi) - \frac{U_h}{G}\sin\xi\Big] \tag{2-131}$$

其中的 U_2 和 V_2 为二级环流的纬向和经向分量。

2.近地面层

近地面层也常称为常值通量层,在中性层结条件下,遵循经典的相似理论,垂直风速廓线可表示为对数形式:

$$\frac{U}{u_*} = \frac{1}{k}\ln\Big(\frac{z}{z_0}\Big) \tag{2-132}$$

式中,u_* 为摩擦速度;k 为 Karman 常数,且由经验确定;z_0 为粗糙度,它可以表示为摩擦速度的函数。

式(2-132)由一阶闭合理论也可求出。根据 Prandtl 假设,在式(2-101)和式(2-102)中的 K_M 可表示为

$$K_M \sim u_{*0}l \sim u_{*0}kz \tag{2-133}$$

其中的 l 为混合长。则由式(2-101)和式(2-102)可知

$$\tau = \rho K_M \frac{\partial U}{\partial z} \tag{2-134}$$

在近地面层,湍流通量又可表示成

$$\tau = \rho u_*^2 \tag{2-135}$$

则

$$\tau = \rho u_*^2 = \rho u_* kz \frac{\partial U}{\partial z} \tag{2-136}$$

对式(2-136)积分,也能得到式(2-132)。

考虑层结大气,风速的垂直切变可表示为

$$\Big(\frac{kz}{u_*}\Big)\frac{\partial U}{\partial z} = \Phi_M(\zeta) \tag{2-137}$$

式中,ζ 为层结参数无量纲化后的垂直坐标,即 $\zeta=z/L$,L 为层结参数,也称为 Obukhov 长度；$\Phi_{\mathrm{M}}(\zeta)$ 为风速的稳定度修正函数。

由式(2-137)可得

$$\frac{k}{u_*}\mathrm{d}U = \frac{\Phi_{\mathrm{M}}(\zeta)}{z}\mathrm{d}z = \frac{\mathrm{d}z}{z} - \frac{1-\Phi_{\mathrm{M}}(\zeta)}{z}\mathrm{d}z \qquad (2-138)$$

对式(2-138)进行积分,可以得到

$$\frac{kU}{u_*} = \ln\left(\frac{z}{z_0}\right) - \boldsymbol{\Psi}_{\mathrm{M}}(\zeta) \qquad (2-139)$$

式中

$$\boldsymbol{\Psi}_{\mathrm{M}}(\zeta) = \int \frac{1-\Phi_{\mathrm{M}}(\zeta)}{\zeta}\mathrm{d}\zeta \qquad (2-140)$$

采用相同的方法,可得到温度廓线表达式和湿度廓线表达式(Liu 等,1979)分别如下：

$$\frac{k\alpha_{\mathrm{H}}(\theta-\theta_{\mathrm{s}})}{\theta_*} = \ln\left(\frac{z}{z_{\mathrm{T}}}\right) \qquad (2-141)$$

$$\frac{k\alpha_{\mathrm{E}}(q-q_{\mathrm{s}})}{q_*} = \ln\left(\frac{z}{z_{\mathrm{q}}}\right) \qquad (2-142)$$

式中引进了两个扰动扩散率 $\alpha_{\mathrm{H}}=K_{\mathrm{H}}/K_{\mathrm{M}}$ 和 $\alpha_{\mathrm{E}}=K_{\mathrm{E}}/K_{\mathrm{M}}$,$z_{\mathrm{T}}$ 和 z_{q} 分别是 z_0 关于温度、湿度的对应量。

经过相同的层结订正之后,上述两式可表示为

$$\frac{k\alpha_{\mathrm{H}}(\theta-\theta_{\mathrm{s}})}{\theta_*} = \ln\left(\frac{z}{z_{\mathrm{T}}}\right) - \boldsymbol{\Psi}_{\mathrm{h}}(\zeta) \qquad (2-143)$$

$$\frac{k\alpha_{\mathrm{E}}(q-q_{\mathrm{s}})}{q_*} = \ln\left(\frac{z}{z_{\mathrm{q}}}\right) - \boldsymbol{\Psi}_{\mathrm{q}}(\zeta) \qquad (2-144)$$

3. Ekman 层与近地面层的衔接

在分别求出 Ekman 层的风廓线和近地面层的风廓线的基础上,需要对两者进行衔接。为保持一致,均使用 ξ 为垂直坐标,则近地面层的风廓线可表示成

$$\frac{U(\xi)}{G} = \frac{u_*}{kG}\left[\ln\left(\frac{z}{z_0}\right) - \boldsymbol{\Psi}_{\mathrm{M}}(\zeta)\right] \qquad (2-145)$$

衔接高度 h_{p} 则是通过迭代计算得到。衔接条件为

$$\frac{\partial V_{\mathrm{ekman}}}{\partial \xi} \approx 0, \xi \to 0 \qquad (2-146)$$

$$U_{\mathrm{ekman}}\left(\frac{h_{\mathrm{p}}}{\delta}\right) = U_{\mathrm{log}}\left(\frac{h_{\mathrm{p}}}{\delta}\right) \qquad (2-147)$$

$$\frac{\partial U_{\mathrm{ekman}}}{\partial \xi}\left(\frac{h_{\mathrm{p}}}{\delta}\right) = \frac{\partial U_{\mathrm{log}}}{\partial \xi}\left(\frac{h_{\mathrm{p}}}{\delta}\right) \qquad (2-148)$$

对内、外层的风廓线进行衔接,可得到如下关系式：

$$\frac{kG}{u_*}(\sin\alpha + \beta) = -B \qquad (2-149)$$

$$\beta = \frac{\mathrm{e}^\lambda}{2\cos\lambda}\left[-\frac{U_{\mathrm{T}}}{G} + \frac{\cos\lambda+\sin\lambda}{\mathrm{e}^\lambda}\left(\frac{V_{\mathrm{T}}}{G} + \frac{1}{G}\frac{\partial V_2}{\partial \xi}\right) - \frac{1}{G}\frac{\partial U_2}{\partial \xi}\right] \qquad (2-150)$$

$$B = \frac{\mathrm{e}^\lambda}{2\lambda\cos\lambda}\left(1 - \lambda\frac{\mathrm{d}\boldsymbol{\Psi}_{\mathrm{M}}}{\mathrm{d}\xi}\Big|_{\frac{h_{\mathrm{p}}}{L}}\right) \qquad (2-151)$$

$$\frac{kG}{u_*}(\cos\alpha + \gamma) = -A' \tag{2-152}$$

$$\gamma = \frac{U_2}{G} + \frac{U_T}{G}\lambda + \frac{\cos\lambda}{e^\lambda}\left(\frac{V_T}{G} + \frac{1}{G}\frac{\partial V_2}{\partial \xi}\right) - \frac{\cos\lambda - \sin\lambda}{e^\lambda}\beta \tag{2-153}$$

$$A' = -\ln(\lambda E_0) + \Psi_M\big|_{\frac{h_p}{L}} - \frac{\cos\lambda - \sin\lambda}{e^\lambda}B \tag{2-154}$$

其中

$$\xi = z/\delta = h_p/\delta = \lambda \tag{2-155}$$

$$E_0 = \delta/z_0 \tag{2-156}$$

利用上述关系,运用数学上的推导方法,可以得到

$$\frac{u_*}{kG} = \frac{-\gamma A' - \beta B + [A'^2 + B^2 - (\gamma B - \beta A')^2]^{\frac{1}{2}}}{A'^2 + B^2} \tag{2-157}$$

$$\tan\alpha = \frac{\dfrac{u_*}{kG}B + \beta}{\dfrac{u_*}{kG}A' - \gamma} \tag{2-158}$$

$$\left(1 + \frac{B^2}{A'^2}\right)\sin^2\alpha + 2\left(\beta - \gamma\frac{B}{A'}\right)\sin\alpha + \left(\gamma\frac{B}{A'} - \beta\right)^2 - \frac{B^2}{A'^2} = 0 \tag{2-159}$$

由式(2-159)可以确定 α 作为中间参数 A',B,β 和 γ 的函数的关系式。

4. 气压梯度的计算

在利用两层模型计算水平气压梯度时,首先利用式(2-138)、式(2-140)~式(2-144)以及 Obukhov 长度的表达式式(2-160)、虚温尺度表达式式(2-161)、粗糙度与摩擦速度的经验关系式(见附录 G)和温度粗糙度 z_T 及湿度粗糙度 z_q 的表达式(见附录 H),通过迭代方式可计算出 u_* 和 ζ。

$$L = -\frac{u_*^3}{k\dfrac{g}{\theta_v}\overline{w'\theta'_v}} = \frac{u_*^2\,\overline{\theta}_v}{kg\theta_{v*}} \tag{2-160}$$

$$\theta_{v*} = (1 - 0.61q)\theta_* + 0.61\theta q_* \tag{2-161}$$

接下来,利用式(2-123)和式(2-133)可知,在中性层结条件下,

$$K_M = ku_*z = \frac{f\delta^2}{2} \tag{2-162}$$

其中 $z = h_p = \lambda\delta$,则已知 u_* 的情况下,δ 可表示为

$$\delta = \frac{2ku_*\lambda}{f} \tag{2-163}$$

在层结条件下,δ 可表示为

$$\delta = \frac{2ku_*\lambda}{f\Phi_M(\zeta)} = \frac{2ku_*\lambda}{f\Phi_M\left(\dfrac{\lambda\delta}{L}\right)} \tag{2-164}$$

通过得到的 u_* 和 ζ 可计算出 δ。最后,由式(2-124)、式(2-125)、式(2-130)、式(2-131)、式(2-149)~式(2-160)联立,可求出边界层顶的地转风大小 G 和偏转角 α。将 G 和 α 代入地转风和气压梯度的关系式式(2-111)和式(2-112)即可确定气压梯度的大小。中纬度区域的两层模型的结构框架如图 2-24 所示。

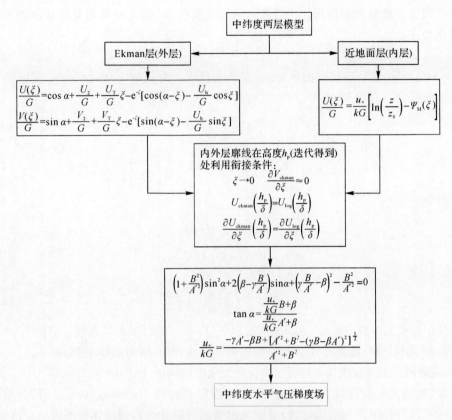

图 2-24　中纬度区域的两层模型的结构框架图

2.3.3.2　低纬度区域的混合层模型

在低纬度区域,科氏力随纬度减小而减弱,到赤道上为零,而气流的垂直运动旺盛,适合于中纬度区域的两层模型对 Ekman 层的动力假设不能正确反映边界层的动力过程,同时又缺少对夹卷过程的考虑,使得两层模型不再适用(Patoux 等,2003)。因此,采用 Stevens(2002)提出的混合层模型进行替代(张帆和刘宇迪,2008)。

Stevens 等(2002)通过在边界层范围 h 内积分气压梯度力、科氏力和湍流摩擦力相平衡的方程得到

$$f k \times \boldsymbol{U} + \frac{1}{\rho_0} \nabla P = \frac{\tau(h) - \tau(0)}{h} \tag{2-165}$$

式中,$\boldsymbol{U} = (U, V)$ 和 P 分别为总体型的风速和气压,且

$$\boldsymbol{U} = \frac{1}{h} \int_0^h \bar{\boldsymbol{u}} \mathrm{d}z \tag{2-166}$$

$$P = \frac{1}{h} \int_0^h \bar{p} \mathrm{d}z \tag{2-167}$$

而表面应力可表示为

$$\tau(0) = u_*^2 \frac{\overline{\boldsymbol{u}_{10}}}{|\overline{\boldsymbol{u}_{10}}|} \tag{2-168}$$

式中,u_* 为摩擦速度,$\bar{\boldsymbol{u}}_{10} = (u_{10}, v_{10})$ 为海上 10m 高度的中性风矢量。

由于低纬度区域的夹卷作用比中纬度区域要重要得多,因此可对边界层顶部的夹卷作用进行参数化处理:

$$\tau(h) = \omega_e \Delta U = \omega_e(U_T - U) \tag{2-169}$$

式中,$U_T = (U_T, V_T)$ 是边界层顶的风速;ω_e 是夹卷速度。分别取 1.00cm/s 和 500m 为 ω_e 和 h 的平均值。将式(2-168)和式(2-169)代入式(2-165),可以得到

$$\frac{P_x}{\rho} = fV - \frac{\omega_e}{h}(U_T - U) + \frac{u_*^2}{h}\frac{u_{10}}{|\boldsymbol{u}_{10}|} \tag{2-170}$$

$$\frac{P_y}{\rho} = -fU - \frac{\omega_e}{h}(V_T - V) + \frac{u_*^2}{h}\frac{v_{10}}{|\boldsymbol{u}_{10}|} \tag{2-171}$$

而风廓线由下式给出:

$$\frac{\mathrm{d}}{\mathrm{d}z}\left(K\frac{\mathrm{d}\bar{u}}{\mathrm{d}z}\right) = \frac{1}{\rho_0}\left(\frac{\partial p}{\partial x}\right) - f\bar{v} \tag{2-172}$$

$$\frac{\mathrm{d}}{\mathrm{d}z}\left(K\frac{\mathrm{d}\bar{v}}{\mathrm{d}z}\right) = \frac{1}{\rho_0}\left(\frac{\partial p}{\partial y}\right) + f\bar{u} \tag{2-173}$$

$$K = \frac{ku_*h}{\Phi_M(\zeta)}\left[\frac{z}{h}\left(1 - \frac{z}{h}\right)^2\right] \tag{2-174}$$

通过使用经典的四阶 Runge-Kutta 方法积分(Press,1992)求取风廓线。其中 K 的形式根据 Troen 和 Mahrt(1986)提出的 K 廓线边界层模式得到,并且假设层结中性,即 $\Phi_M(\zeta) = 1$。计算过程中,需要给出由气候统计资料得出的自由大气中的风速(Patoux 等,2003)。

接下来,先给定气压梯度的一个猜测值,且假定其在整个边界层中为定值,利用式(2-170)~式(2-172)可得到一个风廓线,对该风廓线进行积分可得到总体型的风场。最后,利用式(2-170)和式(2-171)可以计算得到边界层内总体型的气压梯度。低纬度区域的混合层模型的结构框架如图 2-25 所示。

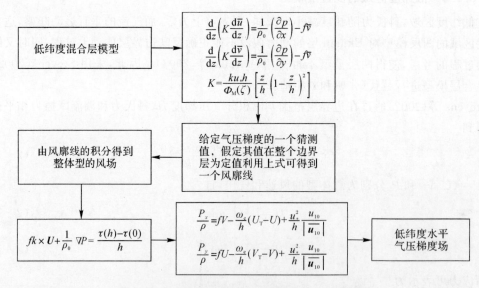

图 2-25 低纬度区域的混合层模型的结构框架图

2.3.3.3　梯度风订正

依据 Holton 的理论(Patoux 和 Brown,2002),在流线曲率很大的区域,地转风关系不成立,而是满足气压梯度力、科氏力和等速曲线运动的离心力三力的平衡。在此三力平衡下的空气水平运动称为梯度风。此时,离心力对气流的影响可作用至边界层底,因而,观测得到的海面 10m 高度风场实际上是梯度风通过边界层而作用于底面的形式。因此,由海面 10m 高度风场依据边界层风廓线求出的边界层顶处的风实际上为梯度风。通过梯度风的订正可更准确地估算实际的气压梯度。

气压梯度力、科氏力与离心力三力的平衡方程为

$$\frac{V^2}{R} + fV - fV_g = 0 \qquad (2-175)$$

式中,V 为实际风(即梯度风);V_g 为地转风;f 是科氏力参数;R 是曲率半径。气压梯度可表示为

$$\frac{\nabla p}{\rho} = fV_g = fV\left(1 + \frac{V}{fR}\right) \qquad (2-176)$$

在此种情况下,离心力对气流运动的影响可向下作用到边界层底部,因此,观测得到的地面风为梯度风经由边界层到达地面所表现出来的形式,根据海面风场和风廓线求出的边界层顶的风实际上可看作是梯度风而非地转风。为了求出更准确的气压梯度,需要根据式(2-176)计算。如果仅仅根据地转平衡关系计算边界层顶的地转风,则会低估具有气旋性曲率区域的气压梯度,而高估具有反气旋性曲率区域的气压梯度。为此,在海平面气压反演过程中,根据式(2-176),在已知梯度风 V 的情况下,通过使用修正后的曲率形式,实现对求得的气压场梯度进行订正的目的。

按照 Endlich(1961)提出的处理方法,有

$$\frac{1}{R} = \frac{\mathrm{d}\theta}{\mathrm{d}s} = \frac{1}{V}\frac{\partial \theta}{\partial t} + \frac{\partial \theta}{\partial s} \qquad (2-177)$$

式中,θ 为风向角(气旋性旋转方向为正);s 为沿流动轨迹上的距离。

式(2-177)中,等号右边第一项表示风向的局地变化,第二项相当于轨迹曲率,假设流动方向与等压线平行,则

$$\theta = \arctan\left(\frac{v_g}{u_g}\right) = \arctan\left(-\frac{P_x}{P_y}\right) \qquad (2-178)$$

依据如下关系:

$$\frac{\partial \theta}{\partial s} = \cos\theta \frac{\partial \theta}{\partial x} + \sin\theta \frac{\partial \theta}{\partial y} \qquad (2-179)$$

$$\cos\theta = (1 + u^2)^{-1/2} \qquad (2-180)$$

$$\sin\theta = u/(1 + u^2)^{-1/2} \qquad (2-181)$$

$$u = -P_x/P_y \qquad (2-182)$$

式(2-177)可表示为

$$\frac{1}{R} = \frac{1}{V}\frac{P_x P_{yt} - P_{xt}P_y}{P_x{}^2 + P_y{}^2} + \frac{P_{xx}P_y{}^2 - 2P_x P_{xy}P_y + P_{yy}P_x{}^2}{(P_x{}^2 + P_y{}^2)^{3/2}} \qquad (2-183)$$

式中,等号右边第一项可利用由 3 个连续时次的格点气压场进行有限差分的方法估计出大小,而等号右边第二项为几何订正,可通过单独的一个格点上的气压场估计出大小。在单独轨道下的海平面气压场反演时,仅保留第二项的几何订正,即

$$\frac{1}{R} = \frac{P_{xx}P_y{}^2 - 2P_x P_{xy}P_y + P_{yy}P_x{}^2}{(P_x{}^2 + P_y{}^2)^{3/2}} \qquad (2-184)$$

使得订正之后的气压场与真实值更加接近。梯度风订正的流程如图 2-26 所示。

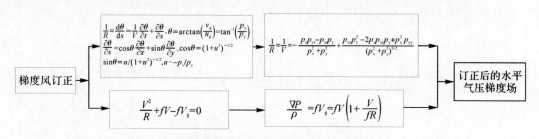

图 2-26 梯度风订正的结构框架图

2.3.3.4 海平面气压场反演方法

对中、低纬度区域分别采用两层模型和混合层模型计算气压梯度,可得到 3 套气压梯度。对于每个气压梯度矢量,利用球坐标系下的地转平衡关系式可写成

$$\left.\begin{array}{l} \dfrac{1}{R}\dfrac{\partial P}{\partial \varphi} = -\rho f U_g = P_\varphi \\[3mm] \dfrac{1}{R\cos\varphi}\dfrac{\partial P}{\partial \lambda} = \rho f V_g = P_\lambda \end{array}\right\} \qquad (2-185)$$

式中,R 是地球半径;λ 是经度;φ 是纬度;P_λ 和 P_φ 是反演得到的每一个格点上的气压梯度。

式(2-185)的矩阵形式为

$$\boldsymbol{Hx} = \boldsymbol{y} \qquad (2-186)$$

式中

$$\boldsymbol{H} = \left(\frac{1}{R\cos\varphi}\frac{\partial}{\partial \lambda}, \frac{1}{R}\frac{\partial}{\partial \varphi}\right)^{\mathrm{T}}, \boldsymbol{x} = \boldsymbol{P}, \boldsymbol{y} = (P_\lambda, P_\varphi)^{\mathrm{T}} \qquad (2-187)$$

利用最小二乘法,可以求得满足式(2-186)的气压 $\boldsymbol{x}$ 的近似解(Patoux,2004;Stevens,2002)。

$$J(\boldsymbol{x}) = \min \parallel \boldsymbol{H}^{\mathrm{T}}\boldsymbol{Hx} - \boldsymbol{H}^{\mathrm{T}}\boldsymbol{y} \parallel^2 \qquad (2-188)$$

求解过程中,需要给出至少一个海平面气压观测值,如浮标、商船等提供的观测值,才能通过最小二乘法进行有效的拟合。

通过在一条完整的轨道刈幅区域内分别独立地使用这两套模型,发现利用这两套模型的反演结果具有较好的一致性,因此可以兼容。使用一定的权重函数将 3 个区域的气压值进行结合(见附录 F),即可得到完整轨道下的气压值,从而实现星载微波散射计资料的海平面气压场的反演。

2.3.4　利用变分方法对台风风场资料信息分离

台风是一个受环境气流引导的涡旋运动,因此,可以把台风运动分解成一个有旋运动和无旋运动的合成。

假设平面直角坐标系下的一个观测平面经星载微波散射计反演获取得到的台风风场为 u,v,研究的区域记为 Ω,设从台风风场中提取的无旋流场为 u_1,v_1,使得泛函

$$J(u_1,v_1) = \frac{1}{2}\iint\limits_{\Omega} \left[(u-u_1)^2 + (v-v_1)^2\right]\mathrm{d}\Omega = \min \qquad (2-189)$$

u_1,v_1 满足如下的约束条件:

$$\frac{\partial v_1}{\partial x} - \frac{\partial u_1}{\partial y} = 0 \qquad (2-190)$$

此问题为条件变分问题,引入 Largrange 乘子 $\lambda(x,y)$,有

$$J(u_1,v_1) = \iint\limits_{\Omega} \left\{\frac{1}{2}\left[(u-u_1)^2 + (v-v_1)^2\right] - \lambda\left(\frac{\partial v_1}{\partial x} - \frac{\partial u_1}{\partial y}\right)\right\}\mathrm{d}\Omega = \min \quad (2-191)$$

于是

$$\delta J(u_1,v_1) = \iint\limits_{\Omega} \left\{\left[(u_1-u)\delta u_1 + (v_1-v)\delta v_1\right] + \delta v_1\frac{\partial \lambda}{\partial x} - \delta u_1\frac{\partial \lambda}{\partial y}\right\}\mathrm{d}\Omega -$$

$$\int_{\partial\Omega} \lambda \begin{bmatrix} \delta v_1 \\ -\delta u_1 \end{bmatrix} \cdot \boldsymbol{n}\mathrm{d}s = 0 \qquad (2-192)$$

式中,$\boldsymbol{n}$ 为 Ω 边界 $\partial\Omega$ 的单位外法线方向。利用 $\delta u_1,\delta v_1$ 的任意性,可证明 u_1,v_1 及 λ 满足如下条件:

$$\left.\begin{aligned} u_1 - u - \frac{\partial \lambda}{\partial y} &= 0 \\ v_1 - v + \frac{\partial \lambda}{\partial x} &= 0 \\ \lambda\big|_{\partial\Omega} &= 0 \end{aligned}\right\} \qquad (2-193)$$

利用约束条件式(2-190),可导出 λ 满足

$$\nabla^2\lambda = \frac{\partial v}{\partial x} - \frac{\partial u}{\partial y}, \lambda\big|_{\partial\Omega} = 0 \qquad (2-194)$$

从式(2-194)可知,λ 满足 Poisson 方程的 Dirichlet 边界条件,对此问题可用松弛迭代法数值求解得到 $\lambda(x,y)$,从而无旋流场 (u_1,v_1) 和有旋流场 (u_2,v_2) 分别表示成如下形式:

$$\left.\begin{aligned} u_1 &= u + \frac{\partial \lambda}{\partial y} \\ v_1 &= v - \frac{\partial \lambda}{\partial x} \end{aligned}\right\} \qquad (2-195)$$

$$\left.\begin{aligned} u_2 &= -\frac{\partial \lambda}{\partial y} \\ v_2 &= \frac{\partial \lambda}{\partial x} \end{aligned}\right\} \qquad (2-196)$$

由上述表达式可知,无旋流场(u_1,v_1)满足关系$\dfrac{\partial u_1}{\partial x}+\dfrac{\partial v_1}{\partial y}=\dfrac{\partial u}{\partial x}+\dfrac{\partial v}{\partial y}$,是有辐散的;而有旋流场$(u_2,v_2)$则满足关系$\dfrac{\partial u_2}{\partial x}+\dfrac{\partial v_2}{\partial y}=0$,是无辐散的。从上述分析可知,Largrange乘子$\lambda(x,y)$实质上可看作有旋流场的流函数,且该有旋流场(u_2,v_2)是最大的涡旋场。

2.3.5 海平面气压场反演及台风气压中心信息确定

首先有针对性地选取了2006年的"珊珊"台风(0613号)和"摩羯"台风(0614号)3个不同强度,并且处于台风生命发展周期不同阶段的台风海平面气压场形势,利用直接反演方法实施了海平面气压场的反演,所得结果与NCEP资料提供的台风海平面气压场进行了比较;接着对分解得到的台风无旋流场,结合台风的生命发展周期进行了分析;最后利用2.3.4小节提出的变分分解的新方法,对"摩羯"台风(0614号)进行了系统分析,有旋流场反演得到的台风中心位置与直接反演得到的台风中心位置、NCEP资料提供的台风中心位置和报文提供的台风中心位置进行比较,结果表明采用上述新方法反演得到的台风气压中心位置具有更高的精度,这也为星载微波散射计资料对台风海平面气压场的反演提供了新的思路。

2.3.5.1 反演海平面气压场的形势分析

图2-27所示是"珊珊"台风(0613号)初生并处于西进发展阶段的海平面气压场形势。图2-27(a)给出的海面风场时间约为2006年9月11日21:02—21:14(世界时,下同),图2-27(b)所示是当日18:00的NCEP海平面气压场形势。比较两图可以发现,在台风生成发展阶段,两个台风海平面气压场的总体形状和范围都比较接近,这点从两者的1 008hPa和1 010hPa等压线的分布可以看到,但直接反演出的海平面气压场在接近台风中心形成了闭合的1004hPa等压线,且直接反演得到的海平面气压场的等压线更加平滑,而NCEP海平面气压场则在台风中心附近没有形成闭合等压线,这说明反演出的海平面气压场比NCEP气压场效果更好。

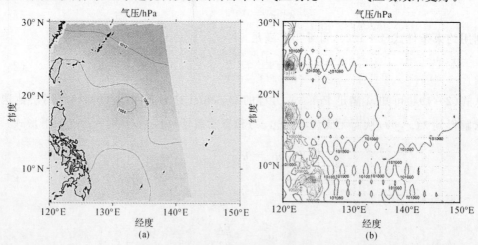

图2-27 台风"摩羯"初生发展阶段的海平面气压场

(a)直接反演出的2006年9月11日21:02—21:14的结果;(b)NCEP资料的2006年9月11日18:00的结果

图 2-28 所示反映了"摩羯"台风(0614 号)转向东北发展阶段的海平面气压场形势。图 2-28(a)(b)分别表示星载微波散射计反演得到的海平面气压场和 NCEP 海平面气压场,获取的海面风场时间约为 2006 年 9 月 14 日 21:28—21:37,NCEP 资料的时间是次日 00:00。与图 2-27 相比较而言,在台风转向发展阶段,无论是直接反演出的海平面气压场,还是 NCEP 海平面气压场,均出现了闭合的等压线,形成了低压中心。其中直接反演得到的海平面气压场等压线更加平滑和密集,气压梯度更大,反演得到的中心气压更低,强度更强,效果比 NCEP 气压场资料更好。

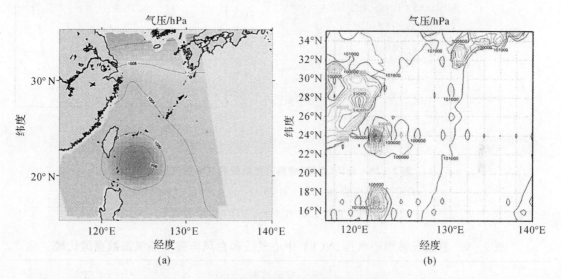

图 2-28　台风"魔羯"转向发展阶段的海平面气压场

(a)直接反演出的 2006 年 9 月 14 日 21:28—21:37 的结果;(b)NCEP 资料的 2006 年 9 月 15 日 00:00 的结果

图 2-29 所示是"摩羯"台风(0614 号)成熟并进入消亡阶段的海平面气压场形势。图 2-29(a)中用来反演海平面气压场的海面风场时间约为 2006 年 9 月 25 日 06:50—07:10,而图 2-29(b)中给出的是当日 06:00 的 NCEP 海平面气压场形势。与图 2-27、图 2-28 比较,也就是与台风初生发展和转向发展两个阶段比较而言,在台风发展成熟并进入消亡阶段,直接反演出的海平面气压场和 NCEP 气压场均出现了明显而密集的等压线,形成了显著的台风中心,两个台风海平面气压场的位置、形状和范围都达到了很好的一致性。但是直接反演出的海平面气压场在接近台风中心形成了更低的闭合等压线。可见直接反演出的海平面气压场水平气压梯度更大,中心气压更低,台风强度更强,效果比 NCEP 气压场资料更好。

为了分析台风气压场的反演效果,特别是针对台风发展不同阶段的反演效果,将 3 个阶段反演得到的台风中心气压、NCEP 资料的台风中心气压与国家台风年鉴的数据进行了比较,结果见表 2-9。从结果可以看到:①反演得到的海平面气压与台风年鉴数据相比,在台风生成发展的不同阶段,偏差有明显的差别;②与 NCEP 资料相比,模式反演得到的海平面气压场准确性更高一些,反演出的中心气压都比 NCEP 资料偏低,更加接近台风年鉴的数据;③在台风初生发展阶段,台风处于较弱的阶段,反演的效果不够理想,无论是反演结果还是 NCEP 数据均与台风年鉴数据有较大的差别;④在台风成熟阶段,反演结果很理想,与台风年鉴数据非常吻合,达到了理想的效果。

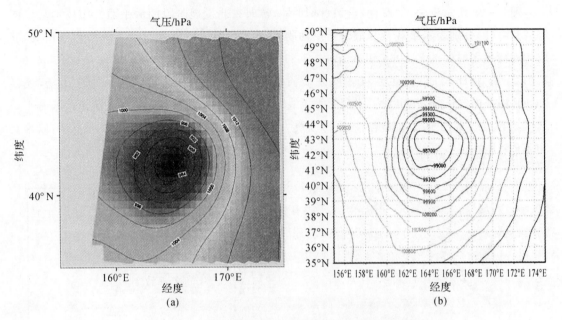

图 2 - 29 台风"魔羯"成熟消亡阶段的海平面气压场

(a)直接反演出的 2006 年 9 月 25 日 06:50—07:10 的结果;

(b) NCEP 资料 2006 年 9 月 25 日 06:00 的结果

表 2 - 9   直接反演中心气压、NCEP 中心气压和台风年鉴中心气压数据的比较

比较个例	年鉴气压/hPa	反演结果		NCEP	
		气压值/hPa	偏差/hPa	气压值/hPa	偏差/hPa
"珊珊"台风 (9 月 11 日)	970	1 002.53	32.53	1 006.87	36.87
"珊珊"台风 (9 月 14 日)	950	992.88	42.88	999.14	49.14
"摩羯"台风 (9 月 25 日)	984	980.73	−3.27	984.94	0.94

　　行星边界层模式出现的结果,主要由以下几点原因造成:①行星边界层模式在进行星载微波散射计资料的海平面气压反演过程中,风速度的垂直廓线的求解需要海表温度、海上空气温湿度等海上行星边界层气象要素资料进行订正,而在得到海平面气压梯度分布的基础上,需要海平面气压观测值进行海平面气压场的拟合。目前,海上台风气压场等边界层气象要素严重匮乏,往往是以全球模式数据作为近似替代。而对于中小尺度天气系统(台风、飓风等)的刻画是不够细致的,尤其是在台风初生发展阶段,往往没有进行很好的描述,甚至是忽略的,特别是海平面气压要素场。这点在台风初生发展与转向发展阶段与之对比的 NCEP 资料可以看到,

对于台风成熟阶段的海平面气压场则相比较而言要好很多,这对海平面气压场的拟合是非常关键的。②行星边界层模式在低纬地区采用的混合层动力模型过于简单,对边界层厚度及低纬地区的空气对流运动中的夹卷作用进行了简单的参数化处理,导致反演结果不够理想。③星载微波散射计存在风速过饱和的问题,尤其是 Ku 波段散射计,其 GMF 的计算一般采用查询表格的形式处理,使得在过高风速时,反演风速值偏低,常常低估了实际的真实台风风场,也从一定程度上导致台风中心气压偏高。

2.3.5.2　分解台风风场的分析

星载微波散射计资料提供的台风风场,依据 2.3.4 小节提供的变分方法进行分解,针对台风发生发展的不同阶段风场,可以得到一些有价值的信息。图 2－30(a)(b)分别显示了星载微波散射计在 2006 年 9 月 11 日得到的"珊珊"台风风场的无旋流场和有旋流场。通过分离台风风场,从图 2－30(a)的无旋流场可以看到,在台风初生发展阶段,整体受东南风场作用,中心区域有较弱的辐合,填塞作用不大,台风移动较慢,这与台风报文一致。

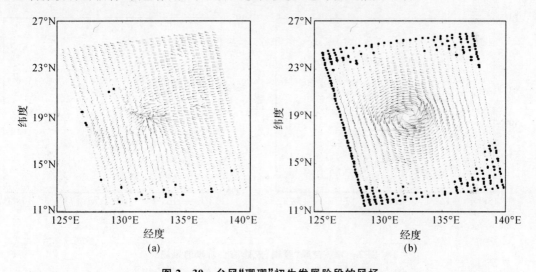

图 2－30　台风"珊珊"初生发展阶段的风场

(a)变分分解得到的无旋流场;(b)变分分解得到的有旋流场

图 2－31(a)(b)分别显示了星载微波散射计在 2006 年 9 月 14 日得到的"珊珊"台风风场的无旋流场和有旋流场。通过分离台风风场,从图 2－31(a)的无旋流场可以看到,在台风转向发展阶段,最明显的特征就是西南风场加大,开始作用台风,台风主体上受西南风产生的驱动力影响,从报文对比得知,台风开始转向,由东南-西北向移动转向西南-东北向移动,无旋流场提供了相应信息。

图 2－32(a)(b)分别显示了星载微波散射计在 2006 年 9 月 25 日得到的"摩羯"台风风场的无旋流场和有旋流场。通过分离台风风场,从图 2－32(a)的无旋流场可以看到,在台风成熟消亡阶段,最明显的特征就是台风中心区域的辐合强烈,台风中心进行剧烈的填塞。此外,台风主体上仍受强西南风产生的驱动力影响,从报文对比得知,台风继续向西南-东北向快速移动,并逐渐消亡,无旋流场提供了与报文一致的信息。

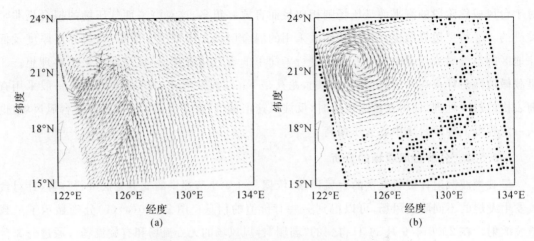

图 2-31　台风"珊珊"转向发展阶段的风场

(a)变分分解得到的无旋流场；(b)变分分解得到的有旋流场

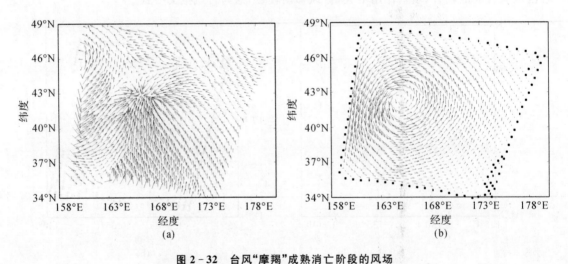

图 2-32　台风"摩羯"成熟消亡阶段的风场

(a)变分分解得到的无旋流场；(b)变分分解得到的有旋流场

2.3.5.3　两种反演台风气压中心方法的对比分析

在 2.3.5.2 小节中,对星载微波散射计得到的海面风场利用变分方法进行了分解,从分解出的无旋流场得到了关于台风移向和发展的相关信息。对于分解出的有旋流场,利用行星边界层模式进行海平面气压场的反演,从而确定有旋流场对台风气压中心定位的重要作用。为了检验本节提出的新方法的有效性和可行性,针对"摩羯"台风(0614 号)进行了系统分析,在该次台风的生命周期中,共选取了 5 个不同时次的 QuikSCAT 散射计风场资料(QuikSCAT 散射计刈幅完全覆盖台风区域),不同途径得到的台风气压中心位置的结果见表 2-10。在该次台风过程中,反演得到的台风气压中心位置如图 2-33 所示。

表 2 - 10　不同途径得到的台风气压中心位置的结果

比较时次 （世界时）	年鉴资料	直接反演结果		有旋流场反演结果		NCEP[③]	
	中心位置[①]	中心位置	偏差[②]/km	中心位置	偏差[②]/km	中心位置	偏差[②]/km
9 月 17 日 07:19—07:29	157.7°E 21.0°N	157.25°E 19.75°N	146.708	157.25°E 19.75°N	146.708	159.0°E 21.0°N	134.975
9 月 19 日 19:14—19:24	156.54°E 19.78°N	156.75°E 19.25°N	62.952	156.50°E 19.25°N	59.147	157.0°E 20.0°N	53.971
9 月 21 日 20:04—20:14	144.6°E 22.97°N	144.0°E 22.5°N	80.763	144.25°E 22.5°N	63.411	145.0°E 22.0°N	115.418
9 月 24 日 18:50—19:00	155.81°E 38.55°N	156.75°E 38.5°N	81.952	156.5°E 38.5°N	60.282	157.0°E 40.0°N	191.014
9 月 25 日 07:03—07:13	164.47°E 42.28°N	165.0°E 42.0°N	53.657	165.0°E 42.25°N	43.718	164.0°E 43.0°N	88.782

①台风年鉴中心确定的台风气压中心位置,在“摩羯”台风的生命周期中,对报文资料的最佳台风路径采用时间插值的方法,使之与 QuikSCAT 散射计扫描时间相一致。

②球面两点间的距离由下式求解:

$$d = R * \text{abs}(a\cos(\sin(\text{lat1}) * \sin(\text{lat2}) + \cos(\text{lat1}) * \cos(\text{lat2}) * \cos(\text{lon2} - \text{lon1})))$$

式中,d 为两点的距离(单位:m),R 为地球半径(单位:m),(lat1,lon1)和(lat2,lon2)分别为两点的经纬度(单位为弧度制)。

③NCEP 资料的时次选择与反演时次最接近的。

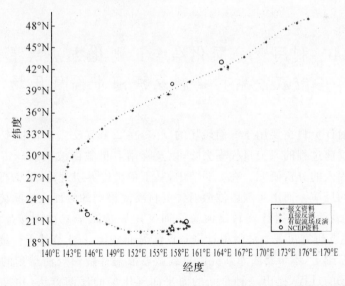

图 2 - 33　直接反演出、有旋流场反演出和 NCEP 资料提供的台风气压中心位置与台风年鉴中心资料的比较

台风的中心定位主要是依靠红外云图来实现,并根据有眼与无眼等情况来进行分析处理,在一定程度上依赖于分析人员的主观判断。本书利用星载微波散射计这一新的探测工具,提出了对台风中心定位的新方法。该方法利用星载微波散射计资料即可对台风中心实施快速定位,并且避免了分析人员的主观因素对结果的影响。从实例分析可以看出,随着台风的发展成熟,有旋风场的提取对于台风中心的定位具有明显的正效应,进一步改进了台风中心定位的效果。

2.3.6 小结

本节是基于行星边界层理论,利用当今国际上广泛使用的一种方式——利用行星边界层模式的模拟,来实施星载微波散射计风场资料的海平面气压场的反演。这种方法也是利用星载微波散射计风场资料实施海平面气压反演的一种十分有效的方法。当前广泛使用的模式是 UWPBL 模式。本节首先从中纬度区域的两层模型、低纬度区域的混合层模型、梯度风订正以及海平面气压场的反演方法等 4 个方面详细介绍了模式反演海平面气压的原理,然后介绍了本节提出的台风风场分解的变分新方法。在此基础上,利用 QuikSCAT 散射计资料所获取的海面风场资料,借助于 UWPBL 模式,反演得到了海面气压场。通过对不同发展阶段的台风风场的反演,分析并讨论了该模式的反演结果,验证了该模式反演海平面气压场具有一定的准确性,但仍需进一步改进:其一,必须对海洋行星边界层动力过程的描述更加细致;其二,必须考虑引进更加真实而有效的海洋边界气象要素信息;其三,利用星载微波散射计资料实施海面风场反演的过程中,对于风速饱和度的考虑,需要进一步对 GMF 的查询表格进行改进。

之后利用本节提出的变分新方法对台风风场实施分解,分别提取有旋风场和无旋风场(其中的有旋风场为最大的有旋场),并对有旋风场和无旋风场进行了分析,无旋风场对台风的移动有很好的指示性,而对于提取出来的最大有旋风场,则将其单独输入 UWPBL 模式来实施台风海平面气压场反演。事实说明,此种新方法可在原有基础上进一步提高台风中心气压的定位效果。

2.4 利用变分同化结合正则化方法从星载微波散射计资料反演海平面气压场

星载微波散射计资料主要用于海面风场的反演,在 2.1 节及 2.2 节中,针对星载微波散射计资料海面风场反演过程的风矢量模糊去除,以及降雨对星载微波散射计雷达后向散射截面值的影响进行了深入的分析研究。在 2.3 节中,基于行星边界层理论,借助行星边界层模式实施海平面气压场的反演。而由星载微波散射计资料反演得到的海面风场间接反演得到海平面气压场,可以说星载微波散射计资料反演海平面气压场是属于二次间接反演的反问题。在 2.1 节及 2.2 节主要研究星载微波散射计资料反演海面风场,2.3 节基于行星边界层理论反演海平面气压场的基础上,本节将着重研究由星载微波散射计资料反演得到的海面风场来计算求取海平面气压场的过程,提出一种全新的海平面气压场的反演方法,并与现有的方法相结合,设计和构造新的海平面气压场的反演实施方案。

2.4.1 引言

星载微波探测器的出现,使得探测实时、大面积的海洋气象资料成为现实,各种基于卫星探测器的气象资料为海洋和大气研究提供了丰富的探测资料数据,而其中的星载微波散射计已成为当前获取海面风场资料的一种最主要的手段。因此,由星载微波散射计获取的海面风场在气象和海洋研究应用中具有极其重要的作用(Liu,2002),其中的一个重要的应用就是利用风场与海平面气压场之间的关系,由星载微波散射计获取的海面风场资料反演得到海平面气压场(Patoux,2008)。

利用星载微波散射计资料反演得到的海面风场计算海平面气压场始于 Endlich(1961)提出的一种较为简单的分析处理方法。该方法是一种完全依赖风场建立气压场的方法,即由表征普遍的风场和气压场之间平衡关系的气压平衡方程,利用海面风场,通过求解 Poisson 方程得到海平面气压场。目前发展成熟的主要有两种方法:第一种方法是利用行星边界层模式,由海面风场通过模式的垂直风廓线分布求取地转风,再由地转平衡方程计算海平面气压场。Brown 等(1986,1994),Hsu 和 Liu(1996)采用此方法对热带气旋区域的气压场进行了反演。当前最具代表性的行星边界层模式是 UWPBL 模式,此模式针对中纬度和赤道及低纬区域的不同特点建立了不同的模型,利用星载微波散射计反演获取的海面风场资料,可反演包括海平面气压场在内的诸多海上行星边界层要素。Patoux 等(2001,2002,2003,2005,2008)基于此模式对星载微波散射计资料进行海平面气压场反演进行了系统的理论研究。2.3 节在对该模式的理论框架进行详细介绍的基础上,借助该模式实施海平面气压场的反演。第二种方法是基于 Sasaki(1970)提出的变分思想来实施海平面气压场的反演。Harlan 和 O'Brien(1986)首先建立了利用变分方法反演海平面气压场的方案,并对 SASS 星载微波散射计风场资料进行了海平面气压场的反演;Zierden 等(2000)在 Harlan 和 O'Brien(1986)研究的基础上,结合 Brown 和 Zeng(1994)对边界层的研究结果,对 Harlan 和 O'Brien 等(1986)提出的反演方案进行了改进完善,并利用改进之后的方法对 NSCAT 散射计风场资料成功实施了海平面气压场反演;Hilburn 等(2003)在 Harlan 和 O'Brien(1986)、Zierden 等(2000)研究的基础上,考虑梯度风的作用,并实施了梯度风订正,进一步改进了海平面气压场的反演效果,并通过对南半球气旋的实际个例的研究,验证了该方法的有效性。

虽然以上两种反演海平面气压场的方法在目前星载微波散射计资料反演海平面气压场的研究中得到广泛的应用,但是两种方法都存在着一定的局限性。对于第一种方法,即基于行星边界层理论是反演海平面气压场,如采用 UWPBL 模式来求解海平面气压场,其对符合海洋表层特征的可变海面粗糙度、有组织大涡等因素均进行了参数化处理,对行星边界层的物理过程刻画得较为细致,但在求解海平面气压场的时候采用最小二乘法进行拟合求解,需要至少一个海平面气压场的观测资料,且反演区域仅局限于星载微波散射计资料的刈幅区域。对于第二种方法,该方法充分利用星载微波散射计风场资料的优势,采用变分方法来调整改进海平面气压场,其对于地转风场的计算则是依据 Brown 和 Zeng(1994)对行星边界层的研究结果,即利用建立的星载微波散射计风场与对应地转风场之间的简单对应关系,该海面风场与对应地转风场之间的简单对应关系对行星边界层内部的物理过程和结构做了简化处理。此外,该方法对边界条件处理的合理性及在反演海平面气压场中如何体现最优原则这些问题均有待于进一步探索。

本节的研究主要有以下两个目的:一是基于 Sasaki(1970)提出的变分思想,提出利用变分同化结合 Tikhonov 正则化的新方法来实施星载微波散射计资料的海平面气压场的反演,实现对 Harlan 和 O'Brien(1986)提出的变分方法的改进。二是在提出的变分同化结合

Tikhonov 正则化的新方法基础上,充分利用 UWPBL 模式对海上行星边界层内部的物理过程和结构的细致刻画,结合由 UWPBL 模式计算得到的地转风场来设计和构造新的海平面气压场的反演实施方案。

本节的内容和结构安排如下:在 2.4.2 小节中介绍本研究所使用的数据。2.4.3 小节中设计了变分同化结合 Tikhonov 正则化实施星载微波散射计资料海平面气压场反演的模型。2.4.4 小节详细介绍变分同化的实施,通过对连续系统的分析,推导出伴随系统、伴随边界条件及代价泛函的梯度表达式。2.4.5 小节在 2.4.4 小节推导出的伴随系统、伴随边界条件及代价泛函的梯度的具体表达式的基础上,构建利用变分同化结合 Tikhonov 正则化的方法来实施星载微波散射计资料反演海平面气压场的计算方案。2.4.6 小节在 2.4.3 小节~2.4.5 小节的基础上,通过仿真实验,分析并验证新的海平面气压场反演方法的有效性。2.4.7 小节在提出的变分同化结合 Tikhonov 正则化的新方法基础上,充分利用 UWPBL 模式对海上行星边界层内部的物理过程和结构的细致刻画,结合由 UWPBL 模式计算得到的地转风场来构造新的海平面气压场的反演实施方案,并通过对实际个例的研究,验证新的反演实施方案的可行性。最后,2.4.8 小节给出本节内容的小结。

2.4.2　数据

本研究中所使用的初始星载微波散射计数据是 L2B QuikSCAT 风矢量数据,是由 PODAAC(物理海洋学分布式活动存档中心)的 JPL(喷气推过实验室)制作并分发的,产品中对受降雨或海冰影响的风矢量测量值进行了剔除,即在本研究中,不考虑降雨的作用。虽然 Milliff 等(2004)指出采用降雨标记的方法可能过于保守,忽略具有降雨标记的风矢量会使得诸如风应力旋度等导数量的计算产生偏差,但是,由星载微波散射计风场资料获取海平面气压场的方式对于小块局地性的风矢量数据遗失或错误是相对不敏感的(Patoux 等,2008),因此,在研究中采用 PODAAC 的降雨标记作为指示。L2B 的风场按照 QuikSCAT 散射计的刈幅区域提供,刈幅宽度为 1 800km,风矢量单元的大小约为 25km×25km,横向刈幅共有 76 个风矢量单元,我们使用从至多 4 个模糊解中选取的风矢量解作为星载微波散射计资料的反演风场。

浮标海平面气压测量值来源于 NOAA 的 NDBC(National Data Buoy Center,国家浮标数据中心)。

NCEP 的再分析资料作为变分同化结合正则化方法的初始背景海平面气压场。该资料来自于 NCAR(The National Center for Atmospheric Research,美国国家大气研究中心)的数据库 ds083.2,并提取该资料中的海平面气压,2m 高度场的大气温度、海表温度及 2m 高度场的大气湿度作为 UWPBL 模式的输入环境变量,这些数据的空间分辨率为 1°×1°,时间间隔为 6h,为了与 QuikSCAT 经过的时间相一致,对这些资料数据在时间上做了线性插值。

2.4.3　模型的建立

基于 Sasaki(1970)提出的变分思想,对连续系统采用变分同化结合正则化的方法,由 QuikSCAT 反演得到的 10m 高度海面风场求解海平面气压场。虽然海平面气压场与海面风场在物理性质上是两个不同类型的数据,但是通过地转涡度这一物理量可以在两者之间建立起联系。通过利用变分同化结合正则化的方法,可以充分捕获 QuikSCAT 地转涡度场的特征,从而反演并更新海平面气压场。

2.4.3.1　研究区域

图 2-34 显示了研究区域 $\Omega=\Omega_1\bigcup\Omega_2$，其中 Ω_1 为星载微波散射计的刈幅区域，在此区域内通过星载微波散射计资料反演得到海面 10m 高度的风场，借助 UWPBL 模式，获取在 Ω_1 内的地转涡度 ζ_s；而在 Ω_2 区域内，由于没有星载微波散射计观测资料，通过 NCEP 模式海平面气压场计算得到的地转涡度 ζ_g 来补上。对刈幅 Ω_1 内地转涡度 ζ_s 与 Ω_2 内地转涡度 ζ_g，统一记为 ζ_{gs}，作为反演海平面气压场的观测资料。

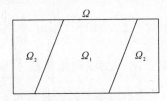

图 2-34　研究区域

图 2-35 显示了地转涡度 ζ_g 的计算表达式。

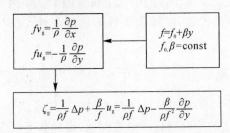

图 2-35　海平面气压 p 与地转涡度 ζ_g 关系式

注：f 为科氏力参数，且 $f=2\Omega\sin\varphi$，其中 φ 为纬度，在中纬度区域，$f_0\approx10^{-4}/\mathrm{s}$；$\beta=\dfrac{2\Omega\cos\varphi}{R}\approx1.53\times10^{-11}/(\mathrm{s}\cdot\mathrm{m})$，$\Omega=7.292\times10^{-5}/\mathrm{s}$；$R=6.37\times10^{6}\mathrm{m}$；$\rho=1.225\mathrm{kg}\cdot\mathrm{m}^{-3}$。

2.4.3.2　变分同化结合正则化模型建立

地转涡度 ζ 与海平面气压 p 满足如下关系式：

$$\frac{1}{\rho f}\Delta p-\frac{\beta}{\rho f^2}\frac{\partial p}{\partial y}=\zeta \tag{2-197}$$

$$p\,|_{\partial\Omega}=p_0 \tag{2-198}$$

这是一个椭圆形方程的 Dirichlet 问题，若给定 p_0 与 ζ 的值，由式（2-197）和式（2-198）可以确定唯一的 p。式（2-197）和式（2-198）中的初始猜测值 p_0 可以由 NCEP 资料提供，而 ζ 可以由星载微波散射计观测资料提供。若给定星载微波散射计资料计算得到的地转涡度 ζ_{gs}，则通过对代价泛函式（2-199）的极小化可获得满足式（2-197）和式（2-198）的最优 p_0 与 ζ 值。

$$J_0[p_0,\zeta]=\frac{1}{2}\int_\Omega\rho f k_\zeta\,(\zeta-\zeta_{gs})^2\,\mathrm{d}\Omega=\min \tag{2-199}$$

其中的 k_ζ 为权重参数。

对于式（2-199），虽然 J_0 的表达式不显含 BVC（Boundary Value Condition，边界值条件）p_0，但是我们可发现需要 BVC 来确定具体的 p 值。也就是说，如果不知道 p_0，则无法通过涡

度值 ζ 来确定 p 值。事实上，J_0 隐含了 p_0 的信息。在此反演过程中，不仅反演了涡度值 ζ，也反演了边界气压值 p_0，这是一个双变量的反演问题。

对式(2-197)和式(2-198)，同时反演变量 p_0 与 ζ 的问题可能是不适定的。为克服反演问题中的不适定性，我们采用 Tikhonov 正则化方法，引入稳定泛函作为约束项，而稳定泛函为 p 的一阶梯度的 L^2 模，在数学意义上，其相当于半范(semi-norm)约束(Tikhonov,1963,1977)。于是，此问题转化为对 Tikhonov 泛函式(2-200)的极小化，进而可获得最优的 p_0 与 ζ 值。

$$J[p_0,\zeta] = \frac{1}{2}\int_{\Omega}\rho f k_{\zeta}\,(\zeta-\zeta_{\mathrm{gs}})^2\mathrm{d}\Omega + \frac{\alpha}{2}\int_{\Omega}\rho f\,\frac{1}{2\rho^2 f^2}\,|\nabla p|^2\mathrm{d}\Omega = \min \qquad (2-200)$$

式中，$\frac{1}{2}\int_{\Omega}\rho f\,\frac{1}{2\rho^2 f^2}\,|\nabla p|^2\mathrm{d}\Omega$ 为稳定泛函；α 为正则化参数，只要合理选择 α，就可以保证我们求取的海平面气压场迭代过程稳定，又使求得的数值解具有足够高的精度(Kirsch,1999；Kress,1989)。

这里的 $J[p_0,\zeta]$ 泛函与 Harlan 和 O'Brien(1986)，Zierden 等 (2000)，Hilburn 等 (2003) 所提出的泛函不同之处，在于我们引入了权重因子 ρf，因为 f 是 y 的函数，权重因子 ρf 的引入，是整个推导过程的需要，既体现了数学的严密性，又对物理量不加任何附加人为条件。

2.4.4 变分同化实施

针对式(2-197)和式(2-198)，同时反演海平面气压边界值 p_0 与地转涡度值 ζ，也就是所谓的双变量反演，不同于以往的变分同化。对该问题，设计如下的变分同化方案。

(1)导出式(2-197)和式(2-198)的 TLM(切线性模式)。

对 p_0,ζ 作扰动，设扰动之后的值可表示为

$$\tilde{p}_0 = p_0 + \gamma\hat{p}_0,\ \tilde{\zeta} = \zeta + \gamma\hat{\zeta} \qquad (2-201)$$

其中 $\hat{p}_0,\hat{\zeta}$ 为任意值。此时由 p_0,ζ 与 $\tilde{p}_0,\tilde{\zeta}$ 所对应方程式(2-197)和式(2-198)的解记为 p 与 $\tilde{p}$。如果 $\hat{p}=\lim\limits_{\gamma\to 0}\dfrac{\tilde{p}-p}{\gamma}$，$\hat{\zeta}=\lim\limits_{\gamma\to 0}\dfrac{\tilde{\zeta}-\zeta}{\gamma}$，则 $\hat{p}$ 和 $\hat{\zeta}$ 满足如下的椭圆形方程的 Dirichlet 问题，将此模式称为 TLM。

$$\left.\begin{array}{r}\dfrac{1}{\rho f}\Delta\hat{p} - \dfrac{\beta}{\rho f^2}\dfrac{\partial\hat{p}}{\partial y} = \hat{\zeta} \\[2mm] \hat{p}\,|_{\partial\Omega} = \hat{p}_0\end{array}\right\} \qquad (2-202)$$

(2)计算 Tikhonov 泛函 J 的 Gâteaux 微分 $J'[p_0,\zeta;\hat{p}_0,\hat{\zeta}]$。

记 Tikhonov 泛函 J 的 Gâteaux 微分 $J'[p_0,\zeta;\hat{p}_0,\hat{\zeta}]$ 为 J 在 p_0,ζ 处沿着 $\hat{p}_0,\tilde{\zeta}$ 方向的方向导数(假定 Tikhonov 泛函 J 的 Gâteaux 微分是存在的)，则由式(2-200)可知：

$$J'[p_0,\zeta;\hat{p}_0,\hat{\zeta}] = \int_{\Omega}\rho f k_{\zeta}(\zeta-\zeta_{\mathrm{gs}})\hat{\zeta}\mathrm{d}\Omega + \int_{\Omega}\frac{\alpha}{2\rho f}\nabla p\cdot\nabla\hat{p}\mathrm{d}\Omega \qquad (2-203)$$

另一方面，由 J' 的定义可知：

$$J'[p_0,\zeta;\hat{p}_0,\hat{\zeta}] = \int_{\Omega}\nabla_{\zeta}J\cdot\hat{\zeta}\mathrm{d}\Omega + \int_{\partial\Omega}\nabla_{p_0}J\cdot\hat{p}_0\mathrm{d}s \qquad (2-204)$$

于是 $\nabla_\zeta J$ 和 $\nabla_{p_0} J$ 满足如下关系式:

$$\int_\Omega \nabla_\zeta J \cdot \hat{\zeta}\mathrm{d}\Omega + \int_{\partial\Omega} \nabla_{p_0} J \cdot \hat{p}_0\,\mathrm{d}s = \int_\Omega \rho f k_\zeta (\zeta - \zeta_{\mathrm{gs}})\hat{\zeta}\mathrm{d}\Omega + \int_\Omega \frac{\alpha}{2\rho f}\,\nabla p \cdot \nabla\hat{p}\mathrm{d}\Omega \quad (2-205)$$

由于

$$\int_\Omega \frac{\alpha}{2\rho f}\,\nabla p \cdot \nabla\hat{p}\mathrm{d}\Omega = \iint_\Omega \left[\frac{\alpha}{2\rho f}\frac{\partial p}{\partial x}\frac{\partial \hat{p}}{\partial x} + \frac{\alpha}{2\rho f}\frac{\partial p}{\partial y}\frac{\partial \hat{p}}{\partial y}\right]\mathrm{d}\Omega$$

$$= \iint_\Omega \left[\frac{\partial}{\partial x}\left(\frac{\alpha}{2\rho f}\frac{\partial p}{\partial x}\hat{p}\right) + \frac{\partial}{\partial y}\left(\frac{\alpha}{2\rho f}\frac{\partial p}{\partial y}\hat{p}\right)\right]\mathrm{d}\Omega - \iint_\Omega \left[\frac{\partial}{\partial x}\left(\frac{\alpha}{2\rho f}\frac{\partial p}{\partial x}\right) + \frac{\partial}{\partial y}\left(\frac{\alpha}{2\rho f}\frac{\partial p}{\partial y}\right)\right]\hat{p}\,\mathrm{d}\Omega$$

$$= -\iint_\Omega \left[\frac{\partial}{\partial x}\left(\frac{\alpha}{2\rho f}\frac{\partial p}{\partial x}\right) + \frac{\partial}{\partial y}\left(\frac{\alpha}{2\rho f}\frac{\partial p}{\partial y}\right)\right]\hat{p}\,\mathrm{d}\Omega + \int_{\partial\Omega}\left(\frac{\alpha}{2\rho f}\frac{\partial p}{\partial x},\frac{\alpha}{2\rho f}\frac{\partial p}{\partial x}\right)\cdot \boldsymbol{n}\hat{p}_0\,\mathrm{d}s$$

$$= -\iint_\Omega \left[\frac{\partial}{\partial x}\left(\frac{\alpha}{2\rho f}\frac{\partial p}{\partial x}\right) + \frac{\partial}{\partial y}\left(\frac{\alpha}{2\rho f}\frac{\partial p}{\partial y}\right)\right]\hat{p}\,\mathrm{d}\Omega + \int_{\partial\Omega}\frac{\alpha}{2\rho f}\frac{\partial p}{\partial n}\hat{p}_0\,\mathrm{d}s$$

其中 $\boldsymbol{n}$ 为 $\partial\Omega$ 的单位外法向, $\boldsymbol{n}=(n_1,n_2)$, 式(2-205)可以转换为

$$\int_\Omega \nabla_\zeta J \cdot \hat{\zeta}\mathrm{d}\Omega + \int_{\partial\Omega} \nabla_{p_0} J \cdot \hat{p}_0\,\mathrm{d}s = \int_\Omega \rho f k_\zeta (\zeta - \zeta_{\mathrm{gs}})\hat{\zeta}\mathrm{d}\Omega -$$

$$\iint_\Omega \left[\frac{\partial}{\partial x}\left(\frac{\alpha}{2\rho f}\frac{\partial p}{\partial x}\right) + \frac{\partial}{\partial y}\left(\frac{\alpha}{2\rho f}\frac{\partial p}{\partial y}\right)\right]\hat{p}\,\mathrm{d}\Omega + \int_{\partial\Omega}\frac{\alpha}{2\rho f}\frac{\partial p}{\partial n}\hat{p}_0\,\mathrm{d}s \quad (2-206)$$

(3)引入 TLM[式(2-202)]的伴随变量 λ。

将式(2-202)的两边同乘以 λ, 并对其在 Ω 上进行积分, 可得

$$\int_\Omega \rho f\lambda \left(\frac{1}{\rho f}\Delta\hat{p} - \frac{\beta}{\rho f^2}\frac{\partial \hat{p}}{\partial y} - \hat{\zeta}\right)\mathrm{d}\Omega = \int_\Omega \left(\lambda\Delta\hat{p} - \frac{\lambda\beta}{f}\frac{\partial \hat{p}}{\partial y} - \rho f\lambda\hat{\zeta}\right)\mathrm{d}\Omega = 0 \quad (2-207)$$

利用 Green 公式 $\int_\Omega u\Delta v\mathrm{d}\Omega = \int_\Omega v\Delta u\mathrm{d}\Omega + \int_{\partial\Omega}\left(u\frac{\partial v}{\partial n} - v\frac{\partial u}{\partial n}\right)\mathrm{d}s$, 可得到

$$\int_\Omega \lambda\Delta\hat{p}\mathrm{d}\Omega = \int_\Omega \hat{p}\Delta\lambda\mathrm{d}\Omega + \int_{\partial\Omega}\left(\lambda\frac{\partial \hat{p}}{\partial n} - \hat{p}\frac{\partial \lambda}{\partial n}\right)\mathrm{d}s \quad (2-208)$$

于是式(2-207)可转换为

$$\int_\Omega \hat{p}\Delta\lambda\mathrm{d}\Omega + \int_{\partial\Omega}\left(\lambda\frac{\partial \hat{p}}{\partial n} - \hat{p}\frac{\partial \lambda}{\partial n}\right)\mathrm{d}s - \int_\Omega \frac{\partial}{\partial y}\left(\frac{\lambda\beta}{f}\hat{p}\right)\mathrm{d}\Omega + \int_\Omega \hat{p}\frac{\partial}{\partial y}\left(\frac{\lambda\beta}{f}\right)\mathrm{d}\Omega - \int_\Omega \rho f\lambda\hat{\zeta}\mathrm{d}\Omega$$

$$= \int_\Omega \hat{p}\Delta\lambda\mathrm{d}\Omega + \int_{\partial\Omega}\left(\lambda\frac{\partial \hat{p}}{\partial n} - \hat{p}\frac{\partial \lambda}{\partial n}\right)\mathrm{d}s - \int_{\partial\Omega} \frac{\lambda\beta}{f}n_2\hat{p}_0\mathrm{d}\Omega + \int_\Omega \hat{p}\frac{\partial}{\partial y}\left(\frac{\lambda\beta}{f}\right)\mathrm{d}\Omega - \int_\Omega \rho f\lambda\hat{\zeta}\mathrm{d}\Omega$$

$$= 0$$

从而

$$\int_\Omega \hat{p}\left[\Delta\lambda + \frac{\partial}{\partial y}\left(\frac{\lambda\beta}{f}\right)\right]\mathrm{d}\Omega = \int_{\partial\Omega} \frac{\lambda\beta}{f}n_2\hat{p}_0\mathrm{d}\Omega - \int_{\partial\Omega}\left(\lambda\frac{\partial \hat{p}_0}{\partial n} - \hat{p}_0\frac{\partial \lambda}{\partial n}\right)\mathrm{d}s + \int_\Omega \rho f\lambda\hat{\zeta}\mathrm{d}\Omega \quad (2-209)$$

为使式(2-206)和式(2-209)之间建立联系, 令伴随变量 λ 满足如下的关系:

$$\Delta\lambda + \frac{\partial}{\partial y}\left(\frac{\lambda\beta}{f}\right) = \frac{\partial}{\partial x}\left(\frac{\alpha}{2\rho f}\frac{\partial p}{\partial x}\right) + \frac{\partial}{\partial y}\left(\frac{\alpha}{2\rho f}\frac{\partial p}{\partial y}\right) \quad (2-210)$$

利用式(2-209)和式(2-210), 式(2-206)可转换为

$$\int_\Omega \nabla_\zeta J \cdot \hat{\zeta}\mathrm{d}\Omega + \int_{\partial\Omega} \nabla_{p_0} J \cdot \hat{p}_0\,\mathrm{d}s = \int_\Omega \rho f k_\zeta (\zeta - \zeta_{\mathrm{gs}})\hat{\zeta}\mathrm{d}\Omega - \int_\Omega \frac{\lambda\beta}{f}n_2\hat{p}_0\mathrm{d}\Omega +$$

$$\int_{\partial\Omega}\left(\lambda\frac{\partial\hat{p}_0}{\partial n}-\hat{p}_0\frac{\partial\lambda}{\partial n}\right)\mathrm{d}s-\int_{\Omega}\rho f\lambda\hat{\zeta}\mathrm{d}\Omega+\int_{\partial\Omega}\frac{\alpha}{2\rho f}\frac{\partial p}{\partial n}\hat{p}_0\mathrm{d}s \qquad (2-211)$$

在式(2-211)中,由于 $\hat{\zeta}$ 和 $\hat{p}_0$ 是任意值,同时由于 $\hat{p}_0$ 为任意值时,$\frac{\partial\hat{p}_0}{\partial n}$ 是非任意值,于是导出系统的伴随边界条件如下:

$$\lambda|_{\partial\Omega}=0 \qquad (2-212)$$

将此伴随边界条件代入式(2-211)中,比较等式两边可以得到 Tikhonov 泛函 J 关于 p_0 与 ζ 的梯度如下:

$$\nabla_{p_0}J=\left(-\frac{\partial\lambda}{\partial n}+\frac{\alpha}{2\rho f}\frac{\partial p}{\partial n}\right)|_{\partial\Omega} \qquad (2-213)$$

$$\nabla_{\zeta}J=\rho f[k_{\zeta}(\zeta-\zeta_{\mathrm{gs}})-\lambda] \qquad (2-214)$$

2.4.5 计算方案构建

利用 2.4.4 节的结果,可构建同化的迭代计算方案如下:

(1)给定区域 Ω 的气压值 p 的边值 p_0,该值由背景海平面气压场提供。由 p_0 通过如下关系式可构建 Ω 上的 $\bar{p}_0$:

$$\left.\begin{array}{r}\frac{\partial}{\partial x}\left(\frac{\alpha}{2\rho f}\frac{\partial\bar{p}_0}{\partial x}\right)+\frac{\partial}{\partial y}\left(\frac{\alpha}{2\rho f}\frac{\partial\bar{p}_0}{\partial y}\right)=0\\[2mm]\bar{p}_0|_{\partial\Omega}=p_0\end{array}\right\} \qquad (2-215)$$

此问题是椭圆形方程的 Dirichlet 问题,当 p_0 给定后,可知存在唯一的 $\bar{p}_0$。

(2)由 $\bar{p}_0$ 构建 λ 与 p 之间的关系,令

$$\lambda=\frac{\alpha}{2\rho f}(p-\bar{p}_0) \qquad (2-216)$$

则 λ 将满足边界条件式(2-212),与此同时,将式(2-216)代入方程式(2-210)左侧,因为

$$\Delta\left[\frac{\alpha}{2\rho f}(p-\bar{p}^0)\right]+\frac{\partial}{\partial y}\left[\frac{\alpha\beta}{2\rho f^2}(p-\bar{p}^0)\right]$$

$$=\frac{\partial}{\partial x}\left[\frac{\alpha}{2\rho f}\frac{\partial(p-\bar{p}^0)}{\partial x}\right]+\frac{\partial}{\partial y}\left[(p-\bar{p}^0)\frac{\partial}{\partial y}\left(\frac{\alpha}{2\rho f}\right)\right]+\frac{\partial}{\partial y}\left[\frac{\alpha}{2\rho f}\frac{\partial}{\partial y}(p-\bar{p}^0)\right]+\frac{\partial}{\partial y}\left[\frac{\alpha\beta}{2\rho f^2}(p-\bar{p}^0)\right]$$

$$=\frac{\partial}{\partial x}\left[\frac{\alpha}{2\rho f}\frac{\partial(p-\bar{p}^0)}{\partial x}\right]-\frac{\partial}{\partial y}\left[\frac{\alpha\beta}{2\rho f^2}(p-\bar{p}^0)\right]+\frac{\partial}{\partial y}\left[\frac{\alpha}{2\rho f}\frac{\partial}{\partial y}(p-\bar{p}^0)\right]+\frac{\partial}{\partial y}\left[\frac{\alpha\beta}{2\rho f^2}(p-\bar{p}^0)\right]$$

$$=\frac{\partial}{\partial x}\left(\frac{\alpha}{2\rho f}\frac{\partial p}{\partial x}\right)+\frac{\partial}{\partial y}\left(\frac{\alpha}{2\rho f}\frac{\partial p}{\partial y}\right)$$

可知式(2-216)也满足方程式(2-210)。由于方程式(2-210)和方程式(2-212)的解是存在并唯一的,因此式(2-216)是方程式(2-210)和方程式(2-212)的解,也建立起了 λ 与 p 之间的关系。

(3)给定区域 Ω 的初始涡度值 ζ 和边界海平面气压值 p_0,由 ζ 和 p_0 通过如下关系式可构建区域 Ω 上的海平面气压值 p:

$$\left.\begin{array}{r}\frac{1}{\rho f}\Delta p-\frac{\beta}{\rho f^2}\frac{\partial p}{\partial y}=\zeta\\[2mm]p|_{\partial\Omega}=p_0\end{array}\right\} \qquad (2-217)$$

这也是一个关于 p 的椭圆形方程的 Dirichlet 问题，可知存在唯一的 p。由于 $p|_{\partial\Omega}=p_0$，于是在迭代过程中伴随边界条件 $\lambda|_{\partial\Omega}=0$ 始终是满足的。

(4) 由 $p_0^{(0)}$，$\zeta^{(0)}$ 及得到的 $\bar{p}_0^{(0)}$，$p^{(0)}$，$\lambda^{(0)}$，可求出 Tikhonov 泛函梯度 $\nabla_{p_0}J$，$\nabla_{\zeta}J$，利用基于梯度的迭代算法，可求出 $p_0^{(1)}$，$\zeta^{(1)}$。

步骤 (1)~(4) 为一次迭代，整个迭代循环计算方案如图 2-36 所示。

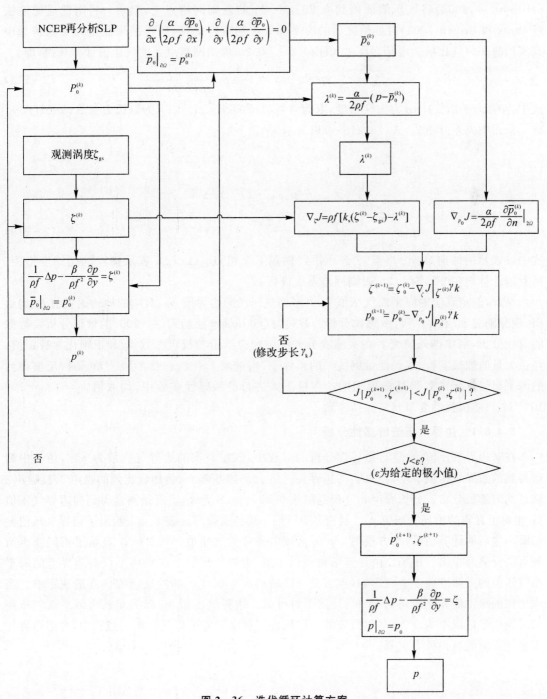

图 2-36 迭代循环计算方案

2.4.6 试验仿真

为了检验本节提出的变分同化结合正则化方法的有效性,在此假定 NCEP 模式 $1°×1°$ 的再分析资料提供的海平面气压场为真实场。选取的是 2006 年 9 月 25 日世界时 6:00 的资料,区域选取范围在 $30°N\sim50°N,155°E\sim180E°$,水平间隔为 $1°$,采用 Delunay 三角测量插值法(Hilburn 等,2003)将气压值插值到 $0.25°×0.25°$ 的规则网格点上,接着,利用低通滤波法(Patoux 和 Brown,2001)对插值之后的海平面气压场进行处理,所得结果假定为实验仿真中真实的海平面气压场。地转涡度 ζ_g 值由 $0.25°×0.25°$ 规则网格点上的气压值计算获得,即

$$\zeta_g = \frac{1}{\rho f}\Delta p + \frac{\beta}{f}u_g = \frac{1}{\rho f}\Delta p - \frac{\beta}{\rho f^2}\frac{\partial p}{\partial y} \qquad (2-218)$$

式中,p 为海平面气压;ρ 为大气密度,取为常数($1.225\text{kg}\cdot\text{m}^{-3}$);$f$ 为科氏力参数;$\beta = \text{d}f/\text{d}y$。

采用中央差分格式,式(2-218)可以表示为

$$\zeta_{gij} = \frac{1}{\rho f_j}(p_{i+1,j} + p_{i-1,j} - 2p_{i,j})/\Delta x^2 +$$

$$\frac{1}{\rho f_j}(p_{i,j+1} + p_{i,j-1} - 2p_{i,j})/\Delta y^2 -$$

$$\frac{\beta}{\rho f_j^2}(p_{i,j+1} - p_{i,j-1})/2\Delta y \qquad (2-219)$$

式中,i 表示沿纬向第 i 个格点,j 表示沿经向第 j 个格点。$\Delta x,\Delta y$ 表示格点的经纬度格距。所有的计算均在 $0.25°×0.25°$ 规则网格点上进行。

至此,假定真实的海平面气压值 p、海平面气压场的边界值 p_0、对应的地转涡度值 ζ_g 均给出,现分别对 p_0 和 ζ_g 进行敏感性分析。通过对 Tikhonov 泛函式(2-200)的量纲分析及数据的对比分析,借鉴国外研究者在实施变分方法中经验给定的权重参数 k_ζ 和正则化参数 α 值,经过大量的数值实验,在保证量纲统一的条件下,当选取 $k_\zeta=1,\alpha=1×10^{-13}\,\text{m}^{-2}$ 时,反演得到的海平面气压场的效果是最理想的。在接下来进行的敏感性实验中,均取值 $k_\zeta=1,\alpha=1×10^{-13}\,\text{m}^{-2}$,随机扰动变量与其保持一致。

2.4.6.1 边界气压值敏感性分析

在对边界气压值 p_0 进行敏感性分析的过程中,假定真实的边界气压值为 p_0^{true},仿真中测量得到的边界气压值 p_0 为在真实的边界气压值 p_0^{true} 的基础上,叠加成比例的噪声 δ,且噪声 δ 满足均匀随机分布。分析噪声 δ 分布范围从 $0.005\sim0.3$ 变化,也就是测量得到的边界气压值 p_0 相对于真实的边界气压值 p_0^{true} 具有从 $0.5\%\sim30\%$ 的噪声。表 2-11 给出了边界气压值叠加噪声之后的计算结果(均方根值),p 为区域内整体的气压值。图 2-37 显示了不同噪声情况下的反演海平面气压场。由计算结果可以知道,边界气压值上的噪声不仅对边界上的海平面气压值的反演准确度造成影响,也对整个区域的海平面气压场的反演准确度造成影响。当成比例的噪声值 δ 增加到 0.05 时,反演不再可信。边界气压值 p_0 确实对整个海平面气压场的反演结果造成影响,在由星载微波散射计风场资料反演海平面气压场的过程中,考虑边界气压值的影响就显得极为重要。

表 2 - 11　边界气压值叠加噪声的反演结果

δ	初始气压值		反演结果	
	p_0/hPa	p/hPa	p_0/hPa	p/hPa
0.005	2.987	0.627	1.998	0.580
0.01	5.974	1.253	3.980	1.127
0.05	29.868	6.265	19.858	5.537
0.1	59.736	12.531	39.709	11.053
0.2	119.472	25.062	79.411	22.085
0.3	179.207	37.593	119.113	33.117

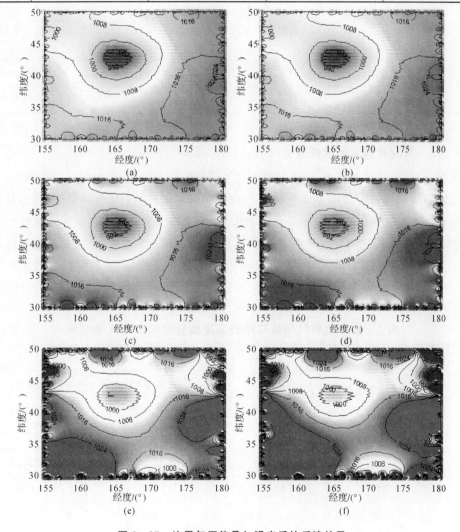

图 2 - 37　边界气压值叠加噪声后的反演结果

(a)$\delta=0.005$;(b)$\delta=0.01$;(c)$\delta=0.05$;(d)$\delta=0.1$;(e)$\delta=0.2$;(f)$\delta=0.3$

2.4.6.2 地转涡度值敏感性分析

在对地转涡度值 ζ_g 进行敏感性分析的过程中,假定真实的地转涡度值为 ζ_g^{true},仿真中测量得到的地转涡度值 ζ_g 为在真实的地转涡度值 ζ_g^{true} 的基础上,叠加成比例的噪声 δ,且噪声 δ 满足均匀随机分布。分析噪声 δ 分布范围从 $0.005\sim0.3$ 变化,也就是测量得到的地转涡度值 ζ_g 相对于真实的地转涡度值 ζ_g^{true} 具有从 $0.5\%\sim30\%$ 的噪声。表 2-12 给出了地转涡度值叠加噪声之后的计算结果(均方根值),p 为区域内整体的气压值。

表 2-12 地转涡度值加噪声的反演结果

δ	反演结果 p/hPa
0.005	0.107
0.01	0.115
0.05	0.185
0.1	0.282
0.2	0.482
0.3	0.685

2.4.6.3 双变量整体敏感性分析

在对双变量(边界气压值 p_0 和地转涡度值 ζ_g)整体进行敏感性分析的过程中,假定真实的边界气压值和地转涡度值分别为 p_0^{true} 和 ζ_g^{true},仿真中测量得到的边界气压值 p_0 和地转涡度值 ζ_g 分别为在真实的边界气压值 p_0^{true} 和地转涡度值 ζ_g^{true} 的基础上,叠加成比例的噪声 δ,且噪声 δ 满足均匀随机分布。我们分析噪声 δ 分布范围从 $0.005\sim0.3$ 变化,也就是测量得到的气压边界值 p_0 和地转涡度值 ζ_g 相对于真实的边界气压值 p_0^{true} 和真实的地转涡度值 ζ_g^{true} 具有从 $0.5\%\sim30\%$ 的噪声。表 2-13 给出了边界气压值与地转涡度值叠加噪声之后的计算结果,p 为区域内整体的气压值。

表 2-13 边界气压值与地转涡度值叠加噪声的反演结果

δ	初始气压值		反演结果	
	p_0/hPa	p/hPa	p_0/hPa	p/hPa
0.005	2.987	0.627	1.998	0.583
0.01	5.974	1.253	3.980	1.132
0.05	29.868	6.265	19.858	5.556
0.1	59.736	12.531	39.709	11.090
0.2	119.472	25.062	79.411	22.159
0.3	179.207	37.593	119.113	33.227

由以上分析可以知道,在对双变量(边界值 p_o 和地转涡度值 ζ_g)整体进行敏感性分析的过程中,两个变量的量级是完全不相同的,并且在海平面气压场的反演中,边界气压值对反演结果的敏感性是最强的。同时,结果也表明了本节所提出的变分同化结合正则化的新方法不仅可以改进对边界海平面气压值的反演效果,也可以改进整体海平面气压场的反演效果。通过以上敏感性试验,也进一步验证了新方法的有效性。

2.4.7　实际的海平面气压场反演

2.4.7.1　实际反演处理流程

利用本节提出的变分同化结合正则化的反演方法,设计了实际的海平面气压场反演流程(见图 2 - 38)。具体处理步骤如下:

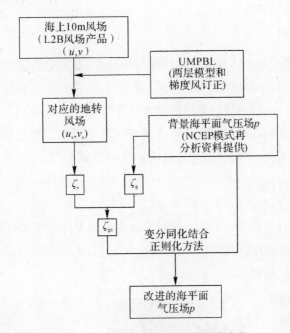

图 2 - 38　实际海平面气压场反演流程

(1)利用 PODAAC 提供的 QuikSCAT L2B 风场数据,借助 UWPBL 模式的中纬度两层模型,利用海上行星边界层的垂直风廓线的分布规律及梯度风订正关系,由海上 10m 高度风场计算出与之对应的地转风场。

(2)将 NCEP 数值模式 1°×1°海平面气压场,按照 Delunay 三角测量插值法(Hilburn 等,2003)插值到 0.25°×0.25°的规则网格点上,选取需调整改进的区域,并利用低通滤波法(Patoux 和 Brown,2001)对插值之后的海平面气压场进行处理,所得结果为初始海平面气压场。

(3)由 0.25°×0.25°规则网格点上的气压值利用式(2 - 218)的关系式,采用式(2 - 219)的中央差分计算格式,可获得地转涡度 ζ_g 值。

（4）将 QuikSCAT 散射计刈幅区域对应的地转风场按 Delunay 三角测量插值法（Hilburn 等，2003）插值到与海平面气压场相一致的 $0.25° \times 0.25°$ 的格点上，采用中央差分格式，可求得相对涡度 ζ_s，即

$$\zeta_{sij} = (v'_{i+1,j} - v'_{i-1,j})/2\Delta x - (u'_{i,j+1} - u'_{i,j-1})/2\Delta y \qquad (2-220)$$

式中，i 表示沿纬向第 i 个格点；j 表示沿经向第 j 个格点；Δx，Δy 分别表示格点的经、纬度格距；u' 和 v' 分别表示沿纬向和沿经向的风矢量分量。

（5）对计算得到的 ζ_{gij} 和 ζ_{sij} 结合得到涡度 ζ_{gsij}。所研究区域的海平面气压边界值选用初始背景海平面气压场为其初始边界值。利用变分同化结合正则化的方法，采用超松弛迭代法进行求解，取 $k_\zeta = 1$，$\alpha = 1 \times 10^{-13} \text{ m}^{-2}$ 时可以产生最佳的海平面气压场，且保持 QuikSCAT 风场和相对涡度场的物理结构，进而可以获取新的地转涡度和海平面气压值，从而实现对 NCEP 模式海平面气压场的反演和改进。

2.4.7.2 实例分析

为了检验本节提出的新方法在实际应用中的可行性，我们选取了北半球东太平洋的一次气旋个例进行分析，时间是 2006 年 9 月 25 日，世界时 05:29，初始背景气压场来源于经过时间插值的 NCEP $1° \times 1°$ 再分析资料，使得初始背景气压场与 QuikSCAT 散射计扫描的时间相一致。同时对于 NOAA 的逐小时浮标资料也进行了时间插值。整个海平面气压场的反演区域是 $30°N \sim 50°N$，$130°W \sim 180°W$，反演区域内的浮标资料来源于 NOAA 的国家浮标数据中心，四个浮标编号分别为 46002（$42.570°N$，$130.460°W$），46005（$46.100°N$，$131.001°W$），46006（$40.754°N$，$137.464°W$），46059（$38.047°N$，$129.969°W$）。图 2-39 显示了初始的背景气压场，图 2-40 显示了采用 UWPBL 模式反演计算得到的海平面气压场，图 2-41 显示了采用本节的变分同化结合正则化方法反演得到的海平面气压场，表 2-14 显示了反演得到的海平面气压场与 NOAA 浮标的对比结果。

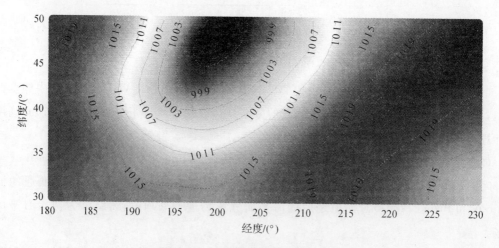

图 2-39　初始的背景海平面气压场

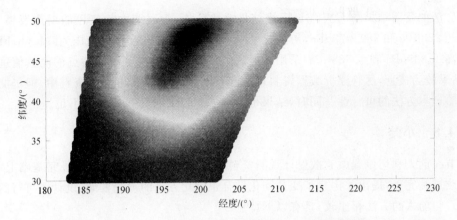

图 2-40　UWPBL 模式反演得到的海平面气压场

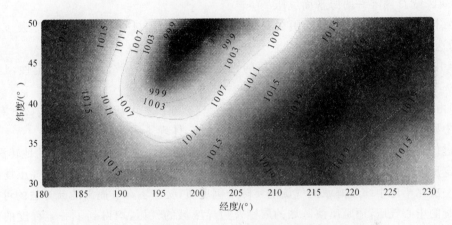

图 2-41　变分同化结合正则化反演得到的海平面气压场

表 2-14　反演结果

浮标站点		气压值/hPa	初始背景气压场（NCEP）			反演结果		
编号	位置	气压值/hPa	气压值/hPa	位置	偏差/hPa	气压值/hPa	位置	偏差/hPa
46002	42.570°N 130.460°W	1 018.6	1 019.48	42.5°N 130.5°W	+0.88	1 019.45	42.5°N 130.5°W	+0.85
46005	46.100°N 131.001°W	1 021.05	1 021.56	46°N 131°W	+0.51	1 021.51	46°N 131°W	+0.46
46006	40.754°N 137.464°W	1 021.8	1 021.33	40.75°N 137.5°W	−0.47	1 021.82	40.75°N 137.5°W	+0.02
46059	38.047°N 129.969°W	1 016.25	1 016.80	38°N 130°W	+0.55	1 016.77	38°N 130°W	+0.52

采用新方法的反演结果与 UWPBL 反演结果对比分析,对气旋中心气压的反演效果一致,分别是 989.823hPa 和 989.973hPa,初始背景海平面气压场的气旋中心气压为 991.661hPa,强度分别提高 1.838hPa 和 1.688hPa,采用新方法的反演结果与 4 个浮标站点的测量值进行对比分析,结果较为接近,尽管浮标数据资料可能已经同化到 NCEP 再分析资料中,但仍能从一定程度上验证本方法的可行性。同时,结果也显示了 NCEP 再分析资料的不足。

2.4.8　小结

本节在前人利用星载微波散射计观测资料计算求取海平面气压场的研究基础上,对方法进行了改进和完善,提出并构建了变分同化结合正则化方法的理论框架,设计了可行的迭代计算方案。与前人的方法相比较,具有以下特点:

(1)变分同化反演以区域 Ω 上地转涡度值 ζ 和边界气压值 p_0 为基础,确定以双变量(p_0 和 ζ)反演区域 Ω 内唯一的海平面气压场 p。

(2)引入权重因子 ρf,使得泛函在变分同化过程中协调,才能真正确定 λ,p 及 $\bar{p}_0$ 之间的关系,为迭代格式的构建奠定了基础。

(3)引入正则化,从数学物理反问题的观点来看,克服了变分中的不适定性,且使迭代稳定。

(4)由于 λ 与 p 之间有相关性[见式(2-210)],p 与 ζ 之间有相关性[见式(2-217)],迭代过程中始终保证了 $\lambda|_{\partial\Omega}=0$,一直迭代到 $J<\varepsilon$ 为止,体现了问题的最优原则。

通过仿真试验,分析并验证了新方法的有效性,边界气压值和反演区域内的地转涡度值将共同决定反演结果,尤其是边界气压值 p_0 的准确度将极大地决定反演海平面气压场的效果。通过对一次北半球中纬度海域的气旋的实际个例反演,验证了本节提出的新方法的可行性,无论是气旋的中心气压,还是反演区域的周围及边界区域的气压,均得到了一定程度的改进,实现了对反演区域海平面气压场的整体优化改进,也从另一方面说明了 NCEP 再分析资料的不足。

第3章 合成孔径雷达气象海洋要素反演应用

3.1 利用数值微分方法反演星载合成孔径雷达图像海面风向的研究

Gerling(1986),Alpers 等(1994)指出,由于大气海洋边界层的不稳定性,大气边界层涡旋作用于海面,使海面产生辐散和辐聚,从而改变了海面粗糙度,在合成孔径雷达图像上形成黑白相间的条纹(见图3-1)。理论研究和数值模拟均表明,合成孔径雷达图像上由边界层涡旋引起的风条纹方向和海面风向基本一致(Levy,1998),所以合成孔径雷达图像上的风条纹方向可表征风向。风条纹方向的求解有多种方法,如基于频域的分析方法、基于空域的分析方法等。Vachon 等(1996)提出频域分析方法,即利用合成孔径雷达图像上风条纹的二维波数谱峰值连线的垂直方向来指定风向,Koch(2004),Horstmann 等(2000),Fichaux 等(2002)提出基于空域的分析方法,利用数字图像处理理论中的边缘检测来求取条纹边缘并以梯度最大方向来指定风向。基于频域的分析方法需要将关注的子图像的像素数尽量设置为 2 的 N 次幂,否则运算次数将从 $O(N\log_2 N)$ 迅速增加到 $O(N^2)$,从而使运算时间急速增加,计算精度大大下降。Koch(2004)指出,空域分析方法有着更高的空间分辨率的优势。

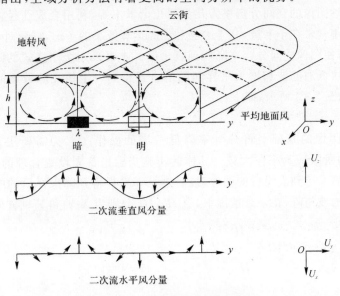

图 3-1 大气边界层涡旋示意图

本书介绍通过合成孔径雷达图像反演海面风向(以下简称为风向)的方法。首先借助于 Koch(2004)的思想,将高分辨率合成孔径雷达(SAR)图像去噪、降采样及分割成数个子图像;在此基础上利用基于吉洪诺夫正则化的二维数值微分方法(以下简称为数值微分方法)求解所关注的子图像的每一个点强度的梯度方向,在此基础上建立带有距离权重的目标函数确定子图像整体强度的梯度方向,该梯度方向的垂线方向就是所要求的风向;然后对该方法进行数值模拟,在添加误差为10%的随机扰动情况下,数值微分方法比 Sobel 算子方法确定风条纹的梯度方向精度提高了10°左右,原因在于 Sobel 算子方法未考虑合成孔径雷达图像中存在的误差;最后进行真实合成孔径雷达图像反演风向试验,试验结果表明,Sobel 算子方法的部分风向反演结果偏离整体风向明显,而数值微分方法的风向反演结果一致性较好。三个船舶报风向与相应位置的合成孔径雷达图像的风向反演结果之间比较后得出数值微分方法反演风向的精度更高的结论。本节研究流程如图 3-2 所示。

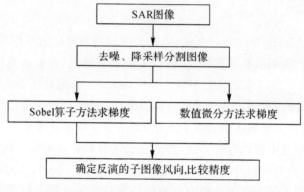

图 3-2　本节研究流程

3.1.1　图像降采样

合成孔径雷达图像的空间分辨率为几米到几十米不等,利用合成孔径雷达图像反演海面风场的空间分辨率常常在千米级,基于去噪和提高运算效率的考虑,需要对合成孔径雷达图像进行降采样处理,使图像空间分辨率降低到百米级。本书采用金字塔式的降采样方法。金字塔降采样通过逐次低通滤波和增大采样间隔的方式得到一个像元总数逐渐变小的影像序列(Jahne,2002),如图 3-3 所示,即

$$G^{(q+1)} = \psi_{\downarrow 2} G^{(q)}$$

式中,$\psi_{\downarrow 2}$ 指在原图像的基础上将分辨率降低一半的操作;$G^{(q)}$ 为需要进行降采样的图像;$G^{(q+1)}$ 为采样后的图像;q 为采样次数。具体的实施步骤是首先设置合理的低通滤波卷积核,然后通过卷积运算来得到去噪后的图像,最后进行降采样得到降采样后的图像。卷积核采用第 4 阶杨晖三角滤波矩阵,在一维情况下,令 $\boldsymbol{H}_x^4$,$\boldsymbol{H}_y^4$ 分别为 X 轴和 Y 轴方向的滤波矩阵,

$$\boldsymbol{H}_x^4 = \frac{1}{16}(1 \quad 4 \quad 6 \quad 4 \quad 1)$$

$$\boldsymbol{H}_y^4 = \frac{1}{16}(1 \quad 4 \quad 6 \quad 4 \quad 1)^{\mathrm{T}}$$

在各向同性、二维的情况下,卷积核可表示为

$$H^4 = H_y^4 H_x^4 = \frac{1}{256} \begin{pmatrix} 1 & 4 & 6 & 4 & 1 \\ 4 & 16 & 24 & 16 & 4 \\ 6 & 24 & 36 & 24 & 6 \\ 4 & 16 & 24 & 16 & 4 \\ 1 & 4 & 6 & 4 & 1 \end{pmatrix}$$

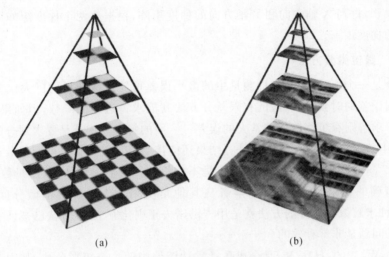

(a)　　　　　　　　(b)

图 3 - 3　高斯金字塔降采样图

(a)示意图;(b)实例图

仅考虑一种极化方式的情况下,合成孔径雷达图像为二维矩阵,所以采用二维情况下的卷积核 H^4,通过逐像素运算可将卷积和降采样操作合并表示为

$$g^{(q+1)}(i,j) = \sum_{m=-2}^{2} \sum_{n=-2}^{2} h(m,n) g^{(q)}(2i+m, 2j+n)$$

式中, $g^{(q)}(i,j)$ 为合成孔径雷达图像 $G^{(q)}$ 中第 (i,j) 个像素的强度值, $h(m,n)$ 为卷积核 H^4 在位置 (m,n) 处的值。

3.1.2　梯度求解方法

空域分析方法是将合成孔径雷达图像等分成 N 个矩形子图像,计算每一个子图像整体强度梯度方向的垂直方向。由于观测得到的图像的强度中含有噪声,故该方法中梯度求解是关键。求梯度的方法很多,如 Koch(2004)提出的基于有限差分的 Sobel 算子方法,Fichaux 等(2002)提出的小波分析方法等,本书采用数值微分方法进行梯度求解。该方法可以有效抑制图像中的噪声,同时又能保证与"真实"图像强度的梯度具有最小的误差。随后将各向同性 Sobel 算子求梯度的方法与数值微分方法进行对比试验,说明该方法是有效的。

3.1.2.1　各向同性 Sobel 算子方法

各向同性 Sobel 算子是一种用于图像处理中边缘检测的常用算子,通过计算一阶导数来寻找图像边缘,边缘点存在于图像梯度最大值处(Jahne,2002)。各向同性 Sobel 算子的位置加权系数相对于普通 Sobel 算子更为准确,在检测不同方向的边缘时梯度的幅度一致。其中用到了两个卷积模板(Koch,2004):

$$D_x = \frac{1}{32} \begin{bmatrix} 3 & 0 & -3 \\ 10 & 0 & -10 \\ 3 & 0 & -3 \end{bmatrix} \qquad (3-1)$$

$$D_y = D_x^{\mathrm{T}} \qquad (3-2)$$

分别反映 X 轴、Y 轴方向的变化程度。它们是一种奇数模板(3×3)的全方向微分算子,对检测点的上、下、左、右进行加权。用各向同性 Sobel 算子来检测边缘的时候,先分别用上述模板对图像进行卷积,得到 X 轴方向和 Y 轴方向的梯度矩阵,根据这两个梯度矩阵即可得到图像中的每一点的梯度矩阵。

3.1.2.2 数值微分方法

数值微分是一个不适定问题,即测量中的微小误差可能造成结果的巨大误差。当理论研究不考虑数据误差的时候,用一般的有限差分方法就能求得近似的导数,但如果数据有误差,用有限差分法求解则有可能造成非常大的误差。一般的解决方法就是要求划分的间距不能太小,即测量点不能太多。在该条件下,计算结果还能接受,否则的话,有可能测量点取得越多越细,结果越差。这一要求跟人们的思维习惯是不相符的。人们习惯认为,测量数据越多,越能帮助得到更精确的结果。因此,很多学者从其他角度来考虑求解数值微分问题(王彦博,2005)。另一种求解数值微分的方法就是用吉洪诺夫正则化方法,该方法已被证实对于解不适定问题以及反问题是非常有效的。

设 $\Omega = (0,W) \times (0,H) \in \mathbf{R}^2$ 是合成孔径雷达图像中的一个矩形分块,其中 W,H 分别为该矩形区域的长和宽。N 是一个自然数,$\{(x_i,y_i)\}_{i=1}^N$ 是 Ω 区域中的一组观测点。假设 Ω 被分成 N 份:$\{\Omega_i\}_{i=1}^N$,记 d_i 为区域 Ω_i 的直径,令 $d = \max\{d_i\}$。

若已知精确函数 $u(x,y)$ 在点 (x_i,y_i) 处的测量值为 u_i^δ,δ 为观测误差,那么我们的问题是寻找函数 $f(x,y)$ 满足:

(1) $J[f(x,y)] = \frac{1}{N} \sum_{i=1}^N [f(x_i,y_i) - u_i^\delta]^2 = \min$。

(2) $\lim\limits_{d \to 0, \delta \to 0} \| \nabla f - \nabla u \|_{L^2(\Omega)} = 0$。

可以证明,上面的问题等价于

$$J[f(x,y)] = \frac{1}{N} \sum_{i=1}^N (f(x_i,y_i) - u_i^\delta)^2 + \alpha \| \Delta f(x,y) \|_{L^2}^2 = \min \qquad (3-3)$$

Wang 等(2005),王业桂等(2010)指出,可以利用 Green 函数来重构 $f(x,y)$,设 Ω 的边界为 s,φ 为 $f(x,y)$ 边界上的值,在矩形区域 Ω 中 Green 函数为 $G(x,y)$。

在第一类边界条件下,矩形区域 $\Omega = (0,W) \times (0,H) \in \mathbf{R}^2$,Laplace 算子的 Green 函数定义为

$$-\nabla^2 G = \delta(x,x';y,y'), x,x' \in (0,W), y,y' \in (0,H)$$

$$G|_{x=0} = G|_{x=W} = G|_{y=0} = G|_{y=H} = 0$$

则 Green 函数为

$$G(x,y;x',y') = \frac{4}{WH\pi^2} \sum_{m=1}^\infty \sum_{n=1}^\infty \left[\left(\frac{m}{W}\right)^2 + \left(\frac{n}{H}\right)^2 \right]^{-1} \sin\frac{m\pi x}{W} \sin\frac{m\pi x'}{W} \sin\frac{n\pi y}{H} \sin\frac{n\pi y'}{H}$$

记

$$a_j(x) = \int_\Omega G(x_j, y) G(y, x) \mathrm{d}y$$

$$b(x) = \int_{\partial\Omega} \frac{\partial}{\partial \boldsymbol{n}} G(y, x) \varphi(y) \mathrm{d}s_y$$

式中,$\boldsymbol{n}$ 为 $\partial\Omega$ 的外法线方向,则由式(3-3)重构的函数 f 可表示成

$$f(x, y) = \sum_{j=1}^{N} c_j a_j(x) + b(x)$$

其中 $\boldsymbol{C} = (c_1 \quad \cdots \quad c_N)^{\mathrm{T}}$ 满足代数方程组 $\boldsymbol{AC} = \boldsymbol{B}$,$\boldsymbol{A}$、$\boldsymbol{B}$ 分别为

$$\boldsymbol{A} = \alpha N \boldsymbol{I} + (a_{ij})_{N \times N}$$

$$\boldsymbol{B} = \begin{bmatrix} u_1^\partial - b(x_1) & \cdots & u_N^\partial - b(x_N) \end{bmatrix}$$

α 是正则化参数,由文献[248]可知,取 $\alpha = \delta^2$ 时,该问题的解是存在且唯一的。通过求解上式即可求得 $f(x, y)$,同时得到 $\partial f/\partial x$,$\partial f/\partial y$。在实际计算过程中,如果子图像的划分间隔不变,则 Green 函数不变,无须重复计算,这样可以大大节省时间。

3.1.3　确定子图像整体强度的梯度方向

经 3.1.2 小节的求解梯度的方法可以得出合成孔径雷达图像每一个子图像每一个像素点强度的梯度值,而由于噪声等情况的存在,每一个像素点强度的梯度很可能是不同的,如何根据每一个像素点强度的梯度计算子图像整体强度的梯度方向是风向求解的又一关键环节。直接利用最小二乘的方法求解整体强度的梯度方向会忽略梯度大小对其影响,部分学者提出统计子图像中所有梯度值并选取最大值作为整体强度的梯度方向,如果子图像每一点强度的梯度足够精确则能够得到理想的解,但如果存在误差,将子图像中所有梯度的最大值当作整体强度的梯度的方向必然引入很大误差(陈艳玲,2007)。本书通过引入带有距离权重的函数来求解整体风向,令合成孔径雷达子图像中每一点的梯度方向为 $(d_{xi}, d_{yi})(i = 1, \cdots, N)$,记 $R_i^2 = d_{xi}^2 + d_{yi}^2$,建立目标函数

$$J(a) = \frac{1}{2} \min \left[\sum_{i=1}^{N} R_i^2 (d_{yi} - a d_{xi})^2 \right] \tag{3-4}$$

其中 a 代表梯度方向,是一个待定常数,且

$$a = \cot\theta \tag{3-5}$$

θ 是以正北为 $0°$,顺时针方向为正的风向。仅考虑 $\theta \in [0, \pi)$ 的情况,最终的风向 $180°$ 模糊现象由 NCEP 资料中海面 10m 风向来去除。对式(3-4)求导可知

$$\frac{\partial J(a)}{\partial a} = \sum_{i=1}^{N} R_i^2 (d_{yi} - a d_{xi}) d_{xi} = 0$$

$$\sum_{i=1}^{N} d_{yi} R_i^2 d_{xi} - a \sum_{i=1}^{N} d_{xi} R_i^2 d_{xi} = 0$$

即 $a = \dfrac{\boldsymbol{D}_Y^{\mathrm{T}} \boldsymbol{\Lambda} \boldsymbol{D}_X}{\boldsymbol{D}_X^{\mathrm{T}} \boldsymbol{\Lambda} \boldsymbol{D}_X}$,其中 $\boldsymbol{\Lambda} = \mathrm{diag}(R_1^2, \cdots, R_N^2)$。

3.1.4　试验分析

下面通过仿真试验和真实试验来对 Koch 提出的 Sobel 算子方法和我们提出的数值微分方法反演风向的精度进行比较。

3.1.4.1 仿真试验

令仿真的理想合成孔径雷达子图像[见图 3 - 4(a)]的每一点的强度值满足

$$u(x,y) = \sin(2x + y), \Omega = (0,1) \times (0,\pi) \tag{3-6}$$

在 X 轴和 Y 轴方向分别作 20 等分,对式(3-6)添加幅度为 10% 的随机误差,如图 3 - 4 (b)所示。从式(3-6)可以计算出该子图像的理想梯度方向为 63°,我们最终要求取的风向是梯度方向的垂直方向,即 153°。

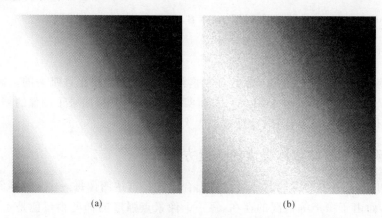

(a)　　　　　　　　　　　　　　(b)

图 3 - 4　合成孔径雷达子图像

(a)理想图像;(b)添加误差后图像

图 3-5 是利用 Sobel 算子方法和数值微分方法计算得到的梯度与理想梯度比较后的误差图。在二维数值微分中,要求边界上是真值,而实际上边界不可能很真实。为了避免计算梯度带来的误差,在计算整体强度梯度时,忽略边界点上的梯度可以避免将边界梯度中的误差带入最终的计算结果。由于 Sobel 算子方法无法求取边界上的梯度,所以边界上的梯度用其内侧最临近点的梯度代替。由于误差的存在,Sobel 算子方法求取的梯度杂乱无章,在 X 轴方向产生了[-3,3]的误差,在 Y 轴方向产生了[-1.5,1.5]的误差,而通过数值微分计算的梯度相对来说平滑得多,X 轴和 Y 轴方向的误差仅在[-0.5,0.5]之间,和理想梯度十分接近。可见,数值微分方法求取的梯度更加接近于理想梯度。

将 Sobel 算子方法和数值微分方法计算得到的梯度以散点的形式绘图(见图 3 - 6)。由于图 3 - 4 在 X 轴方向和 Y 轴方向的梯度均存在 180° 的不确定性,所以梯度散点图的整体趋势亦具有 180° 的不确定性。从图 3 - 6 中可见,数值微分方法计算得到的梯度散点比 Sobel 算子方法计算得到的梯度散点更为集中。理想图像中 $\dfrac{\partial u(x,y)}{\partial x} = 2\cos(2x + y)$,即 X 轴方向梯度绝对值的最大值为 2,Sobel 算子方法的结果在 X 轴方向梯度绝对值的最大值为 3.96,而数值微分方法的结果在 X 轴方向梯度绝对值的最大值为 2.15,与理想结果相当接近。实线为利用本书提出的带有距离权重的目标函数方法确定的整体强度的梯度方向,从图中可见,该方法能够确定整体强度梯度的方向。Sobel 算子方法和数值微分方法计算的整体强度的梯度方向分别为 76°、62°,由式(3-5)可计算出两种方法反演的风向分别为 166°、152°。图中虚线为理想风向 153°,从以上几个数字可以看出,Sobel 算子方法的风向反演结果误差为 13°,数值微分方法的风向反演结果误差为 0.7。显然,数值微分方法的风向反演结果好于 Sobel 算子方法的风向反演结果。

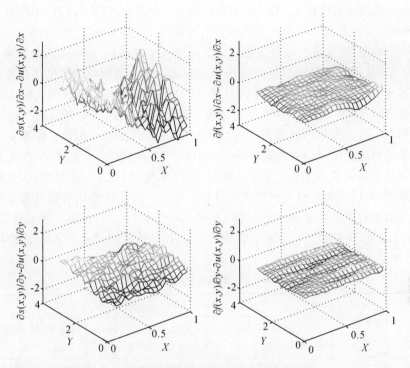

图 3－5　利用 Sobel 算子方法计算得到的梯度误差(X 轴方向$\partial s(x,y)/\partial x-\partial u(x,y)/\partial x$, Y 轴方向
$\partial s(x,y)/\partial y-\partial u(x,y)/\partial y$)及利用数值微分方法计算得到的梯度误差
(X 轴方向$\partial f(x,y)/\partial x-\partial u(x,y)/\partial x$, Y 轴方向$\partial f(x,y)/\partial y-\partial u(x,y)/\partial y$)

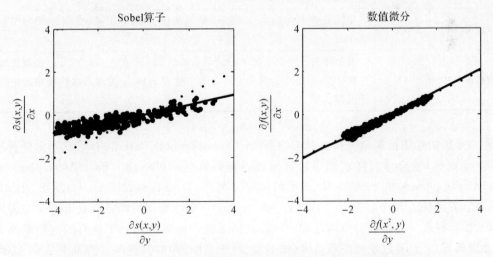

图 3－6　**Sobel 算子方法计算的梯度散点和数值微分方法计算的梯度散点**

3.1.4.2　真实试验

1. 数据简介

ENVISAT－1 于 2002 年 3 月 1 日发射升空,是一颗载有 10 类有效载荷的地球环境监测

卫星。ASAR 是 ENVISAT-1 搭载的至今最先进的星载合成孔径成像雷达系统。和 ERS-1/2 上搭载的合成孔径雷达相比,ASAR 主要在以下 8 个方面进行了改进:①载有具有 320 个发射/接收模块的分布式元件主动天线阵列。②星载固态记录器可连续 10min 记录高数据率模式(100Mb/s)的图像,实现全球覆盖能力。③在中等分辨率(150m)或低分辨率(1km)情况下利用 ScanSAR 技术可以获取到约 400km 的大刈副图像。④所有工作模式在发射和接收时都可以选择水平或者垂直极化(相应得到 HH 或 VV 极化图像)。交替极化模式还可以选择不同的极化组合(HH/VV、HH/HV、VV/VH 三种组合之一),同时得到同一地区不同极化方式的两幅图像。⑤通用型的波谱模式可以获取 100km 间距的小图像。⑥配备了可以对数据的辐射质量进行优化的可编程的数字波形产生器。⑦和 ERS-1/2 的 8b ADC(模/数转换机)相比,ASAR 使用灵活单元适应量子化机制,可以得到 8:4 或 8:2 的压缩比,这样在数据率受限制的情况下,可以采集到输入信号更大的动态范围。⑧在轨期间可通过温度补偿机制来补偿信号收发模块的偏差(Desnos 等,2000)。ASAR 工作在 C 波段,有 5 种测量模式,分别为 IM(图像模式)、AP(极化模式)、WS(宽幅模式)、GM(全球监测模式)、WV(波谱模式)(郭广猛等,2006),详见表 3-1。

表 3-1　ASAR 的测量模式

测量模式	简写	功能描述
图像模式	IM	VV 或者 HH 极化方式,带宽为 7 个可选择带宽之一,根据选择带宽的不同,带宽范围从 56～100km 变化,空间分辨率大约 30m
极化模式	AP	每次获得 2 幅配准的图像,带宽为 7 个可选择带宽之一,2 幅配准图像对的极化方式为 HH/VV、HH/HV 或者 VV/VH 之一,空间分辨率大约 30m
宽幅模式	WS	一幅图像约 400km×400km,距离方向象元间距 75m,方位方向象元间距亦为 75m,极化方式为 VV 或者 HH
全球监测模式	GM	空间分辨率大约为 1 000m,覆盖范围为整条轨道,极化方式为 VV 或者 HH
波谱模式	WV	其数据是一个个小图斑,大小为 10km×5km 或者 5km×5km,图斑在轨道方向间距为 100km,极化方式为 VV 或者 HH,小图斑可以转换成波光谱用于海洋监测

本节采用的船舶报观测资料由 JODC(Japan Oceanographic Data Center,日本海洋资料中心)的东北亚区域-全球海洋观测系统区域延迟资料数据库(North-East Asian Regional-Global Ocean Observing System Regional Delayed Mode Data Base,NEAR-GOOS RDMDB)提供,其官方网址为 http://near-goos1.jodc.go.jp/。全球海洋观测系统是海委会与世界气象组织、国际科联共同发起的全球性综合海洋观测系统。该系统汇总了现有的气象海洋专业观测系统数据,并且通过发展高新技术(如卫星、声学监测等)对其进一步提高和完善,为海洋预报、科学研究、海洋资源合理开发和保护、海洋污染控制、海洋和海岸带综合开发和整治规划等提供长期和系统的资料。继联合国政府间海洋学委员会 1993 年召开的第十七次大会决定正式发起全球海洋观测系统之后,中国、日本、韩国、俄罗斯等国于 1994 年率先发起东北亚海洋观测系统,作为全球海洋观测系统的第一个地区示范系统(李艳兵,2008),现已在日本建立了 NEAR-GOOS 实时资料数据库和延迟资料数据库,其中,延迟资料数据库接收实时资料

数据库中延迟 30 天以上的数据。图 3 – 7 所示为 NEAR – GOOS 的观测区域及参与的国家。值得注意的是,NEAR – GOOS 所提供的数据不仅仅为东北亚区域,包含了全球海洋观测数据。图 3 – 8 所示为 NEAR – GOOS 于 2005 年 5 月 15 日船舶报和浮标获取数据时的位置。

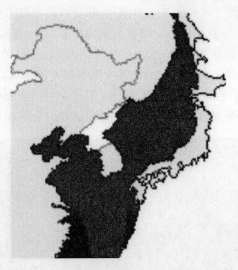

图 3 – 7　NEAR – GOOS 观测区域(黑色区域)及参与国家(灰色区域)

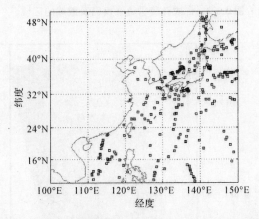

图 3 – 8　NEAR – GOOS 于 2005 年 5 月 15 日船舶报和浮标获取数据时的位置

2.试验情况

本节选取的 ASAR(Advanced Synthetic Aperture Radar,先进的合成孔径雷达)图像由欧空局接收,中国科学院中国遥感卫星地面站提供,版权归欧空局所有。该图像运行模式为 Wide Swath,距离方向象元间距 75m,方位方向象元间距亦为 75m,经等经纬度投影及双线性插值后空间分辨率为 75m×75m,资料获取时间为世界时 2005 年 5 月 15 日 2 时 28 分,当时 ASAR 刚好扫过海南岛及其东侧海域,为计算方便且和船舶报资料作对比,仅截取条纹信息明显的东侧部分图像,如图 3 – 9 所示。经降采样后分辨率降低为 150m×150m。将该图像分成多个子图像,计算每一个子图像强度的梯度方向(本书将子图像设置为 60 像素×60 像素,即 9km×9km),再利用带有距离权重的目标函数方法求得每一个子图像整体强度的梯度方向,该方向的垂线方向就是具有 180°模糊的风向,最后与 NCEP 资料的风向比较,消除 180°模糊,即可得到最终的风向反演结果。图3-10中黑色短箭头所示为数值微分方法计算得到的风向,白色短箭头所示为 Sobel 算子方法计算得到的风向。黑色长箭头所示为 JODC 提供的船舶报的风向。从3个船舶报风向可以看出,该区域的整体风向为南风。通过 Sobel 算子方法和数值微分方法反演得到的风向亦基本为南风,和资料的条纹方向基本一致,风向连续性较好,且两种方法反演的风向与 JODC 的船舶报的风向偏差不大,体现了这两种方法均可以用来反演海面风向。进一步比较这两种方法的反演结果可以看出,在(113°43′E,20°19′N)和(113°38′E,19°44′N)两处,Sobel 算子方法的反演结果偏离整体风向较明显,而数值微分方法的反演结果和整体风向一致性较好,其中可能的原因是在这两处的噪声较大,致使 Sobel 算子方法不能有效反演风向,而数值微分方法能够有效抑制噪声的干扰,使结果趋向于真值。

图 3-9　合成孔径雷达强度图及截取的区域

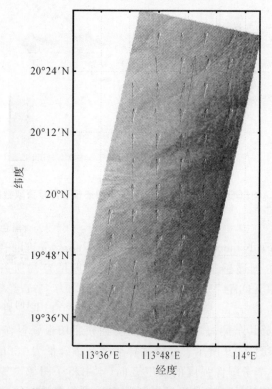

图 3-10　截取的 ASAR 图像中 Sobel 算子方法的风向反演结果、
数值微分方法的风向反演结果及船舶报风向

以选取的三个船舶报所处经纬度为中心,在原始 ASAR 图像中提取 60 像素×60 像素的子图像来反演船舶报位置的风向,如图 3 - 11 所示。从图中可见,数值微分方法更接近于船舶报风向。船舶报风向及两种方法反演的风向结果和误差见表 3 - 2。Sobel 算子方法的反演结果平均误差为 9,而数值微分方法的反演结果平均误差仅为 1。

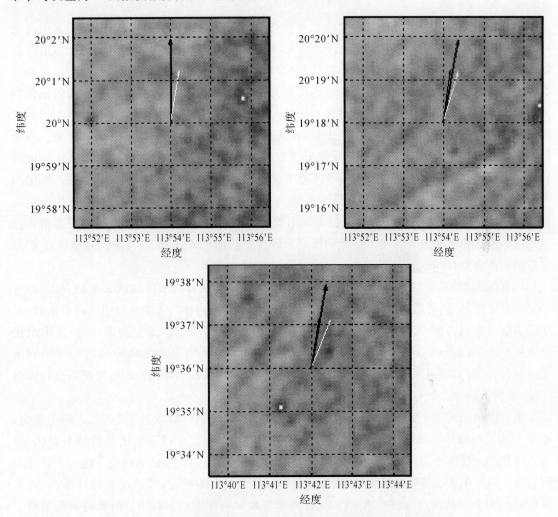

图 3 - 11　三个子图像中 Sobel 算子方法的风向反演结果(白色短箭头)、
数值微分方法的风向反演结果(黑色短箭头)及船舶报风向(黑色长箭头)

表 3 - 2　JODC 船舶报风向信息及相应位置的反演结果

时刻	经纬度	风向/(°)	Sobel 算子风向/(°)	数值微分风向/(°)	Sobel 算子风向误差/(°)	数值微分风向误差/(°)
0 时	113°54′E, 20°00′N	180	189	181	9	1
6 时	113°54′E, 20°18′N	190	197	187	7	3
6 时	113°42′E, 19°36′N	190	201	190	11	0

3.2 星载合成孔径雷达资料正则化方法反演海面风场的研究

尽管已经出现了一些新的针对合成孔径雷达资料反演海面风场的方法,但基于散射计地球物理模型函数反演海面风场依旧被绝大多数学者认同(Zecchetto 等,2008)。对于散射计反演海面风场,可通过多视角、双极化等方式和地球物理模型函数来共同确定风向、风速,再通过变分方法进行模糊去除。而合成孔径雷达在探测海面参数时,没有与散射计一样的多视角探测(Monaldo 等,2003),合成孔径雷达探测的后向散射截面不能直接通过地球物理模型函数来反演风矢量。这就需要先确定其中一个量,再通过地球物理模型函数确定另外一个量。通常的做法是先确定风向,再通过地球物理模型函数确定风速。风向有时可以通过直接从合成孔径雷达图像中提取条纹信息来确定,但这种方法的缺点是反演得到的风向存在 180°模糊问题,且有时图像中没有条纹信息而无法得到风向,或者条纹被海洋内波所影响而严重影响风向反演的精度(Koch,2004)。部分学者提出利用数值预报结果来指定风向。直接利用数值预报结果的风向会将其中的误差带入后续的风速求解过程。据统计,30%的风向误差将导致 40%左右的风速误差(Choisnard 等,2008)。

Portabella 等(2002)在 2002 年首次提出了利用统计反演方法来反演风矢量的方法,该方法基于贝叶斯理论,将后向散射截面与数值预报结果中的风向作为先验估计引入代价函数中,通过求取代价函数极小来确定最优风矢量。随后 Walker 等(2007)通过高斯-牛顿法求取代价函数极小,从而分析了 ENVISAT 的 ASAR 数据沿海风场结构。Choisnard 等(2008)利用变分同化方法,对不同背景风场条件,在地球物理模型函数线性与非线性两种情况下进行风场反演,指出了该方法的有效性。

本节提出用正则化方法来反演合成孔径雷达资料海面风场,即基于吉洪诺夫正则化理论,通过 L 曲线准则选取最优的正则化参数,实施反演。通过与变分同化方法反演结果对比,得出正则化方法反演海面风场的风速和风向的精度均优于变分同化方法的结论。进一步研究不同真实风向情况下反演精度后发现,真实风向在 45°和 135°附近时,风速反演的精度高,真实风向在 0°和 90°时,风向反演的精度高,这种现象与地球物理模型函数中后向散射截面相对于风向的导数直接相关。

3.2.1 地球物理模型函数

当给定雷达频率、极化方式、雷达天线方位角及入射角,且已知风向、风速时,就可以通过地球物理模型函数求得后向散射截面。地球物理模型函数是通过统计后向散射截面与相应位置的浮标或数值预报结果资料得出的统计方程,即

$$\sigma^o(V,\theta,\varphi) = B_0(V,\theta)\,(1 + B_1(V,\theta)\cos\varphi + B_2(V,\theta)\cos2\varphi)^a$$

式中,V 是海面 10m 高风速;θ 是雷达相对于海面的入射角;φ 是风向相对于雷达天线方位角的角度,当风正对雷达天线吹的时候 $\varphi=0$,本节假定雷达天线方位角为 0°,那么这里的 φ 指的就是风向;B_0 描绘了风速和入射角的关系;B_1 是顺风-逆风幅度;B_2 是逆风-横向风幅度;a 是

常数,因地球物理模型函数的不同而不同,对于 CMOD - IFR2(Quilfen 等,1998),取 $\alpha=1$,对于 CMOD4(Stoffelen 等,1997)和 CMOD5(Hersbach 等,2007),取 $\alpha=1.6$。C 波段的地球物理模型函数最初是由垂直极化的 ERS 散射计资料统计而得到的。

图 3 - 12 是 CMOD4,CMODIFR2 和 CMOD5 三个地球物理模型函数在给定入射角的情况下,风速和风向分别与后向散射截面之间的关系图。雷达天线方位角为 0°,雷达入射角为 25°,极化方式为垂直极化。当风向为 0°时,风速 0～50m/s 与后向散射截面的关系图如图 3 - 12(a)所示。当风速在 2～20m/s 之间时,三条曲线很接近。当风速小于 2m/s 时和大于 20m/s 时三条曲线差别很大。CMOD5 是 CMOD4 的改进模型函数,通过与浮标和模式预报结果进行统计分析,提高了风速大于 20m/s 时的精度,本书将采用 CMOD5 进行海面风场仿真试验。当风速等于 10m/s 时,相应的风向与后向散射截面关系如图 3 - 12(b)所示,三条曲线较接近,但在顺风-逆风方向和横向风方向稍有差异。从图 3 - 12(a)中 CMOD5 曲线可见,当风速为 10m/s 时,只有一个后向散射截面 $\sigma°=-5.062\ 3\text{dB}$ 与其对应。而在图 3 - 12(b)中当风向为 60°,117.8°,242.2°和 300°时对应了同一个后向散射截面,这就势必造成了反演过程中风向的模糊。当风向为 45°或 135°时,对应的曲线斜率最大,如果风向有较小的误差,将导致对应的后向散射截面较大的误差,导致最终的风速反演存在较大的误差。所以利用先验的风向信息而不考虑其误差是不合理的。

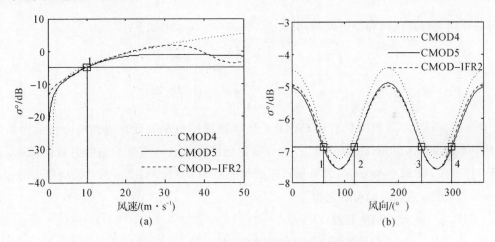

图 3 - 12　三个地球物理模型函数的对比图

3.2.2　变分同化方法

变分同化方法是数值天气预报中的一个重要方法。多数数值预报模式采用变分同化的方法,通过求取变分方程的极小值来确定分析场。该变分方程包含了先验信息(背景场)和观测场信息,表达式如下:

$$J(\boldsymbol{x}) = J_{\text{o}}(\boldsymbol{x}) + J_{\text{b}}(\boldsymbol{x}) \tag{3-7}$$

其中 $J_{\text{b}}(\boldsymbol{x})$ 指的是背景场代价函数,由控制变量 $\boldsymbol{x}$ 和背景状态 $\boldsymbol{x}_{\text{b}}$ 所决定,即

$$J_{\text{b}}(\boldsymbol{x}) = \frac{1}{2}(\boldsymbol{x} - \boldsymbol{x}_{\text{b}})^{\text{T}} \boldsymbol{B}^{-1}(\boldsymbol{x} - \boldsymbol{x}_{\text{b}})$$

$J_{\text{o}}(\boldsymbol{x})$ 为观测场代价函数,由控制变量与观测量所决定,即

$$J_\circ(\boldsymbol{x}) = \frac{1}{2} \left[\boldsymbol{H}(\boldsymbol{x}) - \boldsymbol{y} \right]^{\mathrm{T}} \boldsymbol{R}^{-1} \left[\boldsymbol{H}(\boldsymbol{x}) - \boldsymbol{y} \right]$$

式中,$\boldsymbol{y}$ 是观测向量;$\boldsymbol{H}(\boldsymbol{x})$ 是将 $\boldsymbol{x}$ 投射到观测空间的正演算子;$\boldsymbol{B}$ 和 $\boldsymbol{R}$ 分别为背景场和观测场误差协方差矩阵。本书采用 CMOD5 地球物理模型函数(详见附录 J)作为正演算子。

3.2.3　正则化方法

变分同化方法需要满足 $\boldsymbol{H}$ 为线性矩阵,$\boldsymbol{B}$ 和 $\boldsymbol{R}$ 为正定对称矩阵以及观测场与背景场不相关三个条件。Cardinali 等(2004)指出,在实施变分同化方法时,分析场中仅有 15% 左右的信息来自观测场的贡献,剩余 85% 左右的信息来自背景场的贡献。对于合成孔径雷达资料反演海面风场的问题,要充分体现观测场的作用,所以采用反问题的正则化方法(Tikhonov,1963),引入吉洪诺夫泛函

$$J(u,v) = J_\circ(u,v) + \gamma J_{\mathrm{b}}(u,v) \tag{3-8}$$

式中,γ 为正则化参数;u 和 v 分别为分析风速在 X 轴和 Y 轴方向分量。令 u_{b} 和 v_{b} 分别为背景风速在 X 轴和 Y 轴方向分量,记背景风速和分析风速分别为

$$V_{\mathrm{b}} = \sqrt{u_{\mathrm{b}}^2 + v_{\mathrm{b}}^2}$$

$$V = \sqrt{u^2 + v^2}$$

φ_{b} 与 φ 分别为背景风向和分析风向,引入 $J_\circ(u,v)$ 与 $J_{\mathrm{b}}(u,v)$ 如下:

$$J_\circ(u,v) = \frac{1}{2} \left(\frac{\sigma^{\mathrm{a}}(V,\theta,\varphi) - \sigma^\circ}{\mathrm{SD}_{\sigma^\circ}} \right)^2$$

$$J_{\mathrm{b}}(u,v) = \frac{1}{2} \left(\frac{V - V_{\mathrm{b}}}{\mathrm{SD}_V} \right)^2 + \frac{1}{2} \left(\frac{\varphi - \varphi_{\mathrm{b}}}{\mathrm{SD}_\varphi} \right)^2$$

这里的 $\sigma^{\mathrm{a}}(V,\theta,\varphi)$ 指的是通过 CMOD5 地球物理模型函数计算得到的分析后向散射截面,其中 θ 为雷达入射角,φ 为风向。σ° 为观测得到的合成孔径雷达后向散射截面,$\mathrm{SD}_{\sigma^\circ}$ 为观测场的标准差,取 $SD_{\sigma^\circ} = 0.1\sigma^\circ$,背景场风速的标准差 $\mathrm{SD}_V = 0.347\,2\mathrm{m/s}$,背景场风向的标准差 $\mathrm{SD}_\varphi = 8.777\,5°$。式(3-8)可转化为

$$
\begin{aligned}
J(V,\varphi) &= J_\circ(V,\varphi) + \gamma J_{\mathrm{b}}(V,\varphi) \\
&= \frac{1}{2} \left(\frac{\sigma^{\mathrm{a}}(V,\theta,\varphi) - \sigma^\circ}{\mathrm{SD}_{\sigma^\circ}} \right)^2 + \gamma \left[\frac{1}{2} \left(\frac{V - V_{\mathrm{b}}}{\mathrm{SD}_V} \right)^2 + \frac{1}{2} \left(\frac{\varphi - \varphi_{\mathrm{b}}}{\mathrm{SD}_\varphi} \right)^2 \right]
\end{aligned}
\tag{3-9}
$$

暂不考虑入射角 θ 的变化,将 $\sigma^{\mathrm{a}}(V,\theta,\varphi)$ 简写为 $\sigma^{\mathrm{a}}(V,\varphi)$。对 $\sigma^{\mathrm{a}}(V,\varphi)$ 在 $\sigma^{\mathrm{a}}(V_{\mathrm{b}},\varphi_{\mathrm{b}})$ 处进行泰勒展开可知

$$\sigma^{\mathrm{a}}(V,\varphi) \approx \sigma^{\mathrm{a}}(V_{\mathrm{b}},\varphi_{\mathrm{b}}) + \frac{\partial \sigma^{\mathrm{a}}(V,\varphi)}{\partial V} \Big|_{\mathrm{b}} (V - V_{\mathrm{b}}) + \frac{\partial \sigma^{\mathrm{a}}(V,\varphi)}{\partial \varphi} \Big|_{\mathrm{b}} (\varphi - \varphi_{\mathrm{b}})$$

令

$$\sigma^* = \sigma^\circ - \sigma^{\mathrm{a}}(V_{\mathrm{b}},\varphi_{\mathrm{b}})$$

$$A = \frac{\partial \sigma^{\mathrm{a}}(V,\varphi)}{\partial V} \Big|_{\mathrm{b}}$$

$$B = \frac{\partial \sigma^{\mathrm{a}}(V,\varphi)}{\partial \varphi} \Big|_{\mathrm{b}}$$

$$U = V - V_b$$

$$\Phi = \varphi - \varphi_b$$

其中 A，B 的具体求解方法见附录 K。经线性化后，式（3-9）可表示为以下形式：

$$J(V,\Phi) = \frac{1}{2}\left(\frac{\sigma^* - AU - B\Phi}{\mathrm{SD}_{\sigma^o}}\right)^2 + \frac{1}{2}\gamma\left[\left(\frac{U}{\mathrm{SD}_V}\right)^2 + \left(\frac{\Phi}{\mathrm{SD}_\varphi}\right)^2\right] \tag{3-10}$$

对式（3-10）进行变分，于是

$$\delta J(U,\Phi) = -\frac{1}{(\mathrm{SD}_{\sigma^o})^2}(\sigma^* - AU - B\Phi)(A\delta U + B\delta\Phi) + \frac{\gamma}{(\mathrm{SD}_V)^2}U\delta U + \frac{\gamma}{(\mathrm{SD}_\varphi)^2}\Phi\delta\Phi$$

$$= \nabla_U J(U,\Phi)\delta U + \nabla_\Phi J(U,\Phi)\delta\Phi$$

于是可以求出泛函的梯度 $\nabla_U J(U,\Phi)$ 与 $\nabla_\Phi J(U,\Phi)$ 的表达形式为

$$\nabla_U J(U,\Phi) = -\frac{A}{(\mathrm{SD}_{\sigma^o})^2}(\sigma^* - AU - B\Phi) + \frac{\gamma U}{(\mathrm{SD}_V)^2} \tag{3-11}$$

$$\nabla_\Phi J(U,\Phi) = -\frac{B}{(\mathrm{SD}_{\sigma^o})^2}(\sigma^* - AU - B\Phi) + \frac{\gamma\Phi}{(\mathrm{SD}_\varphi)^2} \tag{3-12}$$

由泛函梯度，利用迭代方法可求取 U、Φ：

$$U_{n+1} = U_n - \nabla_U J(U_n,\Phi_n)\cdot\rho_U$$

$$\Phi_{n+1} = \Phi_n - \nabla_\Phi J(U_n,\Phi_n)\cdot\rho_\Phi$$

式中，ρ_U 和 ρ_Φ 为迭代步长；n 为迭代次数。通过迭代可得 U、Φ。由此可求出分析风速和分析风向分别为 $V = U + V_b$，$\varphi = \Phi + \varphi_b$。

这里涉及对正则化参数 γ 的处理，对于正则化参数的选取有多种方法，例如偏差原理、交叉检验和 L 曲线准则等。由于 J_o 中不仅包含着 σ^o 的误差信息，还包含着背景场的误差信息，故在不需要预先知道观测误差的情况下，采用 L 曲线准则选择正则化参数 γ 是可取的。令 $J_o(\gamma) = J_o(u_\gamma, v_\gamma)$，$J_b(\gamma) = J_b(u_\gamma, v_\gamma)$。所谓 L 曲线，是一组正则化参数所对应的 $J_o(\gamma)$ 与 $J_b(\gamma)$ 的对数值构成的图形，即 $(\log(J_o(\gamma)), \log(J_b(\gamma)))$ 所构成的图形，该图形像字符"L"，故称为 L 曲线。确定正则化参数的 L 曲线的准则是找到对应于 L 曲线"角点"的正则化参数，该"角点"是 L 曲线上曲率最大的点（Engl 等，1994；Hansen 等，2003）。这种方法不需要预先知道观测误差，具有很强的实用性。

3.2.4　模拟分析

由于地球物理模型函数 $\sigma^o(V,\theta,\varphi)$ 满足 $\sigma^o(V,\theta,\pi-\varphi) = \sigma^o(V,\theta,\pi+\varphi)$（试验中假定雷达天线方位角为 0°，那么这里的 φ 指的就是风向），即以 $\varphi = 180°$ 为对称轴对称[见图 3-12(b)]，所以本书假定真实风速为 10m/s，讨论真实风向为 0°，45°，90°，135° 四种典型情况下的正则化反演结果。在这四种情况下，通过 CMOD5 地球物理模型函数可计算出相应的后向散射截面分别为 -5.0623dB，-6.2328dB，-7.5973dB，-6.1111dB，将这四个后向散射截面当作后向散射截面的观测值。对真实风速添加最小为 -1m/s、最大为 1m/s 的无偏随机误差，对真实风向添加最小为 $-20°$、最大为 20° 的无偏随机误差，得到扰动后的风速和风向，视为背景风速和背景风向，利用本书提出的正则化方法，可得出分析风速和分析风向。在实际反演过程中可将模式预报结果中的风速和风向或散射计、辐射计等的反演结果作为背景风速和风向。图 3-

13 所示为不同正则化参数情况下，观测代价函数 J_o 的对数值和背景代价函数 J_b 的对数值之间关系的连线组成的 L 曲线。当该 L 曲线曲率最大时，相应的正则化参数为最优的正则化参数。当真实风向分别为 0°、45°、90°和 135°时，正则化参数取 $\gamma = 0.01$，如图 3-13 中菱形符号所示。

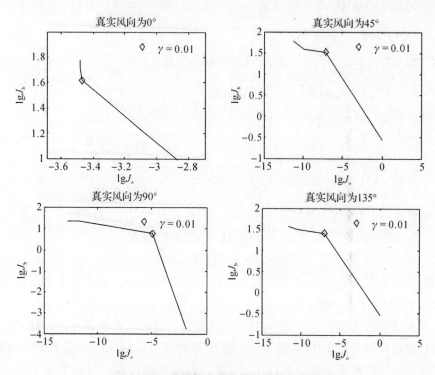

图 3-13 不同真实风向情况下的 L 曲线

3.2.4.1 不同正则化参数对反演结果的影响分析

图 3-14 所示为真实风向分别为 0°，45°，90°和 145°时，不同正则化参数反演得到分析风速和分析风向相对于真实风速和真实风向的误差统计，横坐标为正则化参数 γ 以 10 为底的对数值。随着正则化参数增大，分析风速误差和分析风向误差均经历一个先下降，后上升的过程。其原因可以从代价函数式（3-8）中进行分析。当正则化参数较小时，式（3-8）中的观测场起到更加重要的作用，而背景场的作用相对较小，背景风向对分析风向的约束作用较小，这样分析风向必然偏离真实风向很大，导致分析风速亦偏离真实风速较大。随着正则化参数增大，风速和风向的误差均达到最小值。随着正则化参数继续增大，观测场的作用变小，背景场起到了主导作用。当正则化参数足够大（$\gamma = 100$）时，分析风速等于背景风速，分析风向等于背景风向，观测的后向散射截面不起作用，这时，风速误差等于背景误差，风向亦等于背景风向误差。当 $\gamma = 0.01$ 时，风向和风速的误差均达到最小值，由此可说明利用 L 曲线选择正则化参数的方法可以使得分析结果误差达到最小。图 3-14 中方形符号为在代价函数中正则化参数 $\gamma = 1$ 的反演结果，这种情况就是变分同化反演的结果，而菱形符号为正则化参数 $\gamma = 0.01$ 时的反演结果。可见，无论变分同化方法还是正则化方法均对风速和风向的反演有积极作用，而正则化方法的反演结果明显优于变分同化方法的反演结果。

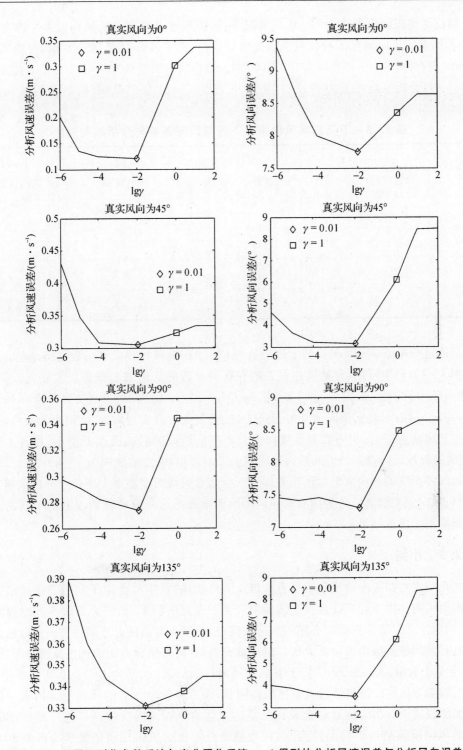

图 3-14 不同正则化参数反演与变分同化反演 γ＝1 得到的分析风速误差与分析风向误差

3.2.4.2 不同真实风向情况下反演结果分析

从表 3-3 中亦能得出正则化参数 γ＝0.01 时的反演结果要明显优于变分同化方法（γ＝

1)。下面仅考虑正则化参数 $\gamma=0.01$ 的情况下,分析风速误差和分析风向误差。综合分析表 3-3 中不同真实风向情况下分析风速误差可以看出,真实风向为 45°和 135°时,分析风速误差为 0.3m/s 左右,明显大于真实风向为 0°和 90°时的分析风速误差 0.1m/s 和 0.3m/s,真实风向为 45°和 135°时,分析风向误差为 3°左右,明显小于真实风向为 0°和 90°时的分析风向误差 8°和 7°。

表 3-3　不同真实风向情况下分析风速误差与分析风向误差

真实风向 (°)	$\gamma=1$ 时分析 风速误差/(m·s^{-1})	$\gamma=0.01$ 时分析 风速误差/(m·s^{-1})	$\gamma=1$ 时分析 风向误差/(°)	$\gamma=0.01$ 时分析 风向误差/(°)
0	0.3	0.1	8	8
45	0.3	0.3	6	3
90	0.3	0.3	8	7
135	0.3	0.3	6	3

可以通过分析图 3-12 来找到上述现象与 CMOD5 地球物理模型函数之间存在的某种联系。从图 3-12(a)中可见,背景风速误差的存在所导致的后向散射截面误差相同。从图 3-13(b)中可见,当真实风向为 45°和 135°时,$\partial\sigma(V,\theta,\varphi)/\partial\varphi$ 很大,而当真实风向为 0°和 90°时,$\partial\sigma(V,\theta,\varphi)/\partial\varphi$ 很小,真实风向为 0°时 $\sigma(V,\theta,\varphi)$ 的变化较真实风向为 90°时更为缓慢,这就导致了当真实风向为 0°时,相同的背景风向误差产生的后向散射截面误差很小,当真实风向为 90°时相同的背景风向误差产生的后向散射截面误差较小,而真实风向为 45°和 135°时,相同的背景风向误差产生的后向散射截面误差很大。后向散射截面误差增大导致了分析风速误差减小,而分析风向误差增大。这种因真实风向不同而导致的后向散射截面误差的不同的内在联系直接影响到了反演结果。

3.2.5　小结

合成孔径雷达图像中的风条纹信息可以反演海面风向,本节介绍了利用二维数值微分方法反演海面风向。由于合成孔径雷达图像中包含了大量的误差,而差分方法不考虑观测的误差,所以利用差分方法计算梯度必然引入巨大误差,而基于吉洪诺夫正则化方法的数值微分方法正是针对该问题而提出来的新方法。模拟试验表明,数值微分方法的风向反演结果(误差为 0.7°)优于基于有限差分的 Sobel 算子方法的风向反演结果(误差为 14°)。真实试验中 Sobel 算子方法的部分风向反演结果偏离整体风向明显,而数值微分方法的风向反演结果一致性较好。将船舶报风向与相应位置的合成孔径雷达图像的海面风向反演结果进行对比,Sobel 算子方法的风向反演结果平均误差为 9°,而数值微分方法的风向反演结果平均误差为 1°。当然,船舶报风向本身存在一定的误差,合成孔径雷达图像中风条纹方向亦不一定和真实风向完全吻合,数值微分方法风向反演结果和真实风向之间的误差可能要比本书统计的三个船舶报位置风向反演结果的平均误差大,但从仿真试验和风向一致性方面看,数值微分方法的风向反演结果比 Sobel 算子方法的风向反演结果好。

利用合成孔径雷达资料反演海面风场通常的方法是利用先验风向信息和地球物理模型函数联合反演。而先验风向中存在误差,该误差直接导致风速反演中的误差。变分同化方法虽然考虑了先验风向中存在的误差,但该方法在模型建立时有背景场与观测场不相关的假定。本书阐述了正则化的方法来反演海面风场。通过模拟试验得出如下结论:①正则化方法反演海面风场是有效的;②不同的正则化参数反演结果的精度不同,而通过 L 曲线准则选取最优正则化参数后,反演精度高于变分同化方法;③真实风向在 45°和 135°附近时,风速的反演精度高,真实风向在 0°和 90°时,风向的反演精度高,这种现象和 CMOD5 地球物理模型函数中后向散射截面相对于风向的导数相关。由于资料受限,仅进行了仿真试验,在今后的工作中,可将该方法应用到实际反演中,并通过浮标等现场观测资料来验证方法的可行性,亦可将合成孔径雷达图像中的条纹信息与模式预报结果等背景场信息综合起来共同反演海面风场。

3.3 用振荡型的行波来刻画星载合成孔径雷达图像海洋内波

3.3.1 海洋内波在合成孔径雷达图像上的水动力学成像理论

海洋内波中海水的运动在跃层附近较大,远离跃层较小。海水的这种运动会引起海洋表层水平流大小和方向改变,从而导致海表面海水发生辐聚和辐散。变化的海洋表面流场与表面波之间的相互作用将改变海面粗糙度(见图 3-15),最终在合成孔径雷达图像上显示出波列状明暗相间的内波条纹(李海艳,2004)。本小节主要介绍利用合成孔径雷达图像遥感海洋内波的理论模型,并通过数值试验分析内波与合成孔径雷达图像后向散射截面变化之间的关系。

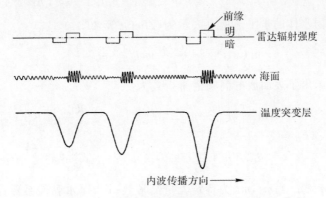

图 3-15 海洋内波成像机制(Alpers,1985)

3.3.1.1 理论模型

海洋内波在合成孔径雷达图像上的成像理论由非线性自由长内波 KdV 方程、表面波的高频谱平衡方程和布拉格散射模型三个部分组成。

非线性自由长内波在水平方向上传播的过程可用 KdV 方程描述:

$$\frac{\partial \eta}{\partial t} + (C_0 + \alpha \eta + \alpha_1 \eta^2) \frac{\partial \eta}{\partial x} + \beta \frac{\partial^3 \eta}{\partial x^3} + \kappa \eta - \varepsilon \frac{\partial^2 \eta}{\partial x^2} = 0 \qquad (3-13)$$

式中，$\eta(t,x)$表示二层流体之间扰动界面的内波纵向位移；t为时间；参数C_0为线性波波速；α为一阶非线性项系数；α_1为二阶非线性项系数；β为频散项系数；κ为浅水项系数；ε为耗散项系数；x为水平方向的位移。

由于海水密度在跃层附近很小的范围内变化剧烈，而在其他深度变化平缓，所以假定海洋由两层水体组成，一层在跃层以上，另一层在跃层以下。令h_1为上层深度，h_2为下层深度，$\Delta\rho=\rho_2-\rho_1$为下层与上层海水密度之差，ρ为海水平均密度，g为重力加速度。

式（3-13）难以直接求解，一般将其进行合理简化后求解。Liu等（1998），Zheng等（2001），Lamb等（1996），杨劲松（2005），李海艳（2004）在假定$\alpha_1=\kappa=\varepsilon=0$，即二阶非线性项、浅水项和耗散项均被忽略的情况下，简化后为

$$\frac{\partial\eta}{\partial t}+(C_0+\alpha\eta)\frac{\partial\eta}{\partial x}+\beta\frac{\partial^3\eta}{\partial x^3}=0 \tag{3-14}$$

得出了稳定态孤立波解

$$\eta(x,t)=\pm\eta_0\,\text{sech}^2\left(\frac{x-C_p t}{l}\right) \tag{3-15}$$

式中，η_0为海洋内波的最大振幅。$h_1>h_2$时式（3-15）取正号，为上凸型海洋内波，$h_1<h_2$时式（3-15）取负号，为下凹型海洋内波。内波相速度C_p和内波半宽度l分别为

$$C_p=C_0+\frac{\alpha\eta_0}{3}=C_0\left[1+\frac{\eta_0(h_2-h_1)}{2h_1h_2}\right]$$

$$l=\frac{2h_1h_2}{\sqrt{3\eta_0|h_2-h_1|}}$$

式中，线性波速$C_0=\left[\frac{g\Delta\rho h_1 h_2}{\rho(h_1+h_2)}\right]^{\frac{1}{2}}$，$\alpha=\frac{3}{2}\frac{C_0}{h_1h_2}\left[\frac{\rho_2 h_1^2-\rho_1 h_2^2}{\rho_2 h_1+\rho_1 h_2}\right]\approx\frac{3C_0}{2}\frac{h_1-h_2}{h_1h_2}\begin{cases}<0,h_1<h_2\\>0,h_1>h_2\end{cases}$。

孤立波上层水体的水平流速可表示为（Zheng等，2001）

$$u_1(x,t)=\pm\frac{C_0\eta_0}{h_1}\text{sech}^2\left[\frac{x-C_p t}{l}\right] \tag{3-16}$$

袁业立（1997）给出了表面波的高频谱解析式为

$$\psi(k)=\begin{cases}m_3^{-1}\left[m\left(\frac{u_*}{C_p}\right)^2-4\upsilon k^2\omega^{-1}-S_{\alpha\beta}\frac{\partial U_\beta}{\partial x_\alpha}\omega^{-1}\right]k^{-4}\\m_4^{-\frac{1}{2}}\left[m\left(\frac{u_*}{C_p}\right)^2-4\upsilon k^2\omega^{-1}-S_{\alpha\beta}\frac{\partial U_\beta}{\partial x_\alpha}\omega^{-1}\right]^{\frac{1}{2}}k^{-4}\end{cases}$$

式中，无量纲常数$m=0.04$；m_3，m_4为待定无量纲常数；υ为海水黏性系数；ω为海表面波的角频率；k是海表面波波数；u_*为摩擦速度。通过数值模式或者浮标、星载探测器得到的海面风速一般指的是距海面10m高的风速（da Silva等，1998），本书采用Amorocho等（1980）给出的经验转换关系式，当风速$U_{10}<7$m/s时，$u_*\approx0.034U_{10}$。

合成孔径雷达图像成像的后向散射截面可表示为（Plant，1990）

$$\sigma^\circ(\theta)_{ij}=16\pi k_0^4|g_{ij}(\theta)|^2\psi(0,2k_0\sin\theta) \tag{3-17}$$

式中，θ为合成孔径雷达入射角；k_0为雷达波波数。合成孔径雷达成像一般为布拉格散射，对于水平极化和垂直极化的情况

$$g_{HH}(\theta) = \frac{(\varepsilon_r - 1)\cos^2\theta}{\left[\cos\theta + (\varepsilon_r - \sin^2\theta)^{\frac{1}{2}}\right]^2} \Bigg\}$$

$$g_{VV}(\theta) = \frac{(\varepsilon_r - 1)\left[\varepsilon_r(1 + \sin^2\theta) - \sin^2\theta\right]\cos^2\theta}{\left[\varepsilon_r\cos\theta + (\varepsilon_r - \sin^2\theta)^{\frac{1}{2}}\right]^2} \Bigg\} \tag{3-18}$$

式中，ε_r 为海水的复介电常数。

Zheng 等(2001)给出

$$S_{\alpha\beta}\frac{\partial U_\beta}{\partial x_\alpha} = \frac{1}{2}\left[\frac{\partial u}{\partial x}\cos^2\varphi + \left(\frac{\partial u}{\partial y} + \frac{\partial v}{\partial x}\right)\cos\varphi\sin\varphi + \frac{\partial v}{\partial x}\sin^2\varphi\right] \tag{3-19}$$

式中，u,v 为速度分量；φ 为波向。

Li 等(2006)联立式(3-15)～式(3-19)得出海洋内波 C 波段合成孔径雷达遥感的计算式：

$$\Delta\sigma^\circ[dB] = 10\lg\left[1 - \frac{C_0\eta}{h_1 l\omega}\text{th}\left(\frac{x - C_p t}{l}\right)\frac{\cos^2\varphi}{\left[m\left(\frac{u_*}{c}\right)^2\right]}\right] \tag{3-20}$$

3.3.1.2　数值试验

下面基于 3.3.1.1 小节海洋内波在合成孔径雷达图像上的水动力学成像理论，在给定孤立波参数的情况下，给出海洋内波孤立波图及其在合成孔径雷达图像上的成像图，给出海面风速对海洋内波在合成孔径雷达图像上成像影响分析图。令 $X = x - C_p t$，$\varphi = 23°$，$\theta = 23°$，$g = 9.8\text{m/s}^2$，$\rho = 1\,025\text{kg/m}^3$，$\Delta\rho = 3\text{kg/m}^3$，孤立波振幅 $\eta_0 = 8\text{m}$，假定合成孔径雷达工作在 C 波段，即波数 $k_0 = 17.543\,9\text{m}^{-1}$。

1. 海洋内孤立波及其在合成孔径雷达图像上的成像

图 3-16 是当 $h_1 = 20\text{m}$，$h_2 = 30\text{m}$，$U_{10} = 2\text{m/s}$ 时，孤立波及其在合成孔径雷达图像上的成像图。图 3-16(a)所示是一个典型的上升型内孤立波，图 3-16(b)所示为其在合成孔径雷达图像上成像后后向散射截面的变化情况，从图中可见，$\Delta\sigma^\circ$ 逐渐增大到极大值，随后减小到极小值，最后趋近于 0。当孤立波达到最大值时，相应的后向散射截面的变化为 0dB，而在孤立波上升阶段 $\Delta\sigma^\circ$ 存在极大值，在孤立波下降阶段对应 $\Delta\sigma^\circ$ 的极小值。这是因为在孤立波上升阶段会产生辐聚从而影响到表层流，使得 $\Delta\sigma^\circ$ 达到极大值，从而在合成孔径雷达图像上表现为亮带，而在孤立波下降阶段会产生辐散进而影响到表层流，使得 $\Delta\sigma^\circ$ 达到极小值，从而在合成孔径雷达图像上表现为暗带。图 3-17 是当 $h_1 = 30\text{m}$，$h_2 = 20\text{m}$，$U_{10} = 2\text{m/s}$ 时，孤立波及其在合成孔径雷达图像上的成像图。图 3-17(a)所示是一个典型的下降型内孤立波，图 3-17(b)所示为其在合成孔径雷达图像上成像后后向散射截面的变化情况，其情况刚好和上升型的情况相反，$\Delta\sigma^\circ$ 首先达到极小值，然后达到极大值，而成像原理相同，即孤立波的辐聚导致合成孔径雷达图像上的亮带，孤立波的辐散导致合成孔径雷达图像上的暗带。

2. 海面风速对海洋内波成像的影响

海洋内波参数与前面相同，在 $X = 10\text{m}$ 时海面风速对海洋内波成像的影响如图 3-18 所示，其中细实线代表上升型海洋内波情况下 $\Delta\sigma^\circ$ 随海面 10m 高风速的变化，粗实线代表下降型海洋内波情况下 $\Delta\sigma^\circ$ 随海面 10m 高风速的变化。上升型海洋内波当 $X = 10\text{m}$ 时 $\Delta\sigma^\circ$ 小于 0，而下降型海洋内波当 $X = 10\text{m}$ 时 $\Delta\sigma^\circ$ 大于 0，这一点亦可以从图 3-16 和图 3-17 中看到。从图 3-18 中可见，无论是上升型海洋内波还是下降型海洋内波，随着风速增大，$|\Delta\sigma^\circ|$ 减小，当 $U_{10} = 5\text{m/s}$ 时，$\Delta\sigma^\circ$ 趋近于 0dB，即当风速过大时，合成孔径雷达图像是不能反演海洋内波

的,这和 da Silva 等(1998)的统计结果是吻合的。

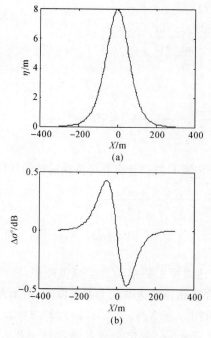

图 3 – 16　上升型孤立波及其成像

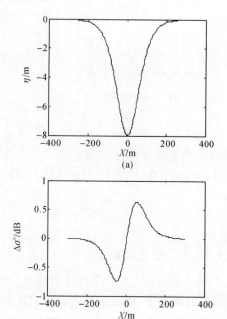

图 3 – 17　下降型孤立波及其成像

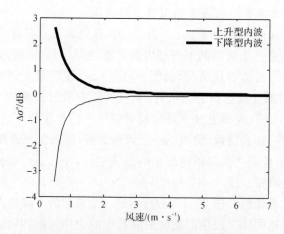

图 3 – 18　海面风速对海洋内波的影响

3.3.2　海洋内波的振荡型行波理论

以上通过合成孔径雷达图像遥感海洋内波的研究均基于当耗散系数 ε 趋向于 0 时 KdV 方程的孤立波解。然而,海洋耗散现象总是存在的,上述 KdV 方程仅考虑非线性与频散之间的相互作用,而忽略了耗散的影响,所以上述 KdV 方程的孤立波解不能全面反映海洋内波的特征。

图 3 – 19 为合成孔径雷达对内波成像的示意图。从图中可见,合成孔径雷达图像暗、亮条纹呈波列状出现,而内波振幅沿传播方向呈逐渐增大的特征,即单个孤立波不能解释这种现象。为深入研究内波的传播机制及其在合成孔径雷达图像中波列状条纹,本书在式(3－14)中

增加了耗散项,表达式如下:

$$\frac{\partial \eta}{\partial t} + (C_0 + \alpha\eta)\frac{\partial \eta}{\partial x} + \beta\frac{\partial^3 \eta}{\partial x^3} - \varepsilon\frac{\partial^2 \eta}{\partial x^2} = 0 \tag{3-21}$$

式中,ε 为耗散系数。

下面仅针对 $h_1 < h_2$,即 $\alpha < 0$ 进行讨论,对 $h_1 > h_2$,情况类似。

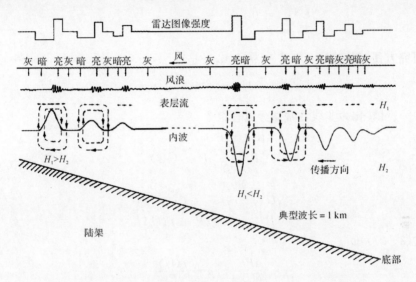

图 3 - 19　合成孔径雷达对内波成像的示意图(Liu 等,1998)

3.3.2.1　模型分析

下面讨论式(3 - 21)的行波解形式。令

$$\eta = U(\theta) + h_2, \quad \theta = ct - x \tag{3-22}$$

记 "′" $= \dfrac{\mathrm{d}}{\mathrm{d}\theta}$,把式(3 - 22)代入式(3 - 21)可得

$$[C - C_0 - \alpha(U + h_2)]U' - \beta U''' - \varepsilon U'' = 0$$

假定 $\theta \to +\infty$ 时 $U, U', U'' \to 0$,对上式进行积分得

$$(C - C_0)(U + h_2) - \frac{\alpha}{2}(U + h_2)^2 - \beta U'' - \varepsilon U' = (C - C_0)h_2 - \frac{\alpha}{2}h_2^2$$

经整理可得

$$\left[(C - C_0 - \alpha h_2)U - \frac{\alpha}{2}U^2\right] - \beta U'' - \varepsilon U' = 0 \tag{3-23}$$

令

$$\left.\begin{aligned}
A &= C - C_0 - \alpha h_2 \\
\mu &= \frac{\varepsilon}{\beta} \\
f(U) &= \frac{1}{\beta}\left[AU - \frac{\alpha}{2}U^2\right] = -\frac{\alpha}{2\beta}U(U - U_1) \\
U_1 &= \frac{2}{\alpha}A
\end{aligned}\right\} \tag{3-24}$$

于是式(3-23)化为

$$U'' + \mu U = f(U) \qquad (3-25)$$

由式(3-25)知

$$U'' + \mu U' = \frac{1}{\beta}\left[AU - \frac{\alpha}{2}U^2\right] = f(U)$$

$$\begin{cases} U\big|_{\theta=0} = 0 \\ U'\big|_{\theta=0} = 0 \end{cases}$$

为了研究方便,假定 $A = C - C_0 - \alpha h_2 > 0$,于是

$$U_1 = \frac{2}{\alpha}A < 0 \qquad (3-26)$$

式(3-25)可转化为非线性常微分方程组

$$\begin{cases} U' = P \\ P' = -\mu P + f(U) \end{cases}$$

或

$$\binom{U}{P}' = \binom{P}{-\mu P + f(U)} \qquad (3-27)$$

而由式(3-27)知

$$\frac{\mathrm{d}P}{\mathrm{d}U} = -\mu + \frac{f(U)}{P}$$

$$P\big|_{U=0} = 0$$

本书将在 3.2.3 小节利用龙格法取初值 $\frac{\mathrm{d}P}{\mathrm{d}U}\big|_{U=0} = \frac{1}{2}\left[-\mu + \sqrt{\mu^2 + \frac{4A}{\beta}}\right]$ 进行进一步的数值试验。

式(3-27)的平衡点为 $P = 0$,$f(U) = -\frac{\alpha}{2\beta}U(U - U_1) = 0$,于是有两个平衡点 $(0,0)$,$(U_1,0)$。

下面讨论式(3-27)在平衡点附近的局部性质。

情形 1 $(0,0)$平衡点。

在$(0,0)$点,式(3-27)的近似线性方程为

$$\binom{U}{P}' = \begin{pmatrix} 0 & 1 \\ f'(0) & -\mu \end{pmatrix}\binom{U}{P}, f'(0) = \frac{A}{\beta} > 0 \qquad (3-28)$$

其特征值为

$$\begin{vmatrix} \lambda & -1 \\ -\dfrac{A}{\beta} & \lambda + \mu \end{vmatrix} = \lambda^2 + \lambda\mu - \frac{A}{\beta} = 0$$

于是

$$\lambda_{1,2} = \frac{1}{2}\left[-\mu \pm \sqrt{\frac{4A}{\beta}}\right]$$

由于 $A > 0$,所以 λ 有异号特征值,故$(0,0)$为鞍点(见图 3-20)。

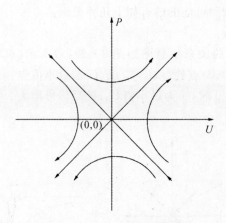

图 3-20　(0,0)平衡点示意图

情形 2　$(U_1,0)$平衡点。

在$(U_1,0)$点,式$(3-27)$的近似线性方程为

$$\left.\begin{aligned}\binom{U}{P}' &= \begin{pmatrix} 0 & 1 \\ f'(U_1) & -\mu \end{pmatrix}\binom{U-U_1}{P} \\ f'(U_1) &= \frac{1}{\beta}(A-\alpha U)\big|_{U_1} > 0\end{aligned}\right\} \tag{3-29}$$

其特征值为

$$\begin{vmatrix} \lambda & -1 \\ \dfrac{A}{\beta} & \lambda+\mu \end{vmatrix} = \lambda^2 + \mu\lambda + \frac{A}{\beta} = 0$$

于是

$$\lambda_{1,2} = \frac{1}{2}\left(-\mu \pm \sqrt{\mu^2 - \frac{4A}{\beta}}\right)$$

如图 3-21 所示,当 $\mu=0$ 时,$\lambda = \pm\sqrt{\dfrac{A}{\beta}}\,\mathrm{i}$,则 $(U_1,0)$ 为中心;当 $\mu^2 < \dfrac{4A}{\beta}$(小耗散)时,$(U_1,0)$ 为稳定焦点;当 $\mu^2 \geqslant \dfrac{4A}{\beta}$(大耗散)时,$(U_1,0)$ 为稳定节点。

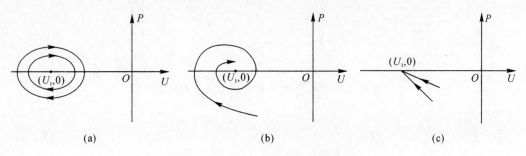

  (a)   (b)   (c)

图 3-21　$(U_1,0)$平衡点处的示意图

(a)$\mu=0$;(b)$\mu^2 < \dfrac{4A}{\beta}$;(c)$\mu^2 \geqslant \dfrac{4A}{\beta}$

组合上面情形,式(3-27)可能的解有如下几种类型:

第一种:$\mu=0$,即无耗散。

在这种类型下,P 和 U 的关系示意图如图 3-22(a)所示,$(U_1,0)$ 是中心,如果 $P(U)$ 从 $(0,0)$ 点出发,最终会回到 $(0,0)$ 点处。$(U_0,0)$ 是 U 的最小值点。从图 3-22(b)中可见,U 随着 θ 的增大而减小,直到 $\theta=0$ 时,U 为最小值 U_0,随后缓慢增大。在这种情况下,式(3-27)的解为孤立波解的形式。

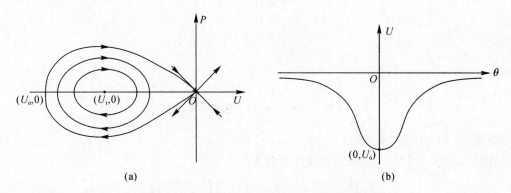

(a)   (b)

图 3-22 $\mu=0$ 时 P 和 U 及 U 和 θ 的示意图

第二种:$\mu^2<\dfrac{4A}{\beta}$(小耗散)。

在这种类型下,P 和 U 的关系示意图如图 3-23(a)所示,$(U_1,0)$ 是焦点,如果 $P(U)$ 从 $(0,0)$ 点出发,那么曲线会以螺旋状趋向于 $(U_1,0)$。从图 3-23(b)中可见,U 随着 θ 的增大而减小,直到 $\theta=0$ 时,U 达到最小值,而后在 $U=U_1$ 附近以振荡型传播,幅度递减。这是式(3-27)的振荡型行波解形式。

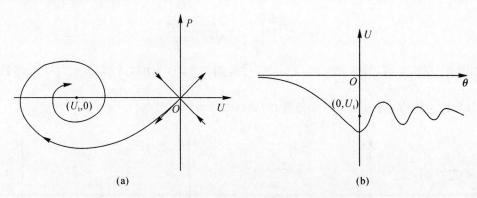

(a)   (b)

图 3-23 $\mu^2<\dfrac{4A}{\beta}$ 时 P 和 U 及 U 和 θ 的示意图

第三种:$\mu^2\geqslant\dfrac{4A}{\beta}$(大耗散)。

在这种类型下,P 和 U 的关系示意图如图 3-24(a)所示,$(U_1,0)$ 是节点,如果 $P(U)$ 从 $(0,0)$ 点出发,曲线会稳定在 $(U_1,0)$。从图 3-24(b)中可见,U 随着 θ 的增大而减小,当 $\theta\rightarrow-\infty$ 时,U 达到最小值 U_1。这是式(3-27)的单调行波解形式。

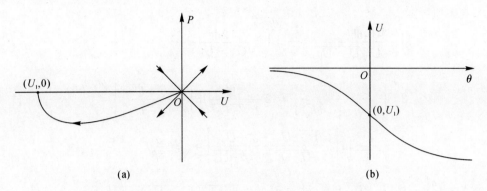

图 3 - 24　$\mu^2 \geqslant \dfrac{4A}{\beta}$ 时 P 和 U 及 U 和 θ 的示意图

下面对上面三种类型的解进行理论证明。

3.3.2.2　鞍-鞍联结（同宿轨道分析）

当 $\mu = 0$，即 $\varepsilon = 0$（无耗散）时，$(0,0)$ 为鞍点，$(U_1,0)$ 为中心，此时

$$U'' = f(U) = \frac{1}{\beta}\left(AU - \frac{\alpha}{2}U^2\right) \tag{3-30}$$

$$U''U' = \frac{1}{\beta}\left(AU - \frac{\alpha}{2}U^2\right)U' \tag{3-31}$$

利用 $\lim\limits_{\theta \to \infty} U = 0$，$\lim\limits_{\theta \to \infty} U' = 0$，对上式进行积分，得

$$U'^2 = \frac{2}{\beta}\left(\frac{A}{2}U^2 - \frac{\alpha}{6}U^3\right) = -\frac{\alpha}{3\beta}U^2\left(U - \frac{3A}{\alpha}\right) = G(U) \tag{3-32}$$

图 3 - 25 为 $G(U)$ 的示意图。记 $U_0 = \dfrac{3A}{\alpha} < 0$，对式（3 - 32），从 (U_0, θ_0) 开始，U 随 θ 的增大而增大。

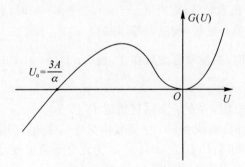

图 3 - 25　$G(U)$ 示意图

$$\int_{U_0}^{U} \frac{\mathrm{d}U}{-U\sqrt{U - U_0}} = \sqrt{\frac{-\alpha}{3\beta}}\,\theta \tag{3-33}$$

令式（3 - 33）左边的 $U - U_0 = t^2$，$\mathrm{d}U = 2t\mathrm{d}t$，则

$$\int_{U_0}^{U} \frac{\mathrm{d}U}{-U\sqrt{U-U_0}} = -\int_0^{\sqrt{U-U_0}} \frac{2\mathrm{d}t}{(t^2-U_0)} -$$

$$2\int_0^{\sqrt{U-U_0}} \frac{\mathrm{d}t}{(t^2-\sqrt{U_0}^2)} = 2\frac{1}{2\sqrt{-U_0}}\ln\left|\frac{t+\sqrt{-U_0}}{t-\sqrt{-U_0}}\right|\bigg|_0^{\sqrt{U-U_0}} \tag{3-34}$$

$$= \frac{1}{\sqrt{-U_0}}\ln\left|\frac{\sqrt{U-U_0}+\sqrt{-U_0}}{-\sqrt{U-U_0}+\sqrt{-U_0}}\right| = \sqrt{-\frac{\alpha}{3\beta}}\theta$$

令 $X=\sqrt{\dfrac{\alpha U_0}{3\beta}}$，则 $\sqrt{U-U_0}+\sqrt{-U_0}=\mathrm{e}^X(-\sqrt{U-U_0}+\sqrt{-U_0})$，于是

$$U-U_0 = \left(\frac{\mathrm{e}^{\frac{X}{2}}-\mathrm{e}^{-\frac{X}{2}}}{\mathrm{e}^{\frac{X}{2}}+\mathrm{e}^{-\frac{X}{2}}}\right)^2(-U_0) = \left(\mathrm{th}^2\frac{X}{2}\right)(-U_0)$$

从而 $U=U_0\left(1-\mathrm{th}^2\dfrac{X}{2}\right)=U_0\,\mathrm{sech}^2\dfrac{X}{2}=U_0\,\mathrm{sech}^2\dfrac{ct-x}{\Delta}$，其中

$$\Delta = \sqrt{\frac{12\beta}{\alpha U_0}} \tag{3-35}$$

若 U_0 已知，则孤立波的波速 $A=\dfrac{\alpha}{3}U_0=C-C_0-\alpha h_2$，从而

$$C = C_0+\alpha\left(\frac{U_0}{3}+h_2\right) \tag{3-36}$$

式(3-36)与 Zheng 等(2001)，Liu(1988)的 $C=C_0+\alpha\dfrac{U_0}{3}$ 相差 αh_2。

3.3.2.3 振荡型行波解的存在性

当 $0<\mu^2<\dfrac{4A}{\beta}$(小耗散)时，$(0,0)$ 为鞍点，$(U_1,0)$ 为稳定平衡点。下面我们从理论上证明，在第三象限内从 $(0,0)$ 出发轨线(此时 $\theta=-\infty$)，当 $\theta\to+\infty$ 时，必然实现鞍焦联结，从而说明当小耗散时存在振荡型的行波解(黄思训等，1991)。

定理 当 $0<\mu^2<\dfrac{4A}{\beta}$ 时，振荡型行波解存在，且 $\lim\limits_{\theta\to-\infty}U(\theta)=0$，$\lim\limits_{\theta\to+\infty}U(\theta)=U_1$。

分以下三步来证明。

由前面讨论知，当 $\mu=0$ 时，存在一支同宿轨道 $P_0(U)$。

第一步 在第三象限内，轨线点 $(0,0)$ 邻域内关于 μ 是单调增加的，即 $\mu_1<\mu_2$，对应解 $P_1(U)<P_2(U)$，$U\in(-\delta,0)$，$P_1(0)=P_2(0)$，δ 为充分小的正数，此时

$$\frac{\mathrm{d}P_i(U)}{\mathrm{d}U} = -\mu_i+\frac{f(U)}{P_i}, \quad i=1,2 \tag{3-37}$$

则

$$\frac{\mathrm{d}(P_1-P_2)}{\mathrm{d}U}+\frac{f(U)}{P_1P_2}(P_1-P_2) = -(\mu_1-\mu_2)$$

于是

$$\frac{\mathrm{d}}{\mathrm{d}U}\left[\int \mathrm{e}(P_1-P_2)\right] = -(\mu_1-\mu_2)\mathrm{e}^{\int_{-\delta}^{U}\frac{f(\tau)}{P_1P_2}\mathrm{d}\tau}$$

令

$$W(U) = \mathrm{e}^{\int_{-\delta}^{U} \frac{f(\tau)}{P_1 P_2} \mathrm{d}\tau}$$

$$(P_1 - P_2) W(U) = Z(U)$$

则

$$\frac{\mathrm{d}Z(U)}{\mathrm{d}U} = (\mu_2 - \mu_1) W(U) \tag{3-38}$$

由于 $\tau \in (-\delta, 0)$ 时，$f(\tau) < 0$，且 $P_i(\tau) < 0$，而 $P_1(\tau) P_2(\tau)$ 在 $\tau = 0$ 时有二阶零点，于是 $\lim\limits_{U \to 0} W(U) = 0$，亦即 $W(0) = 0$。

在式 (3-38) 中，有

$$\begin{cases} Z(0) = 0 \\ \dfrac{\mathrm{d}Z(U)}{\mathrm{d}U} > 0 \qquad U \in (-\delta, 0) \end{cases}$$

从而 $U \in (-\delta, 0)$ 时，$Z(U) < 0$，即 $P_1(U) < P_2(U)$，故 $P_\mu(U)$ 在 $(-\delta, 0)$ 内关于 μ 单调。当 $U \in (-\delta, 0)$ 时，$\mu \in (\mu_1, \mu_2)$ 的轨线

$$P_{\mu_0}(U) < P_{\mu_1}(U) < P_\mu(U) < P_{\mu_2}(U)$$

从而 $0 < \mu^2 < \dfrac{4A}{\beta}$ 时，轨线 $P_\mu(U)$ 穿过线段 HB（见图 3-26），且包含在 $P_0(U)$ 的内部。

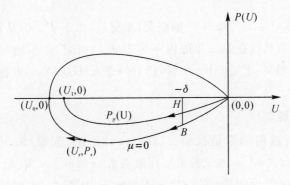

图 3-26　在相平面上 $P(U)$ 的示意图

第二步　对于 $0 < \mu^2 < \dfrac{4A}{\beta}$，轨线 $P_\mu(U)$ 在第三象限内，不能与 $P_0(U)$ 相交或相切。

设轨线与 $P_0(U)$ 相交或相切于 (U_r, P_r)，此时

$$\frac{\mathrm{d}P_\mu(U)}{\mathrm{d}U} \Big|_{(U_r, P_r)} = -\mu + \frac{f(U_r)}{P(U_r)} < \frac{f(U_r)}{P(U_r)} = \frac{\mathrm{d}P_U(U)}{\mathrm{d}U} \Big|_{(U_r, P_r)}$$

所以在第三象限内，$P_\mu(U)$ 不能与 $P_0(U)$ 相交或相切。

第三步　轨线 $P_\mu(U)$ 不能在 $U \in (U_1, -\delta)$ 段穿过 P 轴，过 $(U_1, 0)$ 作直线 L（见图 3-27）。

$P = -\gamma(U - U_1)$，$0 < \gamma \leqslant 1$，$U \in (U_1, -\delta)$，由于 γ 充分小，直线 L 交 HB 于 B，由直线 L、$P = 0$ 与 $U = -\delta$ 围成区域为 Δ，在 Δ 内

$$\frac{\mathrm{d}P}{\mathrm{d}U} = -\mu + \frac{-f(U)}{-P(U)} \geqslant -\mu + \frac{-f(U)}{\gamma(U - U_1)}$$

$$=-\mu+\frac{\frac{\alpha}{2\beta}U(U-U_1)}{\gamma(U-U_1)}=-\mu+\frac{\alpha U}{2\beta\gamma}$$

因为 $U<-\delta$，所以 $\alpha U>-\alpha\delta$，从而

$$\frac{\mathrm{d}P}{\mathrm{d}U}\geqslant-\mu-\frac{\alpha\delta}{2\beta\gamma}$$

选择 γ 的要求为：使 $\frac{\mathrm{d}P}{\mathrm{d}U}>0$，即 $-\mu-\frac{\alpha\delta}{2\beta\gamma}>0$，或者 $0<\gamma<-\frac{\alpha\delta}{2\beta\mu}$ 时，保证 $\frac{\mathrm{d}P}{\mathrm{d}U}|_\Delta>0$，即轨线不与 $P=0$ 相交。

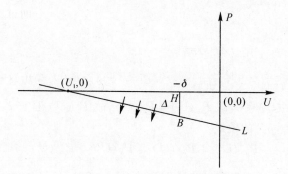

图 3-27　P 与 U 关系示意图

轨线在某一时刻在 (U_0,U_1) 取与 U 轴相交，相交后，由于 $P>0$，从而 $U'>0$，轨线在第二象限内运行，同理可证明轨线在第二象限内不与 $P_0(U)$ 相交，亦不能在 $\theta\rightarrow+\infty$ 进入 $(0,0)$，故 $P_\mu(U)$ 必然与 U 轴相交，于是 $\theta\rightarrow+\infty$ 时，$P_\mu(U)$ 进入 $(U_1,0)$ 点，即振荡型行波解存在。其波形如图 3-23 所示。

3.3.2.4　数值试验

下面进行振荡型行波解的数值试验。Liu（1988）指出，苏禄（Sulu）海耗散系数大概为 $10\mathrm{m}^2/\mathrm{s}$，纽约湾大概为 $1.0\mathrm{m}^2/\mathrm{s}$，本试验采用耗散系数 $\varepsilon=1\mathrm{m}^2/\mathrm{s}$。取 $h_1=30\mathrm{m}$，$h_2=110\mathrm{m}$，$C_0=0.5\mathrm{m}/\mathrm{s}$，$\alpha=-0.018\mathrm{s}^{-1}$，$\beta=275\mathrm{m}^3/\mathrm{s}$，$C=-1.38\mathrm{m}/\mathrm{s}$，由式（3-24）知，$A=C-C_0-\alpha h_2=0.10\mathrm{m}/\mathrm{s}$，$|U_1|=\left|\frac{2}{\alpha}A\right|=11.1\mathrm{m}$，$\mu=\frac{\varepsilon}{\beta}=0.003\,64\mathrm{m}^{-1}$。通过求解式（3-35）可得出模拟的振荡型行波解的海洋内波（见图 3-28）。

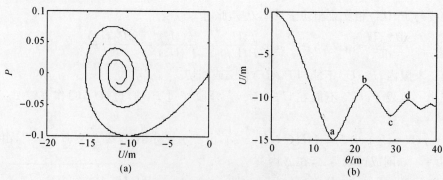

图 3-28　当 $\varepsilon=1\mathrm{m}^2/\mathrm{s}$ 时数值试验结果

图 3-28 所示为当 $\varepsilon=1\mathrm{m}^2/\mathrm{s}$ 时数值试验结果。该图与示意图 3-23 较相似,从图 3-28(a)中可见,U 的最小值为 $-15\mathrm{m}$,其焦点为 $-11.1\mathrm{m}$,从图 3-28(b)中可见,U 随着 θ 的增大呈振荡型,且振幅逐渐减小,该现象与合成孔径雷达图像中的现象刚好吻合。

3.3.3　合成孔径雷达图像遥感海洋内波参数的构想

李海艳(2007)、杨劲松(2005)、Jackson(2009)等给出了合成孔径雷达图像遥感海洋内波的水动力学参数如海洋内波振幅、半宽度及跃层深度等的提取方法。本书提出 KdV 方程的振荡型的行波解的形式式(3-35)比孤立波解式(3-15)要复杂,直接进行参数的反演比较困难。可以考虑将图 3-28(b)中振荡型的行波看作多个孤立波列组成,即可以将 a~b 阶段看作下降型孤立波的上升的一半,将 b~c 阶段看作另一个下降型孤立波的下降的一半,将 c~d 阶段看作第三个下降型孤立波的上升的一半,逐一类推,分别针对每个孤立波进行参数的反演。由于资料所限,书中没有进行真实资料的参数反演及对比分析,仅提出这一反演构想,期望对海洋内波参数反演研究有积极作用。

3.3.4　小结

本节针对不包含耗散项的 KdV 方程的孤立波解不能解释合成孔径雷达图像中海洋内波所导致的海面粗糙度的辐聚、辐散的一连串振荡型的波列的现象,提出了将耗散项引入 KdV 方程,给出了解的形式,并通过数值试验得出了与合成孔径雷达图像中波列状相吻合的振荡型行波解的形式,也就是说 KdV 方程中的耗散项不应被忽略。进一步,针对合成孔径雷达图像反演海洋内波参数问题提出了构想,以将上述理论应用于海洋内波参数反演当中去。

第4章　雷达高度计气象海洋要素反演应用

4.1　星载雷达高度计气象海洋要素反演原理

雷达高度计反演海面风速的优点是沿轨分辨率高,精度高,缺点是重复周期长,轨道间距大。众多学者为雷达高度计反演海面风速做出了卓有成效的工作。本章针对雷达高度计反演海面风速中的两个问题进行了研究:第一,雷达高度计反演海面风速通常单纯利用 Ku 波段后向散射截面,然而在降雨的情况下,Ku 波段后向散射截面有较大衰减,严重影响反演精度。通常采用相对来讲对降雨不是很敏感的 C 波段与 Ku 波段后向散射截面的拟合关系来滤去降雨影响的那一部分以得到较准确的反演值。所以 C 波段与 Ku 波段后向散射截面的关系显得尤为重要。该关系模型常通过拟合得到,以往的拟合数据量偏少,势必引入误差,本书通过统计 7 年半的 Jason - 1 卫星资料,得出了新的关系模型,能够有效降低由数据量偏少带来的误差,这部分内容将在 4.1.2 小节详细讨论。第二,业务化运行的雷达高度计风速反演模型均仅适用于 0~20m/s,这势必造成 20m/s 以上风速的反演精度严重下降。而 Young 在 1993 年提出了针对 Geosat 雷达高度计的 20m/s 以上风速的反演算法,该算法在后续学者的工作中得到认同。将两种算法结合反演风速的校准方法是本章的另一部分工作,将在 4.1.3 小节详细讨论。最后利用上述方法,针对"珊珊"台风发生时雷达高度计的探测值进行了风速反演。

下面以 Jason - 1 卫星雷达高度计为例,介绍雷达高度计基本信息,并介绍雷达高度计反演海面参数的基本原理。

4.1.1　Jason - 1 卫星基本信息

Jason - 1 卫星(见图 4 - 1)是 Topex/Poseidon 的后续卫星,由 CNES 和 NASA 联合开发,Jason - 2 是 Jason - 1 后续卫星,由 CNES,NASA,Eumetsat 和 NOAA 联合开发。由于本书采用的资料是 Jason - 1 卫星雷达高度计资料,所以仅介绍 Jason - 1 的基本信息。Jason - 1 于2001 年 12 月 7 日升空。在运行第 262 个周期后,也就是 2009 年 2 月中旬,Jason - 1 的运行轨道变更到其原来轨道和当时的 Topex/Poseidon(即后来的 Jason - 2)轨道之间,Jason - 2 与Jason - 1 的一个周期都是近 10 天,它们之间有 5 天的延迟,这样更有实际应用价值。Jason -1 的高度为 1 336km,之所以选择这个高度是因为这个高度能够使得地球大气和重力场之间的相互作用最小,更容易确定轨道。轨道倾角为 66°,从南到北覆盖了全球大部分没有冰冻的海洋。

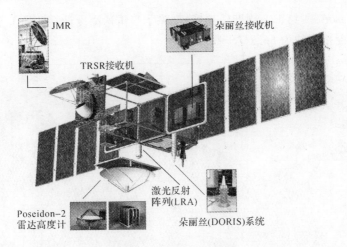

图 4 - 1　Jason - 1 卫星

Jason - 1 载有 5 个仪器：Poseidon - 2 雷达高度计（见图 4 - 2），用于测量距离和风速等；JMR(Jason - 1 Microwave Radiometer,Jason - 1 微波辐射计)，用于测量大气水汽含量；3 个用于定位的仪器。

图 4 - 2　Poseidon - 2 雷达高度计

Poseidon - 2 雷达高度计是 Jason - 1 的主要载荷，比 Poseidon - 1 精度更加高，更加可靠，发射两个频段的电磁脉冲，其中 5.3GHz 的频段最初用于确定大气电子含量，后来广泛用于测量降雨量。Poseidon - 2 雷达高度计发射电磁脉冲后接收回波信号，通过分析该回波信号来反演海面参数。其技术参数见表 4 - 1。

表 4 - 1　Poseidon - 2 雷达高度计基本参数

	Ku 波段	C 波段
发射频率/GHz	13.575	5.3
脉冲持续时间/ms	105	105
带宽/MHz	320	320
天线半径/m	1.2	1.2
天线波束宽度/(°)	1.28	3.4
功率/W	7	7

图 4-3 为 Jason-1 第 172 周期轨迹图,剔除了当雷达高度计在陆地上空探测时的点。从图中可见探测纬度范围约为 66.15°S～66.15°N。

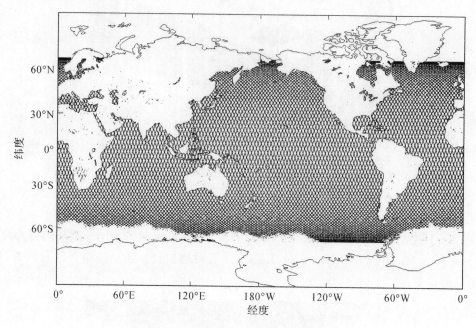

图 4-3　Jason-1 第 172 周期轨迹

4.1.2　基本原理

Moore 等(1957)指出,在几近垂直的星下点探测时,海面回波的平均功率可用一个卷积模型来表示,建立该模型有如下假设条件:

(1)假定散射面(即海面)由足够多的、随机的、独立的散射元组成。

(2)当雷达扫描海面区域时,形成海面平均回波波形,这里的海面高度的统计量为常数。

(3)海面散射过程是一个不受极化方式影响的标量过程,且与频率无关。

(4)海面散射受入射角大小的影响,亦受后向散射截面以及天线模式的影响。

(5)雷达与散射表面中任一散射元之间的相对径向速度所引起的总的多普勒频移,与发射脉冲的包络带宽几乎不相关。

以上假设条件对于海面散射通常是满足的,但是对于陆地,因其散射更为复杂,就有可能不满足了。

Barrick(1972)在总结了前人成果的基础上提出海面回波的平均功率 $P_r(t)$ 是光滑海面的脉冲响应 $P_1(t)$ 与雷达点目标响应 $s_r(t)$ 的卷积,其中 $P_1(t)$ 又可以表示为光滑海面的脉冲响应 $P_{FS}(t)$ 与海面散射元的高度概率密度函数 $q_s(t)$ 的卷积。用公式表示为

$$P_r(t) = P_{FS}(t) * q_s(t) * s_r(t) \tag{4-1}$$

式中,$P_r(t)$ 表示经海面散射返回雷达的回波的平均功率;$P_{FS}(t)$ 反映了粗糙度很小的光滑海面对雷达脉冲的反射情况;$q_s(t)$ 反映了海面波高的概率分布情况;$s_r(t)$ 反映了雷达天线发射脉冲的包络波形。Brown(1977)推导出了平坦光滑海面的冲激响应与海面散射元的高度概率密度函数卷积的简化模型,成为以后学者们研究的参考。Hayne(1980)在 Brown 模型的基础

上,推导出目前普遍采用的无需数值卷积、大大提高运算效率的回波模型。

4.1.2.1　算法实现

1.平坦光滑海面的脉冲响应

星载雷达小入射角扫描海面时,光滑海面反射回的雷达回波功率 $P_{FS}(t)$ 可以表示为:

$$P_{FS}(t) = \frac{\lambda^2}{(4\pi)^3 L_p} \int_{\text{雷达扫描区域}} \frac{P_T(t - \frac{2r}{c}) G^2(\theta,\omega) \sigma^\circ(\psi,\varphi)}{r^4} dA \qquad (4-2)$$

式中,λ 为雷达发射信号的波长;L_p 为传播损耗;$P_T(t - \frac{2r}{c})$ 为延迟了 $\frac{2r}{c}$ 时间后的发射脉冲的平均能量;$G(\theta,\omega)$ 为天线增益;$\sigma^\circ(\psi,\varphi)$ 为海面后向散射截面;c 为光速;r 为天线到海面散射元 dA 的距离。

平坦光滑海面的冲激响应的几何关系如图 4-4 所示。图中 XOY 平面为平坦海面,Z 轴为雷达天线到海面星下点的连线。天线视轴与 Z 轴的夹角为 ξ,即星下点偏离角,天线视轴在 XOY 平面上的投影与 X 轴的夹角为 $\tilde{\varphi}$。天线到海面散射单元 dA 的连线与天线视轴的夹角为 θ,与 Z 轴的夹角为 ψ,该连线在 XOY 平面上的投影与 X 轴的夹角为 φ。卫星到 XOY 平面的高度为 h。ω 为以天线视轴与 XOY 平面的交点为中心的海面散射微元 dA 的方向角,dA 到天线的距离是 r,到坐标系原点的距离是 ρ。所以,雷达天线的增益可以用关于视轴的夹角(θ,ω)表示,海面散射元的后向散射截面 σ° 可以用关于散射元到天线连线的夹角(ψ,φ)表示(Brown,1977)。

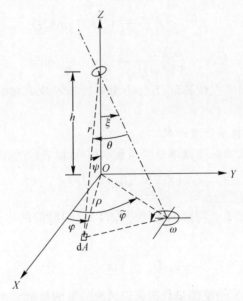

图 4-4　平坦光滑海面的冲激响应的几何关系图(Brown,1977)

假设雷达天线的增益 $G(\theta,\omega)$ 与 ω 无关,海面后向散射截面 $\sigma^\circ(\psi,\varphi)$ 与 φ 无关,$dA = \rho d\rho d\psi$,夹角 θ 可表示为 ρ 和 ψ 的函数。根据图 4-4 所示的几何关系,利用余弦定理和三角变换公式可得

$$\cos\theta = \frac{\cos\xi + \dfrac{\rho}{h}\sin\xi\cos(\widetilde{\varphi} - \varphi)}{\sqrt{1 + (\rho/h)^2}}$$

如果用高斯函数来近似地表示雷达天线的增益,则有

$$G(\theta) \approx G_0 \exp(-(2/\gamma)\sin^2\theta)$$

式中,G_0 为雷达天线增益的峰值;γ 是关于天线波束宽度的参数,表示为

$$\gamma = \frac{2}{\ln 2}\sin^2\frac{\theta_w}{2}$$

式中,θ_w 是天线波束的 3dB 宽度。

式(4-2)可变换为

$$P_{FS}(t) = \frac{G_0^2\lambda^2}{(4\pi)^3 L_p h^4}\int_0^\infty\int_0^{2\pi}\frac{\delta\left(t - \dfrac{2h}{c}\sqrt{1 + \varepsilon^2}\right)}{(1 + \varepsilon^2)^2}\sigma^o(\psi) \times$$

$$\exp\left[-\frac{\gamma}{4}\left(1 - \frac{\cos^2\xi}{1 + \varepsilon^2}\right) + b + a\cos(\widetilde{\varphi} - \varphi) - b\sin^2(\widetilde{\varphi} - \varphi)\right]\rho\,\mathrm{d}\varphi\,\mathrm{d}\rho \tag{4-3}$$

对式(4-3)进行简化后可得

$$P_{FS}(t) = A\exp(-\alpha t)I_0(t^{\frac{1}{2}}\beta)U(t) \tag{4-4}$$

式中

$$\alpha = \frac{\ln 4}{\sin^2(\theta_w/2)}(c/h)\cos(2\xi)$$

$$\beta = \frac{\ln 4}{\sin^2(\theta_w/2)}(c/h)^{\frac{1}{2}}\sin(2\xi)$$

$$A = \frac{G_0^2\lambda^2 c\sigma^o(0)}{4(4\pi)^2 L_p h^3}\exp\left(-\frac{4}{\gamma}\sin^2\xi\right)$$

式中,h 为卫星高度;ξ 为星下点偏离角;$I_0(\cdot)$ 为第二类零阶贝塞尔函数;$U(t)$ 为单位阶跃函数(王广运等,1995;刘博,2011)。

2. 海面散射元的高度概率密度函数

试验表明,海面散射元的高度概率密度函数 $q_s(t)$ 可以表示为理想高斯函数:

$$q_s(t) = \frac{1}{\sqrt{2\pi}\sigma_s}\exp\left[-\frac{1}{2}(t/\sigma_s)^2\right]$$

式中,σ_s 是海面散射元相对于平均海面的均方根高度,即海面的均方根波高,单位为 m,与有效波高 H_s 的关系为

$$H_s = 4 \times \frac{c}{2}\sigma_s \tag{4-5}$$

Huang 等(1980)根据实验室测量数据研究风成波浪的散射元的高度概率密度函数,认为

$$q_s(t) = \frac{1}{\sqrt{2\pi}\sigma_s}\exp\left[-\frac{1}{2}(t/\sigma_s)^2\right] \times$$

$$\left[1 + \frac{\lambda_s}{6}H_3(t/\sigma_s) + \frac{\kappa_s}{24}H_4(t/\sigma_s) + \frac{\lambda_s^2}{72}H_6(t/\sigma_s)\right] \tag{4-6}$$

式中,κ_s 表示峰度参数,λ_s 和 κ_s 都表示实际分布与标准高斯型的偏差;H_3、H_4 和 H_6 分别为 3 阶、4 阶和 6 阶 Hermite 多项式,$H_3(z) = z^3 - 3z$,$H_4(z) = z^4 - 6z^2 + 3$,$H_6(z) = z^6 - 15z^4 +$

$45z^2-15$。

3. 雷达点目标响应

雷达点目标响应 $s_r(t)$ 主要由雷达脉冲波形决定,可以采用与海面散射元的高度概率密度函数 $q_s(t)$ 相类似的类高斯型函数的表达式表示,即

$$s_r(t) = \frac{1}{\sqrt{2\pi}\sigma_r}\exp\left[-\frac{1}{2}(t/\sigma_r)^2\right] \times \left[1+\frac{\lambda_r}{6}H_3(t/\sigma_r)+\frac{\kappa_r}{24}H_4(t/\sigma_r)+\frac{\lambda_r^2}{72}H_6(t/\sigma_r)\right]$$

$$(4-7)$$

σ_r 是点目标响应的 3dB 时宽,即 $\sigma_r=0.425T$,其中 T 为雷达采样门宽度。$\lambda_r=\lambda_s$,$\kappa_r=\kappa_s$,表示实际分布与标准高斯型的偏差。如果取 $\lambda_r=0$,$\kappa_r=0$,$s_r(t)$ 即为高斯型函数。

在卷积表达式式(4-1)中,$q_s(t)*s_r(t)$ 可以直接表示为

$$B(t) = q_s(t)*s_r(t)$$

所以有

$$B(t) = \frac{1}{\sqrt{2\pi}\sigma}\exp\left[-\frac{1}{2}(t/\sigma)^2\right]\left[1+\frac{\lambda}{6}H_3(t/\sigma)+\frac{\kappa}{24}H_4(t/\sigma)+\frac{\lambda^2}{72}H_6(t/\sigma)\right]$$

式中,σ、λ 和 κ 分别为混合上升时间、混合倾斜参数以及混合峰度参数,其具体表达式为

$$\sigma^2 = \sigma_s^2+\sigma_r^2$$
$$\lambda = \lambda_s(\sigma_s/\sigma)^3+\lambda_r(\sigma_r/\sigma)^3$$
$$\kappa = \kappa_s(\sigma_s/\sigma)^4+\kappa_r(\sigma_r/\sigma)^4$$

4. 海面回波的平均功率

将 $B(t)$ 代入式(4-1),有

$$\begin{aligned}P_r(t) &= P_{FS}(t)*q_s(t)*s_r(t)\\ &= P_{FS}(t)*B(t)\\ &= \int_{-\infty}^{\infty}P_{FS}(t)B(t-z)\mathrm{d}z\end{aligned}$$

$$(4-8)$$

式中,$P_{FS}(t)$ 的第二类零阶贝塞尔函数 I_0 直接求积分比较困难,可小参数展开为

$$I_0 = \sum_{n=0}(z^2/4)^n\left(\frac{1}{n!}\right)^2$$

所以有

$$P_r(t) = \frac{A}{6}\exp[-d(\tau+d/2)]\sum_{n=0}\left(\frac{1}{n!}\right)^2\left(\frac{\beta^2\sigma}{4}\right)^n C_n(t)$$

式中

$$\tau = \frac{t-t_0}{\sigma}-d$$

$$(4-9)$$

t_0 是波形上升沿半功率点对应的采样时间。

$$d = \left(\alpha-\frac{\beta^2}{4}\right)\sigma$$

$$C_n(t) = C_{n0}+\kappa C_{n1}+\lambda^2 C_{n2}$$

$$C_{n0} = \frac{1}{\sqrt{2\pi}}\int_{-\infty}^{\tau}(\tau-z)^n[6+\lambda H_3(z+d)]\mathrm{e}^{-z^2/2}\mathrm{d}z$$

$$C_{n1} = \frac{1}{\sqrt{2\pi}}\int_{-\infty}^{\tau}(\tau-z)^n[H_4(z+d)]\mathrm{e}^{-z^2/2}\mathrm{d}z$$

$$C_{n2} = \frac{1}{\sqrt{2\pi}} \int_{-\infty}^{\tau} (\tau - z)^n [H_6(z+d)] \mathrm{e}^{-z^2/2} \mathrm{d}z$$

在计算以上 3 个积分式时,可以用下式简化:

$$C_{nm} = D_{nm} P(\tau) + E_{nm} G(\tau), n = 0,1,2,3 \quad m = 0,1,2$$

式中

$$P(\tau) = [1 + \mathrm{erf}(\frac{\tau}{\sqrt{2}})]/2$$

$$G(\tau) = \frac{1}{\sqrt{2\pi}} \exp(-\tau^2/2)$$

D_{nm} 和 E_{nm} 的具体表达式见参考文献[103]。在实际计算过程中,通常令 $n=0, m=0$,即

$$D_{00} = 6 + \lambda d^3$$

$$E_{00} = \lambda(1 - 3d^2 - 3d\tau - \tau^2)$$

所以回波模型可简化为

$$P_r(t) = \frac{A_\xi}{2} \exp(-v) \left\{ [1 + \mathrm{erf}(u)] + \frac{\lambda_s}{6} \left(\frac{\sigma_s}{\sigma}\right)^3 [\alpha^3 \sigma^3 [1 + \mathrm{erf}(u)] \right.$$

$$\left. - \frac{\sqrt{2}}{\sqrt{\pi}} (2u^2 + 3\sqrt{2}\alpha\sigma u + 3\alpha^2 \sigma^2 - 1) \exp(-u^2)] \right\} \tag{4-10}$$

式中

$$A_\xi = P_u \exp\left(\frac{-4\sin^2\xi}{\gamma}\right)$$

$$v = d\left(\tau + \frac{d}{2}\right)$$

$$u = \frac{\tau}{\sqrt{2}}$$

雷达高度计回波信号有多个采样门(如 Jason-1 为 104 个),可以得到多个时间 t 对应的 P_r。式(4-10)中待求参数为 σ, τ, P_u,可通过最小二乘拟合来求解。

可以通过式(4-5)求解有效波高 $H_s = 2c\sqrt{\sigma^2 - \sigma_r^2}$,通过式(4-9)求解回波上升沿对应的半功率点,再计算卫星到海面的距离,从而得到海面高度,通过式(4-10)计算得到的 P_u,利用关系式 $\sigma^o = \sigma_{\mathrm{scaling}} + 10\lg P_u$ 可计算出后向散射截面。其中 $\sigma_{\mathrm{scaling}}$ 为回波的倾斜因子,详见参考文献[87]。

4.1.2.2 个例试验

本书选取了 2007 年 12 月 29 日 02 时 29 分的一组 20Hz 的 Ku 波段 Jason-1 雷达高度计数据进行试验。此时 Jason-1 雷达高度计正运行在第 220 周期第 61 轨,图 4-5 所示是运行到北纬 12.703 1°、东经 334.165 9°时 20Hz 的 Ku 波段回波波形。从图 4-5 中的 20 个子图像中可见,20 个子图像半功率点的位置及上升沿的斜率基本相同,而回波波形的面积亦基本相同,这是由于选取的这个个例是在大西洋远海海域,每相邻子图像对应的实际探测位置相隔仅 300m 左右,海面高度、有效波高及风速相差不大,所以回波波形基本一致。而当雷达高度计扫描存在海冰的海域,或者扫描近海区域时,其回波更加复杂,20 个子图像就不会像图 4-5 这样相似,回波波形或者会出现尖峰式的波形,或者会出现多个上升沿,其回波重构方法亦复

杂得多,这方面不是本书的研究重点,这里不再赘述,详见参考文献[49]。

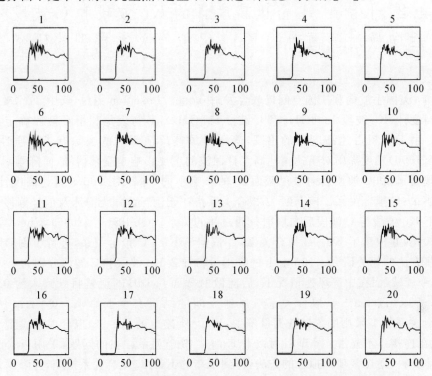

图 4 - 5　Jason - 1 雷达高度计第 220 周期 61 轨 20 Hz Ku 波段回波波形
注:图中,横坐标表示采样门(个),纵坐标表示回波强度。

在利用雷达高度计反演实际远海海面参数的过程中,考虑到误差的存在,常常将 20 个子图像首先进行平均,然后根据 Brown 模型,亦即式(4 - 10)进行拟合,如图 4 - 6 所示。该图中星型点为 20 个回波数据平均的结果,而黑色实线为利用最小二乘拟合的方法将式(4 - 10)与回波数据的拟合结果,可见拟合结果较好地刻画了回波波形的形态。在迭代拟合的过程中即可求出式(4 - 10)中的 σ、τ、P_u,进而可计算出海面风速、有效波高和海面高度。

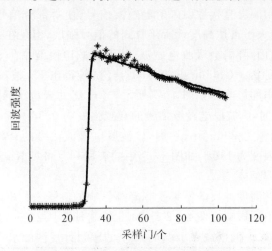

图 4 - 6　最小二乘方法波形拟合结果

4.2 Jason-1雷达高度计的Ku波段和C波段后向散射截面新的Ku-C拟合关系模型的研究

1992年,美国宇航局和法国空间局联合发射Topex/Poseidon卫星,其中Topex为第一台双频雷达高度计(Ku波段13.6GHz和C波段5.3GHz),其初衷是利用C波段确定大气中的电子含量。由于双频雷达高度计的出现,降雨对风速反演影响的去除有了实质性的进展。Quartly等(1996)发现降雨对雷达雷达高度计回波的主要影响是衰减信号,而降雨对Ku波段后向散射截面σ^0_{Ku}和C波段后向散射截面σ^0_C的影响不同,并针对Topex雷达高度计的σ^0_{Ku}和σ^0_C建立了Ku-C拟合关系。该Ku-C拟合关系指在无雨、远海、无海冰及信号偏移角较小的理想情况下Ku波段与C波段后向散射截面之间的关系。Quilfen等(2006),Chen等(2002),Yang等(2008)亦构建了Ku-C拟合关系,并依据该Ku-C拟合关系,进行了剔除降雨影响的风速反演方法的相关研究。10mm/h的降雨量将导致Ku波段和C波段分别为4.5dB和0.26dB的信号衰减,而在中等风速情况下,后向散射截面0.1dB的误差将导致大约0.3m/s的风速误差,所以,该Ku-C拟合关系对风速反演的结果有重要影响。Quartly所建立的Ku-C拟合关系模型采用的统计数据量偏少,Yang所建立的Ku-C拟合关系模型为分段的线性函数,在连接点不光滑。本节针对以上Ku-C拟合关系存在的问题,采用Jason-1的7年半的统计资料,通过多项式拟合的方法,得到了新的Ku-C拟合关系模型,为降雨情况下雷达高度计风速反演提供了必要的理论支持。

4.2.1 降雨对Ku波段和C波段雷达后向散射截面的不同影响

雷达高度计探测海面参数主要是通过分析往返的雷达发射的电磁波来完成的,所以雷达高度计的反演产品如海面高度、有效波高和风速等均受到降雨的影响而使得精度大大降低。

降雨对电磁脉冲主要有三方面的影响。第一方面,液态水改变了大气的折射指数,降低了微波的传播速度。这导致的结果是雷达高度计测距精度受到影响。而Goldhirsh等(1982)的研究结果表明,除在强雷暴等极端恶劣天气情况下测距精度会受到严重影响外,这方面影响较小,可忽略。第二方面,雨滴会直接散射入射电磁波信号,使得部分信号没有到达海面而直接散射回接收机,这样就增大了雷达高度计所接收到的信号强度,但是在Ku波段和C波段散射较弱,影响不大。第三方面,降雨会吸收电磁波,从而衰减电磁波信号。这一点是影响Ku波段和C波段信号的主要原因。Goldhirsh等(1982)经试验得出Ku波段电磁波信号比C波段电磁波信号更易受到降雨的影响。如图4-7所示,5km高的云粒子导致的信号衰减情况为:当降雨率为10mm·h⁻¹时,C波段电磁波信号的衰减强度为0.3dB,而Ku波段电磁波信号的衰减强度为4dB,当降雨率为30mm·h⁻¹时,C波段电磁波信号的衰减强度为1.3dB,而Ku波段电磁波信号的衰减强度为14dB,如图4-7中的表所列。可见Ku波段受降雨影响的强度衰减要比C波段大一个量级左右。

本书选取了两组雷达高度计反演结果受到降雨影响的例子来分析降雨对Ku波段和C波段雷达后向散射截面的不同影响。图4-8是2006年9月6日22时56分综合显示Jason-1雷达高度计数据反演结果、一同搭载在Jason-1上的辐射计反演的水汽含量及降雨情况的沿纬度分布图。综合图4-8(a)和图4-8(c)可见,存在降雨的位置Ku波段的后向散射截面变化剧烈,而 C 波段后向散射截面值相对稳定得多,辐射计所探测到云中水汽含量在这个个例中变化不大,也就是说,Ku 波段后向散射截面变化剧烈与否并不直接依赖于水汽含量的多少,主要和是否降雨有关。从图 4-8(b)和图 4-8(c)中并不能得到有效波高受到降雨影响的明显证据。图 4-9 是 2006 年 9 月 6 日 21 时 19 分综合显示 Jason-1 雷达高度计数据反演结果、一同搭载在 Jason-1 上的辐射计反演的水汽含量及降雨情况的沿纬度分布图。在图 4-9(c)中可以看出仅有两处(南纬 7.2°~7.4°和南纬 6.8°~7.0°)有降雨,而在图 4-9(a)中的相应位置 Ku 波段后向散射截面明显减小,而 C 波段后向散射截面没有明显变化(在南纬 7.3°附近 Ku 波段后向散射截面和 C 波段后向散射截面均突然增大,可能的原因是该位置云层较厚,多数信号被云层直接散射回雷达高度计而增强了回波信号强度,但从变化幅度上看,C 波段后向散射截面依旧比 Ku 波段后向散射截面稳定)。从图 4-9(b)可见,在有降雨的位置有效波高变化更加剧烈,说明降雨对反演精度造成了影响。

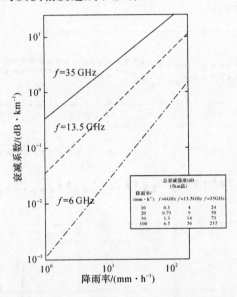

图 4-7　不同频率的信号在不同降雨率下的衰减情况(Goldhirsh 等,1982)

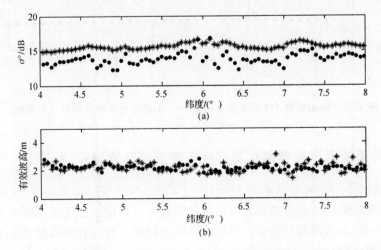

图 4-8　降雨对第 172 周期第 4 轨 Jason-1 雷达高度计反演结果的影响

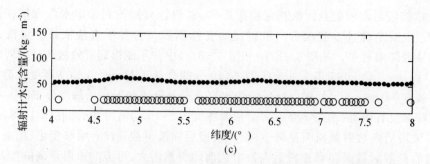

(c)

续图 4 - 8　降雨对第 172 周期第 4 轨 Jason - 1 雷达高度计反演结果的影响

注:图(a)中黑点为 Ku 波段后向散射截面,星点为 C 波段后向散射截面。图(b)中黑点为 Ku 波段回波信号反演的有效波高,星点为 C 波段回波信号反演的有效波高。图(c)中黑点为 Jason - 1 所携带的辐射计反演的水汽含量,小圆圈指示了降雨的位置。

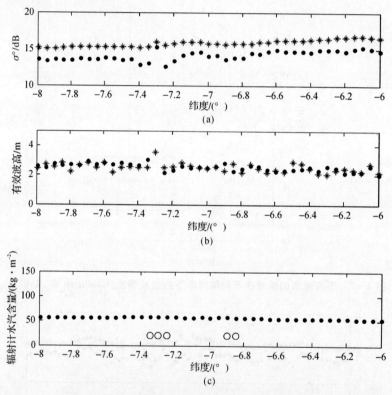

图 4 - 9　降雨对第 172 周期第 3 轨 Jason - 1 雷达高度计反演结果的影响

注:图中符号含义同图 4 - 8。

4.2.2　降雨情况下双频雷达高度计风速反演基本理论

降雨对雷达信号的影响可以采用 Marshall Palmer 所提出的关系式:$k = aR^b$。其中 k 指吸收系数,R 为降雨量,a,b 是受雷达频率决定的系数。雷达信号往返的总衰减量遵循以下关系:$A = 2kh = 2haR^b$,h 为降雨的高度。所以降雨量与降雨引起的衰减强度之间存在如下关系(Tournadre,2004):

$$R = \left(\frac{A}{2ha}\right)^{1/b} \tag{4-11}$$

对于 Ku 波段，$a = 34.6 \times 10^{-3}$，$b = 1.109$；对于 C 波段，$a = 1.06 \times 10^{-3}$，$b = 1.393$。

降雨情况下双频雷达高度计反演风速的基本迭代方法是（Quilfen 等，2006；Yang 等，2008）：

（1）首先用 σ_{Ku}° 和 σ_C° 的 Ku - C 拟合关系及液态水含量判断是否降雨，如果判断为非降雨区，则跳出迭代。

（2）如果降雨，将 C 波段后向散射截面代入 Ku - C 拟合关系模型，得到理想情况下 σ_{Ku}° 的值 $\sigma_{Ku}^{\circ\prime}$，然后与 σ_{Ku}° 进行比较，得出 Ku 波段的信号衰减量 $A_{Ku} = \sigma_{Ku}^{\circ\prime} - \sigma_{Ku}^\circ$。

（3）由此衰减量可通过式（4-11）得到相应的降雨量 R，而 R 与雷达信号波段之间相互独立，所以可计算出相应 C 波段的信号衰减量 A_C，这样便得到了 σ_C° 的第一次迭代值 $\sigma_C^{\circ\prime} = \sigma_C^\circ + A_C$。

（4）将 $\sigma_C^{\circ\prime}$ 与 $\sigma_{Ku}^{\circ\prime}$ 代入 Ku - C 拟合关系，可求出新的 Ku 波段的信号衰减量 $A_{Ku}^\prime$。

（5）判断 $A_{Ku}^\prime$ 是否小于某一阈值，如果大于该阈值，则跳到（3）继续迭代，否则跳出迭代，得出校正后的 σ_{Ku}°，由该 σ_{Ku}° 反演风速。

由式（4-11）可计算出，$10\mathrm{mm} \cdot \mathrm{h}^{-1}$ 的降雨量将导致 Ku 波段和 C 波段分别为 4.5dB 和 0.26dB 的信号衰减（Quilfen 等，2006），而在中等风速情况下，从雷达高度计地球物理模型函数 MCW 算法中可以看出，后向散射截面 0.1dB 的误差将导致大约 0.3m/s 的风速误差，所以该 Ku - C 拟合关系对风速反演的结果有重要影响。

4.2.3　后向散射截面 Ku - C 拟合关系模型

雷达高度计测得的 σ_{Ku}° 和 σ_C° 在物理机制上存在一定的相关性，但是还无法从理论上推导这个关系模型（Quartly 等，1996），通常采用的是经验拟合的关系模型。Quartly 等（1996）在理想情况下利用 Topex 资料分析了降雨对雷达高度计风速反演的影响，并针对雨区对双频雷达高度计后向散射截面的不同影响，得出了可利用 C 波段来判断降雨区域的结论，选取 1992 年 12 月到 1993 年 10 月（Cycle 11、12、21、22、29、30、39 和 40，其中 Cycle 指的是雷达高度计的重复周期 9.9155 天，Cycle 11 指的是从该雷达高度计升空后的第 11 个重复周期，其余依此类推）的 σ_{Ku}° 和 σ_C° 数据，排除液态水含量大于 0.2mm 的数据，得出 σ_{Ku}° 和 σ_C° 的分段式拟合的 Ku - C 拟合关系：

$$\left.\begin{array}{ll} \sigma_{Ku}^\circ = 8.99 + 1.19(\sigma_C^\circ - 13.0), & \sigma_C^\circ < 13.0\mathrm{dB} \\ \sigma_{Ku}^\circ = 8.99 + 1.52(\sigma_C^\circ - 13.0), & \sigma_C^\circ \in [13.0\mathrm{dB}, 14.0\mathrm{dB}) \\ \sigma_{Ku}^\circ = 10.51 + 1.21(\sigma_C^\circ - 14.0), & \sigma_C^\circ \in [14.0\mathrm{dB}, 14.7\mathrm{dB}) \\ \sigma_{Ku}^\circ = 11.36 + 0.89(\sigma_C^\circ - 14.7), & \sigma_C^\circ \in [14.7\mathrm{dB}, 15.7\mathrm{dB}) \\ \sigma_{Ku}^\circ = 12.25 + 0.72(\sigma_C^\circ - 15.7), & \sigma_C^\circ \in [15.7\mathrm{dB}, 16.2\mathrm{dB}) \\ \sigma_{Ku}^\circ = 12.61 + 0.86(\sigma_C^\circ - 16.2), & \sigma_C^\circ \in [16.2\mathrm{dB}, 19.4\mathrm{dB}) \\ \sigma_{Ku}^\circ = 15.36 + 0.96(\sigma_C^\circ - 19.4), & \sigma_C^\circ \in [19.4\mathrm{dB}, 21.0\mathrm{dB}) \\ \sigma_{Ku}^\circ = 16.90 + 1.07(\sigma_C^\circ - 21.0), & \sigma_C^\circ \in [21.0\mathrm{dB}, 24.2\mathrm{dB}) \\ \sigma_{Ku}^\circ = 20.31 + 1.11(\sigma_C^\circ - 24.2), & \sigma_C^\circ \in [24.2\mathrm{dB}, 26.0\mathrm{dB}) \end{array}\right\} \tag{4-12}$$

Yang（2009）使用的 σ_{Ku}° 和 σ_C° 关系模型是通过分段拟合理想大气条件下，Jason - 1 雷达高度计数据 2006 年 3 月到 2007 年 2 月（Cycle 155、157、159、163、167、169、172、174、176、180、184 和 188）的 σ_{Ku}° 和 σ_C° 测量值而得到的。其表达式为

$$\sigma_{Ku}^{o} = f[\sigma_C^o] = c_1 \times \sigma_C^o + c_2 \tag{4-13}$$

式中，c_1、c_2 具体取值见表 4-2。

表 4-2 Yang 的 Ku-C 拟合关系的分段系数

σ_C^o 取值范围/dB	c_1	c_2	σ_C^o 取值范围/dB	c_1	c_2
$\sigma_C^o < 13.0$	1.202	-7.086	$16.2 \leqslant \sigma_C^o < 19.4$	0.894	-1.829
$13.0 \leqslant \sigma_C^o < 14.0$	1.471	-10.602	$19.4 \leqslant \sigma_C^o < 21.0$	0.916	-2.230
$14.0 \leqslant \sigma_C^o < 14.7$	1.527	-11.357	$21.0 \leqslant \sigma_C^o < 24.2$	1.026	-4.498
$14.7 \leqslant \sigma_C^o < 15.7$	1.099	-5.023	$24.2 \leqslant \sigma_C^o < 26.0$	0.849	-0.203
$15.7 \leqslant \sigma_C^o < 16.2$	0.914	-2.146	$26.2 \leqslant \sigma_C^o$	0.099	19.334

Quartly 和 Yang 分别利用 80 天和 120 天的资料进行了分段拟合，数据量偏小，不具有代表性，而 Yang 所建立的 Ku-C 拟合关系模型为分段的线性函数，在连接点不光滑。

4.2.4 对后向散射截面 Ku-C 拟合关系的修正

σ_{Ku}^o 和 σ_C^o 在标准情况下大约有 2dB 左右的偏差，而它们之间的关系却远比简单的偏差复杂得多。Ku 波段和 C 波段的后向散射截面依赖于海面的粗糙程度，海面越粗糙，散射回雷达高度计的信号就越少，最终将影响到海面风速的反演，因此期望海面粗糙度与两个波段的后向散射截面高度正相关。然而不同的电磁波长与海面波谱分布情况联系紧密，雷达信号对远小于其波段的波谱不敏感，所以波长较短的 Ku 波段比 C 波段对小尺度波谱更为敏感，而短波长波谱对海面粗糙程度贡献更大。这就是该 Ku-C 拟合关系不是简单线性关系的原因，更是风速反演多利用 Ku 波段的原因（Quartly 等，1996）。

统计了 Jason-1 资料 2002 年 1 月到 2009 年 8 月（Cycle 1 到 Cycle 279）的远海、无海冰、无雨及信号偏移角较小的雷达高度计后向散射截面资料，经多项式拟合后得出了新的 Ku-C 拟合关系：

$$\sigma_{Ku}^o = f(\sigma_C^o) = a(\sigma_C^o)^6 + b(\sigma_C^o)^5 + c(\sigma_C^o)^4 + d(\sigma_C^o)^3 + e(\sigma_C^o)^2 + f(\sigma_C^o) + g \tag{4-14}$$

式中，$12dB \leqslant \sigma_C^o \leqslant 26dB$；拟合系数见表 4-3。其关系图如图 4-10 所示。

表 4-3 新的的拟合系数

系数	值
a	24e-006
b	-3
c	0.132
d	-3
e	46
f	-331
g	975

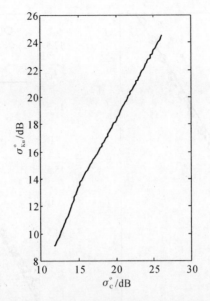

图 4 - 10　多项式拟合的 Ku - C 拟合关系

　　由于仪器硬件偏差,不同雷达高度计的后向散射截面之间是有偏差的(例如 Geos - 3 与 Seasat 之间偏差 1.6dB,Topex 与 Seasat 之间偏差 0.7dB,Jason - 1 与 Topex 在 Ku 波段偏差 −2.26dB,在 C 波段偏差 0.28dB(Picot 等,2003))。考虑到 Quartly 的参考数据是 Topex 雷达高度计资料,书中对比试验已将该偏差校正。在图 4 - 11 中,小圆圈为统计平均的数据,虚线为 Yang 的分段结果,小点是 Quartly 的多分段结果,实线是本书的拟合结果。可见, Quartly 的结果与统计结果差别较大,尤其在 C 波段 12~15dB 区间偏大,在 20~23dB 区间偏小。Yang 的结果在 12~15dB 区间与统计结果吻合较好,而在 20~23dB 之间偏离统计结果明显。图 4 - 12 为 Jason - 1 雷达高度计 Cycle 279 的第 250 到第 254 轨 (即 2009 年 08 月 07 日 12 时 44 分 50 秒到 17 时 25 分 52 秒)σ_{Ku}^o 和 σ_C^o 的统计散点图。从图中可见,大多数数据分布在 $\sigma_C^o \in [15,20]$ 之间,即在统计回归过程中,该范围内的数据量大,拟合效果好,在图 4 - 11 (b)中三种算法得出的关系曲线十分接近。而在此区间以外,拟合效果会严重依赖于拟合数据的数据量,这就是图 4 - 11(c)中 Yang 与 Quartly 算法偏离统计散点较大的原因之一。表 4 − 4 分别针对三种 Ku - C 拟合关系模型在 $\sigma_C^o \in [12,26]$,$\sigma_C^o \in [12,15)$,$\sigma_C^o \in [15,20)$,$\sigma_C^o \in [20,23]$ 等四个区域进行了误差统计,Yang 算法精度整体较 Quartly 高,而本书算法精度最高。$\sigma_C^o \in [12,15)$ 时,对应的是较高风速区,而 Quartly 与 Yang 算法在拟合的过程中由于数据量的限制,其误差相对偏大,必然导致后续风速反演的误差较大。在三个分区间比较的标准差数据中可见,本书算法在各个区间的标准差均明显降低。在图 4 - 11(c)中 $\sigma_C^o = 21.2$dB、$\sigma_C^o = 22.6$dB、$\sigma_C^o = 22.7$dB 处,统计散点有突变,这可能是由于 σ_{Ku}^o 和 σ_C^o 之间的关系还存在其他依赖项,是以后理论研究的一个方向。

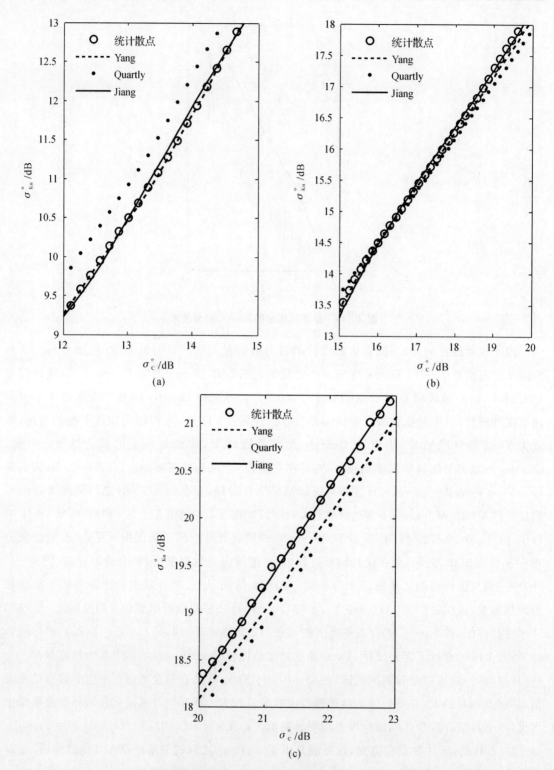

图 4 - 11　Cycle 1 到 Cycle 279 理想 Ku 波段与 C 波段统计散点及三种拟合方法图

(a)$\sigma_C^\circ \in [12,15)$区域关系图;(b)$\sigma_C^\circ \in [15,20)$区域关系图;(c)$\sigma_C^\circ \in [20,23]$区域关系图

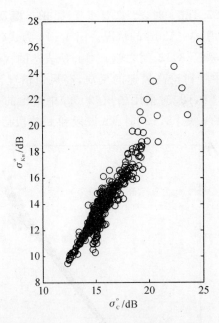

图 4 - 12　Jason - 1 雷达高度计(Cycle 279,第 250 到第 254 轨)σ^o_{Ku}和 σ^o_C 的统计散点图

表 4 - 4　三种 Ku - C 拟合关系的标准差

	$\sigma^o_C \in [12,26]$	$\sigma^o_C \in [12,15)$	$\sigma^o_C \in [15,20)$	$\sigma^o_C \in [20,23]$
本文算法标准差/dB	0.054 3	0.060 6	0.060 2	0.038 4
Yang 算法标准差/dB	0.189 6	0.027 3	0.086 0	0.263 4
Quartly 算法标准差/dB	0.312 4	0.439 0	0.182 7	0.384 3

4.2.5　新的 Ku - C 拟合关系的弊端及解决方法

式(4 - 14)的 Ku - C 拟合关系模型是由 7 年半的 Jason - 1 雷达高度计资料经统计得到的,图 4 - 13 为 Jason - 1 雷达高度计第 1 周期到第 279 周期 σ^o_{Ku} 和 σ^o_C 的统计散点平均图。该统计散点平均图的数据选取标准是无雨、远海、无海冰及信号偏移角较小时所对应的 Ku 波段和 C 波段后向散射截面值。由于 Jason - 1 的 GDR(Geophysical Data Records,地球物理数据记录)产品后向散射截面值的精度为 0.01dB,所以在统计时,每 0.01dB 绘制一个散点。从图中可见,$\sigma^o_C \in [12,26]$ 时统计散点较集中,能够较明显地看出 Ku 波段和 C 波段后向散射截面之间的关系,而当 $\sigma^o_C < 12$dB 或 $\sigma^o_C > 26$dB 时,统计散点很发散,这是式(4 - 14)中仅取 $\sigma^o_C \in [12, 26]$ 的原因。利用 4.1.3 小节提出的反演风速算法来计算几个 Ku 波段后向散射截面对应的风速见表 4 - 5。当有效波高为 1m,$\sigma^o_{Ku} = 23.3$dB 时,计算得到的风速为 0.008 4m/s。由于雷达高度计后向散射截面越大,对应的风速值越小,所以 $\sigma^o_C > 26$m/s 的情况不予考虑。依据式(4 - 14),当 $\sigma^o_C = 12$dB 时,$\sigma^o_{Ku} = 9.080\ 0$dB,其对应的风速值为 27.4m/s,这也就是说,利用雷达

高度计反演的风速值大于 27.4m/s 时，σ_C^o 都要小于 12dB。提及的 Young 算法适用于 20～40m/s，也就是说，有必要考虑 $\sigma_C^o<12$dB 的情况。图 4-14 为式(4-14)Ku-C 拟合关系在 $\sigma_C^o\in[8,32]$ 区间曲线，可见当 $\sigma_C^o\in[8,12]$ 时，式(4-14)所表达的含义是 σ_C^o 增大时 σ_{Ku}^o 反而减小，这违背了事实。在 4.3 节中将讨论高风速的反演，高风速情况下常出现降雨，进而用到 Ku-C 拟合关系。本书在 $\sigma_C^o\in[8,12]$ 时采用杨乐(2009)中给出的 Ku-C 拟合关系。图 4-14 中虚线为杨乐(2009)给出的 $\sigma_C^o\in[8,12]$ 时 Ku 波段和 C 波段后向散射截面关系。

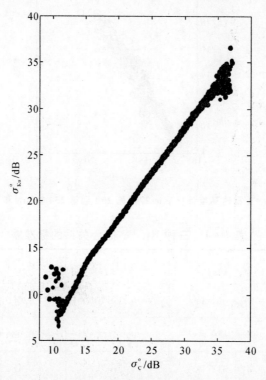

图 4-13　Jason-1 雷达高度计第 1 周期到第 279 周期 σ_{Ku}^o 和 σ_C^o 的统计散点平均图

表 4-5　部分 σ_{Ku}^o 与风速对应关系

σ_{Ku}^o/dB	风速/(m·s⁻¹)	有效波高/m	算法
23.300 0	0.008 4	1	VC
10.231 3	20	—	Young
9.080 0	27.4	—	Young
8.668 8	30	—	Young
7.106 3	40	—	Young
5.543 8	50	—	Young

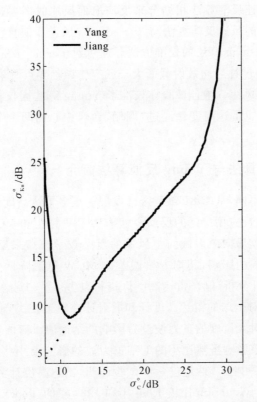

图 4-14 新的 Ku-C 拟合关系在 $\sigma_c^0 \in [8,32]$ 区间曲线

4.3 Vandemark-Chapron 算法与 Young 算法联合反演 Jason-1 雷达高度计海面风速的校准方法研究

从 20 世纪 70 年代至今,已经发展了众多雷达高度计反演海面风速的算法,其反演精度不断提高。由于现场观测资料的空间分辨率低,且 20m/s 以上的现场观测资料很难获得,所以绝大部分雷达高度计反演风速算法的适用范围为 0~20m/s(Carrere 等,2009;Zieger 等 2009;Tran 等 2010),而 Young(1993)通过雷达高度计资料与模式预报的结果资料进行对比分析,得出了 20~40m/s 的风速反演算法,此后 Zhao 等(2003)经分析证实了 Young 算法的可靠性。

现今 Topex/Poseidon,ERS-1,ERS-2 等雷达高度计的业务运行算法是 MCW 算法(Witter 等,1991),而 Jason-1 等雷达高度计的业务运行算法是 Gourrion 提出的 VC 算法(Vandemark-Chapron Algorithm)(Gourrion 等,2000)。这两种算法的适用范围均是 0~20m/s。用现行的业务运行算法显然很难准确捕获到台风等极端恶劣天气系统中的海面风速信息。将现行的业务运行算法与 Young 算法相结合进行风速反演是一个很好的途径。Quilfen 等(2006)、Yang 等(2008)在这方面做了初步工作,然而其中依旧存在一些值得深入研究的问题。Young 算法针对 Geosat 雷达高度计而建立,由于不同雷达高度计轨道高度不同,观测半径不同,简单的直接联合两种方法反演风速必将引入误差,所以将 0~20m/s 的风速反演算法与 20~40m/s 风速反演算法相结合来反演海面风速时需要进行校准。本书针对该问题,提出了将 0~20m/s 的风速反演算法与 20~40m/s 风速反演算法相结合来反演海面风速的方法,详细论述了对 Young 算法的校准方法。通过对 Jason-1 资料的统计试验,确定了后向散射截面临界点,当高度计后向散射截面大于或等于该临界点时采用 VC 算法反演风速,反之采用 Young 算法反演风速。统计试验亦校准了 Young 算法因仪器参数不同而引起的观测偏差。最后通过 Jason-1 雷达高度计经过"珊珊"台风中心的两个个例试验验证了本书方法的有效性。

4.3.1　VC 反演算法与 Young 反演算法简介

因方法和数据量的不同,从 1981 年至今已发展了很多雷达高度计的风速反演算法。相比之下计算稳定、精度较高且应用广泛的反演算法有 MCW 算法和 VC 算法(姜祝辉等,2010)。由于 MCW 算法仅是建立后向散射截面与风速的复杂数学模型来反演海面风速,VC 算法考虑了波浪状态对风速反演的影响,其均方根误差比 MCW 算法降低了 10%~15%,所以本小节仅以 VC 算法为例展开分析试验,雷达高度计资料以 Jason-1 资料为例。

Gourrion 等(2000)对全球的雷达高度计和散射计在轨道交叉点测量的风速研究发现:以前广泛认同的海面风场对大尺度的重力波没有影响的结论值得商榷,也就是说,大尺度重力波对海面风场存在影响。该影响虽然比小的毛细重力波的影响要小些,但依旧需要将其考虑到雷达高度计风速反演算法中去。通过进一步试验证明,雷达高度计测风的误差和测得的有效波高之间存在相关关系。Gourrion 比较 1996 年和 1997 年的 Topex/Poseidon 和 Nscat(散射计)的大量同步测量数据(96 436 个),通过神经网络的方法得到 VC 算法。该算法的具体表达形式为

$$
\left.
\begin{aligned}
U_{10} &= (U - b_{\mathrm{w}})/m_{\mathrm{w}} \\
U &= (1 + \exp(-W_2 X - B_2))^{-1} \\
X &= (1 + \exp(-W_1 P - B_1))^{-1} \\
P &= \begin{pmatrix} m_{\mathrm{Ku}} \sigma^{\mathrm{o}}_{\mathrm{Ku}} + b_{\mathrm{Ku}} \\ m_{H_{\mathrm{s}}} H_{\mathrm{s}} + b_{H_{\mathrm{s}}} \end{pmatrix}
\end{aligned}
\right\}
\tag{4-15}
$$

式中,输入参数为后向散射截面 $\sigma^{\mathrm{o}}_{\mathrm{Ku}}$(dB)和有效波高 H_{s}(m);输出参数为雷达高度计海面 10m 风速 U_{10}(m/s);其他参数均为常数(详见参考文献[98])。

VC 算法的适用范围为 0~20m/s,强热带风暴、台风等极端恶劣天气条件下的风速常常会高于 20m/s,针对这种情况 Young(1993)对比模式输出的结果与雷达高度计后向散射截面之间的关系得出了适用于 20~40m/s 的 Young 风速反演算法,其具体表达形式为

$$
U_{10} = -6.4\sigma^{\mathrm{o}}_{\mathrm{Ku}} + 72
\tag{4-16}
$$

4.3.2　联合使用 VC 算法与 Young 算法的校准方法

考虑到 VC 算法在模式建立阶段已经将浮标数据与后向散射截面在 0~20m/s 的风速区间内建立起误差小于 2m/s 的映射关系,可以假定 VC 算法在 20m/s 附近反演精度可信。本书统计了 Jason-1 的 Cycle 172(世界时 2006 年 9 月 6 日 18 时 59 分到 2006 年 9 月 16 日 16 时 57 分)中利用 VC 算法得出的所有在 19.5~20.5m/s 的风速及其相应的有效波高及后向散

射截面如图 4-15 所示。从图中可见,当风速在 20m/s 附近时,后向散射截面绝大部分取在 10~10.5dB 之间,而有效波高则在 5~10m 之间。其中后向散射截面很多低于 10dB,相应的有效波高高于 10m/s,这是由于 VC 算法考虑到了有效波高的作用。考虑到 Young 算法只是后向散射截面的线性函数,本书在 20m/s 时仅考虑后向散射截面的值。对图 4-15 中后向散射截面作算术平均得出 20m/s 对应的后向散射截面值为 $\sigma_c = 10.231\ 3\text{dB}$。结合两种算法可以确定 σ_c 为后向散射截面分界值,当 $\sigma_{Ku}^o \geqslant \sigma_c$ 时,利用 VC 算法反演风速,当 $\sigma_{Ku}^o < \sigma_c$ 时,利用 Young 算法反演风速。

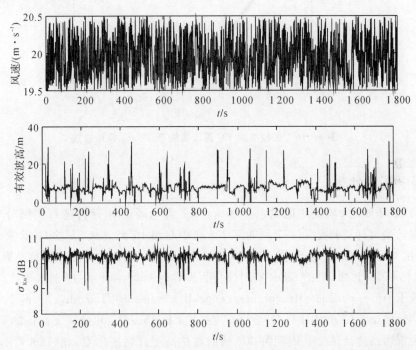

图 4-15　Jason-1 风速在 19.5~20.5m/s 的风速、后向散射截面与有效波高统计分布

Topex/Poseidon 与 Jason-1 这两种雷达高度计飞行高度及工作频率都相同,存在 2.26dB 的系统偏移,Young 算法是针对 Geosat 雷达高度计建立风速反演算法,而 Geosat 雷达高度计与 Jason-1 工作频率稍有偏移(Geosat 为 13.5GHz,Jason-1 为 13.6GHz) (Rosmorduc 等,2009),飞行高度差别很大(Geosat 为 800km,Jason-1 为 1300km),所以有必要对后向散射截面进行订正。根据 Young 算法可以得出 20m/s 相应的后向散射截面值为 8.125dB,而 VC 算法当风速为 20m/s 时,后向散射截面的统计值经上面的讨论为 10.231 3dB,两者进行比较,得出偏移量 2.108dB。这样,Young 算法应用到 Jason-1 的风速反演需订正为

$$U_{10} = -6.4(\sigma_{Ku}^o - 2.108) + 72 \tag{4-17}$$

订正结果如图 4-16 所示,当 $\sigma_{Ku}^o \geqslant \sigma_c$ 时,粗实线表示利用 VC 算法反演风速(这里假定有效波高为 2m/s),当 $\sigma_{Ku}^o < \sigma_c$ 时,细实线表示利用 Young 算法反演风速。两条曲线在 $\sigma_{Ku}^o = \sigma_c$ 处连续,且斜率相近,符合物理量的空间连续性。而图 4-16 中虚线所示为未经校准的 Young 算法反演风速,假定 VC 算法在 20m/s 附近精度可信,那么直接利用 Young 算法反演风速将导致反演结果严重偏低,误差大于 13m/s。由此可见对风速反演算法的校准是很有必要的。

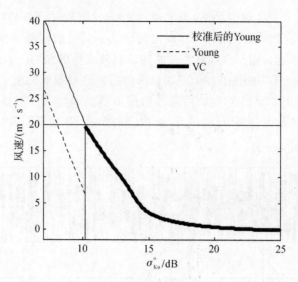

图 4-16 经校准的 VC 算法曲线与 Young 算法曲线

4.3.3 实例分析

本书选取"珊珊"台风发生时的两个 Jason-1 雷达高度计资料进行实例分析。第一个 Jason-1 雷达高度计资料是第 172 周期第 203 轨中北纬 16°到北纬 25°的 GDR 资料(时间:世界时 2006 年 9 月 14 日 16 时 50 分±2 分),第二个 Jason-1 雷达高度计资料是第 172 周期第 240 轨中北纬 20°到北纬 27°的 GDR 资料(时间:世界时 2006 年 9 月 16 日 3 时 14 分±2 分),该资料下载于 ftp://podaac-ftp.jpl.nasa.gov/allData/jason1/L2/gdr_c/。两个 Jason-1 资料与"珊珊"台风交汇位置如图 4-17 所示。在(123°E,16.1°N)和(130°E,31.23°N)之间的黑色粗实线为雷达高度计第 172 周期第 203 轨的雷达高度计轨迹示意,在(126.4°E,16.1°N)和(121.8°E,27.6°N)之间的灰色粗实线为雷达高度计第 172 周期第 203 轨的雷达高度计轨迹示意,图中有星号标注的细实线为"珊珊"台风路径示意,黑色点和灰色点分别为"珊珊"台风与第 172 周期第 203 轨和第 172 周期第 240 轨两个资料时间匹配后的台风中心位置。从图中可见第 172 周期第 203 轨恰巧经过"珊珊"台风中心(黑色点),而第 172 周期第 240 轨偏离台风中心(灰色点)较远。"珊珊"台风的基本数据见表 4-6。当台风中心移动到(20.6°N,124.7°E)时,其最大风速为 45m/s,7 级风圈半径为 350km,10 级风圈半径为 160km;当台风中心移动到(25.5°N,124.3°E)时,最大风速为 50m/s,7 级风圈半径为 360km,10 级风圈半径为 200km。

4.1.2 小节讨论了降雨情况下雷达高度计风速反演方法,并建立了降雨情况下 Ku 波段与 C 波段后向散射截面的 Ku-C 拟合关系,利用该内容可将本节实例中的 σ_{Ku}^o 进行校正,进而用于后续的风速反演。在利用 VC 算法反演 0~20m/s 的风速时还需要另一个输入量——有效波高,而部分的有效波高反演值因降雨产生的大气非均匀衰减而产生异常,如图 4-18(b)所示。参考文献[49]中 0.7m 的判识标准,将有效波高值异常的点用其附近 10 个点的平均值来代替,以实现有效波高异常的校正。杨乐(2009)指出考虑白沫和降雨两种情况和只考虑降雨情况的后向散射截面校正结果类似,所以本书未考虑白沫的影响。

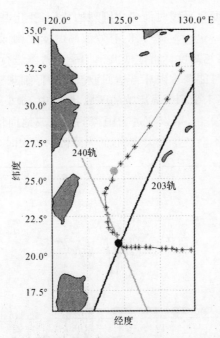

图 4 - 17　雷达高度计轨迹及"珊珊"台风中心示意(杨乐,2009)

表 4 - 6　"珊珊"台风数据

珊珊台风中心经纬度	最大风速/(m·s⁻¹)	7级风圈半径/km	10级风圈半径/km
20.6°N,124.7°E	45	350	160
25.5°N,124.3°E	50	360	200

4.3.3.1　试验1

本小节应用本书提出的算法,利用 Jason - 1 雷达高度计第 172 周期第 203 轨资料进行试验,并分析试验结果。

1. 未考虑降雨及有效波高异常影响的情况

在不考虑降雨及有效波高异常影响的情况下,Jason - 1 雷达高度计第 172 周期第 203 轨的轨迹上后向散射截面、有效波高及风速如图 4 - 18 所示。横坐标为选取的雷达高度计轨迹所经过的纬度范围 16°~25°N。图 4 - 18(a)的振荡曲线为 Ku 波段后向散射截面随纬度的变化曲线,黑色圆圈为 GDR 数据中的降雨标志,Jason - 1 的 GDR 数据中的降雨标志的评判原则是:若 Jason - 1 上所搭载的 JMR(通过测量 18.7GHz、23.8GHz、34.0GHz 三个波段的辐射亮温来反演海面参数)反演得到的液态水含量大于某个阈值,并且 Ku 波段后向散射截面与通过 Ku 波段与 C 波段后向散射截面 Ku - C 拟合关系得到的理想 Ku 波段后向散射截面相比有明显衰减,该衰减大于某一阈值,则判定该位置降雨。从图 4 - 18(a)可见,后向散射截面时而变化平缓时而变化剧烈,而变化剧烈时多数对应着降雨区域。从该图中亦可以推断,降雨可能对后向散射截面产生影响。图 4 - 18(b)所示为 Ku 波段有效波高随纬度变化的曲线。从该图可见,有效波高亦体现出了时而变化平缓时而变化剧烈的特征,变化剧烈时有效波高与周围达 9m 的差异(19.8°N),和图 4－18(a)进行对比可知,有效波高的变化剧烈区亦大多对应着降雨区,而有效波高的反演是通过拟合雷达高度计雷达回波半功率点斜率进行的,这也就是说降雨可能不仅仅影响后向散射截面,而且可能严重破坏雷达回波波形。仔细观察降雨标志和有效波高可看出存在一些有降雨而有效波高未受到明显影响的区域,如图中 16.9°N,17.8°N 附近,这可能是由于 Ku 波段雷达高度计属微波雷达,可以穿透云雨探测海面或地面信息,当降雨率较小时,波形受到的影响不大,对反演结果不会产生太大影响,而当降雨率较大时,则会严重影响反演结果。

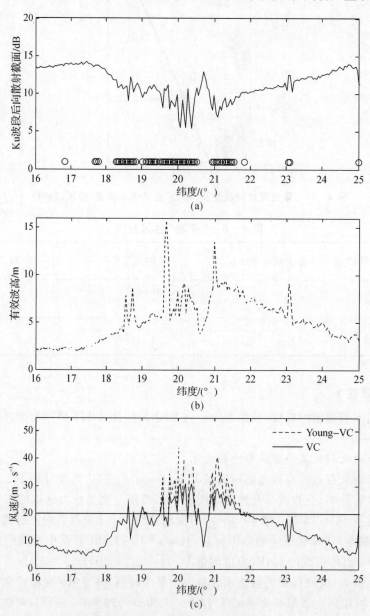

图 4－18　未考虑降雨及有效波高异常影响的情况下,Jason－1 雷达高度计
第 172 周期第 203 轨风速、有效波高及后向散射截面

图 4 - 19 所示为 Jason - 1 第 172 周期第 203 轨 GDR 数据中提供的辐射计水汽含量及液态水含量。从图中可见,液态水含量($0.3\sim9.5\mathrm{kg/m^2}$)比水汽含量($5.8\sim9.7\mathrm{g/cm^2}$)波动明显得多,总体趋势相同,即随着水汽含量的增高,大气中的液态水含量亦增高,而降雨标志多和液态水含量的大值区相一致。综合图 3 - 18(a)、图 4 - 19 可见,降雨情况下大气中的液态水含量和水汽含量增高,导致了雷达高度计反演结果变差。图 4 - 18(c)中实线为利用 VC 算法得出的 Jason - 1 雷达高度计第 172 周期第 203 轨反演风速曲线,虚线为当 $\sigma_{\mathrm{Ku}}^o < \sigma_c$ 时,通过 Young 算法反演得到的 20m/s 以上的风速曲线。可以看出通过 VC 算法反演 20m/s 以上的风速时,其反演值比 Young 算法反演值低,而 Young 算法反演风速的最大值为 46.5m/s。图 4 - 18(c)中风速在 16°N 到 17.6°N 附近仅为 8m/s,随后振荡上升,直至 20.2°N 附近达到风速最大值 46.5m/s,随后风速急剧下降,到 20.6°N 为一风速极小值,大约 10m/s,之后风速攀升至 28m/s,再缓慢下降到 7m/s,这是一个很明显的台风风场剖面图,在 20.6°N 风速达到极小值,相应的有效波高亦为极小,而后向散射截面为一极大值,此处就是雷达高度计所经过的"珊珊"台风中心位置。在图 4 - 18(c)中并未考虑降雨对反演结果的影响,而仅仅是 VC 算法与 Young 算法联合反演风速的结果图。考虑降雨对该个例反演结果的影响部分将在下一小节详细讨论。

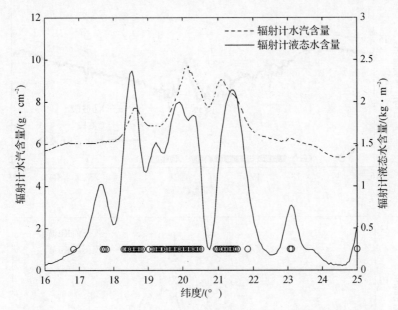

图 4 - 19　Jason - 1 第 172 周期第 203 轨辐射计水汽含量及液态水含量

2. 考虑降雨及有效波高异常影响的情况

考虑降雨和有效波高异常影响情况下,Jason - 1 雷达高度计第 172 周期第 203 轨风速、有效波高及后向散射截面如图 4 - 20 所示。图中小圆圈表示降雨,从图 4 - 20(a)中可见,在台风眼两侧存在降雨标志,对 σ_{Ku}^o 造成严重影响,黑色粗实线为利用 3.2 节 Ku 波段与 C 波段后向散射截面 Ku - C 拟合关系校正后的 σ_{Ku}^o,校正后的 σ_{Ku}^o 多数要比校正前的 σ_{Ku}^o 大,也就是说降雨对 σ_{Ku}^o 的主要影响是衰减信号,部分地方如 19.3°N 附近,23.1°N 附近,校正后的 σ_{Ku}^o 比校正前的 σ_{Ku}^o 要小,而在图 4 - 19 中这两个位置的液态水含量并不是最大值,可能的解释有两点:第一,这两个区域云水粒子比较稠密,将雷达信号直接反射回雷达高度计,使信号增强;第二,液态水含量的大小只能确定会对 σ_{Ku}^0 产生影响,而具体是增强还是衰减,单纯用液态水含量还难以解释,可能和具体雨滴的形状、大小和分布状态有关。图 4 - 20(b)所示为校正前后的有效波高值,校正后的有效波高基本滤去了校正前有效波高异常产生的尖峰现象,在 19.3°N 附近校正后的有效波高依旧有个较小的尖峰,这是因为该区域校正前不只存在一个有效波高异常值,在进行十点平滑的过程中会将后面的异常点当作真值进行平均而引入误差。图 4 - 20(c)所示为利用校正后的 σ_{Ku}^0 和有效波高反演的风速,实线为利用 VC 算法的反演结果,虚线为利用 Young - VC 算法的反演结果。对比图 4 - 18(c)和图 4 - 20(c)可见,校正后的 20m/s 以上的风速反演值较小,起伏较小,未经校正的风速反演值较大。其原因是降雨使得 σ_{Ku}^0 产生衰减,而 σ_{Ku}^0 与风速反演结果成反比,所以导致反演结果偏大。图 4 - 19(a)中台风眼左侧风速最大值为 36.6m/s,右侧最大值为 35.0m/s,与表 4 - 6 中最大风速为 45m/s 有 8.5m/s 的差异,可能由模式误差等因素所导致。由于雷达高度计资料与实测资料在高风速区匹配较少,风速反演过程中未考虑白沫等其他因素的影响,致使算法在高风速区不稳定,陈戈等(1999)指出风速的均方根误差随着风速增大而急剧增大,风速在 25m/s 左右时,均方根误差在 2.5m/s 左右,这也有可能是有效波高在台风区振荡剧烈的原因。

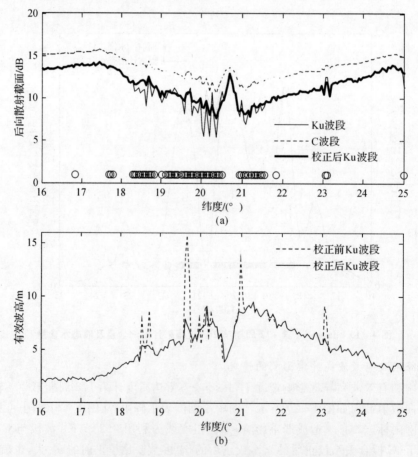

图 4 - 20 考虑降雨及有效波高异常影响的情况下,Jason - 1 雷达高度计
第 172 周期第 203 轨风速、有效波高及后向散射截面

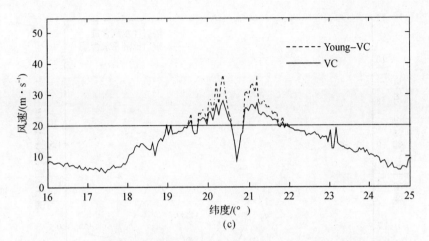

续图 4-20　考虑降雨及有效波高异常影响的情况下，Jason-1 雷达高度计
第 172 周期第 203 轨风速、有效波高及后向散射截面

4.3.3.2　试验 2

本小节应用本书提出的算法，利用 Jason-1 雷达高度计第 172 周期第 240 轨资料进行试验，并分析试验结果。

1. 未考虑降雨及有效波高异常影响的情况

Jason-1 第 172 周期第 240 轨辐射计水汽含量及液态水含量如图 4-21 所示，水汽含量变化十分不明显，仅在 5.6g/cm² 与 6.5g/cm² 之间平缓变化，液态水含量虽然变化幅度相对较大（0.3～4.2kg/m²），但比上一个实例幅度小得多。这可能导致降雨量比上一个实例小，后面的雷达高度计海面参数反演结果相对好些。图 4-21 中的降雨标志部分在液态水含量的峰值处，而 24.1°N～24.8°N 之间的降雨标志偏离液态水含量，这是由于该处液态水含量已超过预设阈值，Ku 波段后向散射截面偏离理想 Ku 波段后向散射截面较明显，超过了预设阈值，所以引发降雨标志。在未考虑降雨及有效波高异常影响的情况下，Jason-1 雷达高度计第 172 周期第 240 轨风速、有效波高及后向散射截面如图 4-22 所示。图 4-22(a) 为 Ku 波段后向散射截面变化曲线图，该后向散射截面仅在 10～14.6dB 之间波动，即风速变化较上一实例小得多，其原因是该实例距离台风中心较远，从图 4-17 可见，"珊珊"台风中心距离 Jason-1 雷达高度计第 172 周期第 240 轨资料最近处也达到了 80km，即从该资料中很难找到细致刻画台风中心的信息。图 4-22(a) 中 24.45°N 附近 Ku 波段后向散射截面为无效值，图 4-22(b) 有效波高的相应位置也是无效值，加上图 4-22(a) 中的降雨标志很容易将产生这种现象的原因归结于降雨较大使得雷达高度计失锁，然而从图 4-21 中可见，大气中的液态水含量并不大，进而用高分辨率海岸线数据和地表高程数据放大显示雷达高度计在该位置的路径见图 4-23。从图中圆圈标注位置可见，雷达高度计途经与那国岛，这是造成雷达高度计失锁的直接原因。图 4-22(b) 有效波高已存在尖峰现象，图 4-22(c) 所示为分别单纯利用 VC 算法反演雷达高度计风速和利用 Young 算法和 VC 算法联合反演雷达高度计风速的结果曲线。黑色直线为分隔 20m/s 风速的辅助线，20m/s 以下两种方法结果大致相同，20m/s 以上后者反演结果明显要比前者大，最大风速达 25m/s。不过这里没有进行后向散射截面及有效波高的校正，该内容将在下一小节讨论。

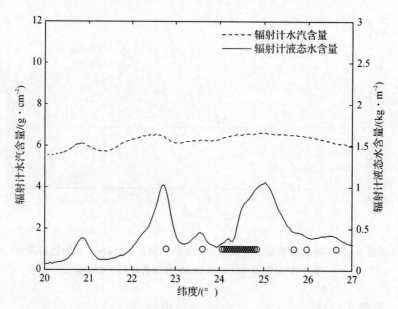

图 4 - 21　Jason - 1 第 172 周期第 240 轨辐射计水汽含量及液态水含量

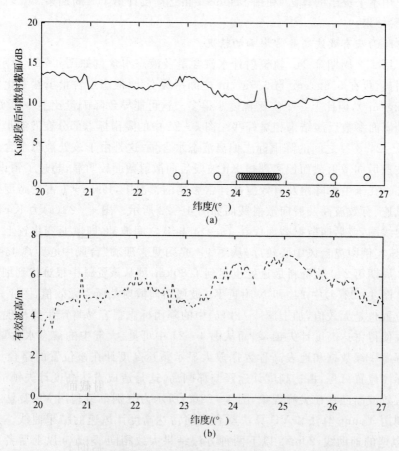

图 4 - 22　未考虑降雨及有效波高异常影响的情况下,Jason - 1 雷达高度计
第 172 周期第 240 轨风速、有效波高及后向散射截面

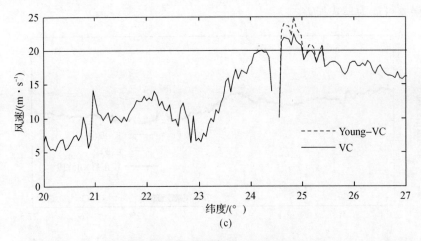

（c）

续图 4-22　未考虑降雨及有效波高异常影响的情况下，Jason-1 雷达高度计

第 172 周期第 240 轨风速、有效波高及后向散射截面

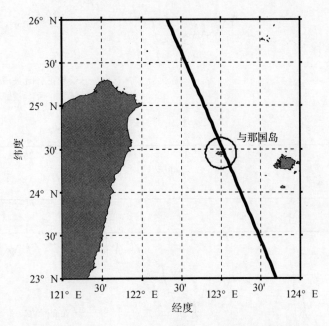

图 4-23　Jason-1 第 172 周期第 240 轨途经与那国岛

2.考虑降雨及有效波高异常影响的情况

考虑降雨及有效波高异常影响的情况下，Jason-1 雷达高度计第 172 周期第 240 轨风速、有效波高及后向散射截面如图 4-24 所示。从图 4-24（a）中可见，与那国岛导致雷达高度计失锁亦影响到了 C 波段后向散射截面。校正后的 Ku 波段后向散射截面（粗实线）比校正前的 Ku 波段后向散射截面（细实线）总体来说要稍大些，当然亦存在校正后比校正前小的情况，如 23.7°N 附近。图 4-24（b）为校正前与校正后由 Ku 波段反演的有效波高对比图，校正后明显滤去了校正前的有效波高尖峰现象。图 4-24（c）所示为利用校正后的 Ku 波段后向散射截面与校正后的有效波高反演的风速，实线为单纯用 VC 算法的反演结果，虚线为 Young 算法与 VC 算法联合反演结果。联合反演的结果风速最大值为 23.3m/s，与表 4-6 中的数据相比较亦小许多,该误差可能为模式误差。

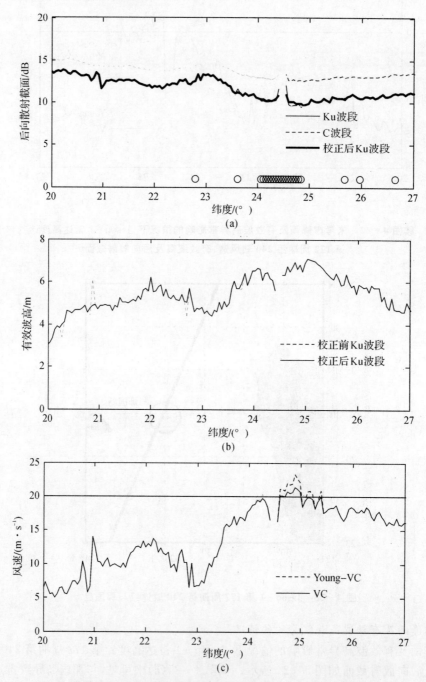

图 4-24　考虑降雨及有效波高异常影响的情况下,Jason-1 雷达高度计
第 172 周期第 240 轨风速、有效波高及后向散射截面

4.3.4　小结

双频雷达高度计后向散射截面之间的 Ku - C 拟合关系对剔除风速反演过程中降雨的影

响起着重要作用,本节针对现有 Ku-C 拟合关系的不足,提出了多项式拟合的方法,通过和统计资料作对比,显著提高了 Ku-C 拟合关系的精度,为今后的双频雷达高度计剔除降雨影响的风速反演提供了新的理论依据。本节亦指出了 Ku-C 拟合关系的不适用范围并给出了解决方法。在统计回归过程中,亦发现该 Ku-C 拟合关系可能有其他依赖项,将新的依赖项引入 Ku-C 拟合关系的构建过程可能会提高 Ku-C 拟合关系的精度,是将来理论研究的一个方向。

现行业务运行的算法只考虑 $0 \sim 20 \text{m/s}$ 的风速情况,难以准确获取极端恶劣天气如台风等情况下的风速,本节提出了 VC 算法与 Young 算法相结合反演雷达高度计海面风速的方法。通过对 Jason-1 资料的统计试验,确定了后向散射截面临界点,当雷达高度计后向散射截面大于或等于该临界点时采用 VC 算法反演风速,反之采用 Young 算法反演风速,统计试验亦校准了 Young 算法因仪器参数不同而引起的观测偏差。选取了 Jason-1 雷达高度计经过"珊珊"台风中心的两个个例进行试验。试验结果表明,单纯使用 VC 算法会使得反演结果严重偏低,利用校准后的 Young 算法和 3.2 节中新的 Ku-C 拟合关系模型及校正后的有效波高进行 $20 \sim 40 \text{m/s}$ 的风速反演能够有效地提高反演精度。分析过程中进一步证实了利用 Young 算法反演 $20 \sim 40 \text{m/s}$ 的风速的有效性。2011 年 8 月 16 日 6 时 57 分,我国在太原卫星发射中心用"长征四号乙"运载火箭,成功将"海洋二号"卫星送入太空。本书方法可应用到该卫星的雷达高度计风速反演业务应用算法中。

4.4　星载雷达高度计风速融合海面风场研究

从 1978 年至今,已经有 10 多颗载有雷达高度计的卫星升空。众多学者为雷达高度计反演风速进行了大量的研究工作,取得了丰硕的成果。至今已积累了 30 多年的雷达高度计风速资料,而针对雷达高度计风速的应用研究相对较少。气象、海洋等预报的精度在很大程度上取决于观测资料的多寡。如果将雷达高度计风速资料应用到气象或海洋预报中,则有望提高预报精度。然而利用雷达高度计只能反演风速,不能得到风向,这是雷达高度计反演风场的一大弊病。从辐射计资料如 SSM/I,亦得不到风向,而 Atlas 等(2008)利用变分方法融合 SSM/I 海面风速场、常规观测和 ECMWF 分析值,生成了变分分析风场,该分析风场可为预报服务。进一步,1996 年 Atlas 将理论研究付诸于实践,得到了将近 10 年的全球海面风场数据集(Atlas,2010)。如今,多种卫星反演海面风场间的融合技术得到迅速发展,业务化的典型例子是:美国气候数据中心把遥感系统有限公司(RSS)利用多个卫星探测器(SSM/I,TMI,Seawinds,AMSR-E)反演生成的风场资料进行融合处理,得到可覆盖全球海洋的海面风速场,分辨率为 0.25 经纬度格点,每 6h 一次;后又依据 NCEP 再分析资料加入了风向信息,使产品更加实用(李艳兵,2008)。而雷达高度计风速与其他海面风场融合的研究却并不多见。本书将讨论如何将雷达高度计风速资料融合到背景风场中得到融合风场。

卫星雷达高度计的主要任务是探测海面高度,同时还能反演有效波高和海面风速(Fedor 等,1982)。Zieger 等(2009)指出,各个雷达高度计的风速在校准后准确率基本相同,均方根误差在 1.7m/s 以内,但对雷达高度计风速资料的应用研究较少。Wanninkhof 研究了雷达高度计洋面风场与气体交换的关系(Wanninkhof,1992),Jacques 等(1993)对热带大西洋船测风场与雷达高度计风速进行了资料融合,Chen 等(2002)引入两个关于能量的规格化指数研究了雷达高度计风速在全球海面风场从季际到年际的变化,Ruchi 等(2007)提出对远海的雷达高度计风浪参量场利用神经网络方法投射到指定的沿海区的方法。考虑到雷达高度计风速沿轨分辨率高、误差小的特点,雷达高度计风速有广泛的应用前景。

由于真实海面风场无法得到,所以用雷达高度计风速来融合海面背景风场的有效性无法定量分析。本书针对雷达高度计风速融合海面背景风场这一问题,采用了变分结合正则化方法,通过仿真试验和个例试验来检验方法的有效性,为雷达高度计风速资料应用提供必要的理论依据。首先,构造了无辐散和有辐散两个理想风场,并对其作随机扰动和变分融合后得到合理的背景风场。然后,把理想风场插值到仿真雷达高度计路径上得到仿真雷达高度计风速,再利用反问题的正则化方法得到中间风场,并对其进行变分融合产生分析风场,与理想风场进行比较后得出分析风场的误差。利用 MCW 算法的逆运算,由得到的雷达高度计风速信息计算雷达高度计后向散射截面。进一步,对雷达高度计后向散射截面作随机扰动,利用 MCW 算法得到扰动后的雷达高度计风速。令背景风场为理想风场,在此基础上得到分析风场,分析其误差与雷达高度计后向散射截面扰动之间的关系。最后利用变分结合正则化方法和 Jason-1 雷达高度计风速资料对"珊珊"台风进行风场融合试验,试验表明,本书所提出的雷达高度计风速资料融合海面风场的方法是有效的。

本节仅考虑雷达高度计风速与后向散射截面之间的关系。实际上,雷达高度计风速还与波浪状态等因素有关,关于这部分内容本书不加讨论。

4.4.1 仿真数据生成

下面介绍无辐散理想风场、有辐散理想风场、背景风场及雷达高度计仿真数据的生成方法。

4.4.1.1 无辐散理想风场仿真

无辐散理想风场构造函数如下:

$$\begin{cases} u_{nd}^i = 6\text{m/s} \\ v_{nd}^i = 8\text{m/s} \end{cases}$$

式中,u_{nd}^i 为无辐散理想风场纬向分量;v_{nd}^i 为无辐散理想风场经向分量。该无辐散理想风场如图 4-25 所示,以(0,0)点为中心,经向距离为 500km,分辨率为 50km,纬向距离为 600km,分辨率为 50km。

4.4.1.2 有辐散理想风场仿真

有辐散理想风场构造函数如下:

$$\begin{cases} \boldsymbol{v}_\varphi(R) = v_{\varphi\max} (R/R_{\max})^\alpha \hat{\boldsymbol{e}}\varphi \\ \boldsymbol{v}_r(R) = v_{r\max} (R/R_{\max})^\alpha \hat{\boldsymbol{e}}r \end{cases}$$

式中,$\boldsymbol{v}_\varphi(R)$ 为旋转流;$\boldsymbol{v}_r(R)$ 为辐散流;R 是距涡旋中心的距离;最大风速区域半径 $R_{\max}=15$ km;旋转流流速最大值 $v_{\varphi\max}=20$ m/s;$\hat{\boldsymbol{e}}_\varphi$ 为旋转流切向单位矢量;辐散流流速最大值 $v_{r\max}=10\text{m/s}$;$\boldsymbol{e}_r$ 为辐散流径向单位矢量。当 $R \geqslant R_{\max}$ 时,取 $\alpha=-1$;当 $0<R<R_{\max}$ 时,取 $\alpha=1$。将该涡旋风场转换到直角坐标系下,得出如图 4-26 所示的有辐散理想风场(u_d^i,v_d^i)。经计算,$\alpha=-1$ 时,该涡旋风场散度为零;$\alpha=1$ 时,散度为 $2v_{r\max}/R_{\max}=-0.0013/\text{s}$。

4.4.1.3　背景风场仿真

为得到存在扰动的背景风场,分别对无辐散理想风场(u_{nd}^i,v_{nd}^i)和有辐散理想风场(u_d^i,v_d^i)添加随机扰动,并对该扰动风场进行变分融合,构造无辐散背景风场(u_{nd}^b,v_{nd}^b)和有辐散背景风场(u_d^b,v_d^b)。

4.4.1.4　雷达高度计路径、风速及后向散射截面仿真

雷达高度计路径仿真结果如图 4-25、图 4-26 所示。雷达高度计路径由南向北,轨道倾角为 $75°$,雷达高度计星下点分辨率为 6km(图像显示时降到 18km)。利用 Kriging 插值方法将无辐散理想风场(u_{nd}^i,v_{nd}^i)和有辐散理想风场(u_d^i,v_d^i)分别插值到雷达高度计路径上得出无辐散和有辐散两种情形下雷达高度计风速(视为观测场)。

针对无辐散风场中雷达高度计路径上的理想风速,利用 MCW 算法逆运算计算相应的雷达高度计后向散射截面 σ^i,对 σ^i 添加扰动,得到受扰动后的雷达高度计后向散射截面 σ^o(其中仅考虑最大扰动振幅 $\varepsilon=1m/s$ 的情况),利用该后向散射截面,计算因后向散射截面扰动而得出的雷达高度计风速。此时对背景风场不作扰动,即(u_{nd}^b,v_{nd}^b)=(u_{nd}^i,v_{nd}^i)。

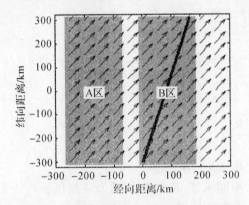

图 4-25　无辐散理想风场及雷达高度计路径　　图 4-26　有辐散理想风场及雷达高度计路径

4.4.2　雷达高度计风速资料融合海面风场新方法

利用雷达高度计风速资料融合海面风场可分为三步实施。第一步,利用 Kriging 插值方法将背景风场插值到雷达高度计路径上产生雷达高度计风速的观测算子 H。第二步,利用反问题中的正则化方法构建中间风场。第三步,采用变分分析方法对中间风场进行融合得到分析风场。

4.4.2.1　构建雷达高度计风速的观测算子

该步骤的主要作用在于将背景风场插值到雷达高度计路径上获取观测算子,为第二步实施正则化方法作准备。

假定 V_i^b 为分析风场中第 $i(i=1,2,\cdots,N)$ 个点的风速,$\overline{V}_k$ 为背景风场插值到雷达高度计路径上第 k 个点(观测点)的风速,k 为雷达高度计轨迹上第 $k(k=1,2,\cdots,K)$ 个点,h_i^k 为第 i 个数据对第 k 个目标点的贡献权重,记

$$\overline{\boldsymbol{Y}} = (\overline{V}_1 \quad \overline{V}_2 \quad \cdots \quad \overline{V}_k)^T$$

$$\overline{\boldsymbol{X}} = (V_1 \quad V_2 \quad \cdots \quad V_N)^T$$

则

$$\overline{Y} = HX$$

观测算子 H 可表示为

$$H = (h_i^k)_{K \times N} \tag{4-18}$$

贡献权重 h_i^k 由以下 Kriging 方程组（Saito 等，2005）得到：

$$\begin{bmatrix} h_1^k \\ \vdots \\ h_n^k \\ \mu \end{bmatrix} = \begin{bmatrix} c(x_1,x_1) & \cdots & c(x_1,x_n) & 1 \\ \vdots & & \vdots & \vdots \\ c(x_n,x_1) & \cdots & c(x_n,x_n) & 1 \\ 1 & \cdots & 1 & 0 \end{bmatrix}^{-1} \begin{bmatrix} c(x_1,x^k) \\ \vdots \\ c(x_n,x^k) \\ 1 \end{bmatrix}$$

这里 μ 为极小化处理时的拉格朗日乘子，$c(x_i,x_j)$ 为背景风场中网格点 x_i 与 x_j 之间的协方差函数，x^k 为雷达高度计路径上的插值点。本书采用指数型插值函数（Jouhaud 等，2006）：

$$c(L) = \begin{cases} 0 & , \ L = 0 \\ c_0 + c_1 \left[1 - \exp\left(\dfrac{-3L}{a} \right) \right] & , \ L > 0 \end{cases}$$

式中，L 为插值点与观测点之间的距离；c_0, c_1, a 为常数。

4.4.2.2 利用正则化方法构建中间风场

关于将观测资料引入背景场的问题，在气象上往往采用三维变分同化来实现，即

$$J[X] = \min(J^o + J^b) \tag{4-19}$$

式中，观测风场代价函数为

$$J^o = [Y^o - HX]^T R^{-1} [Y^o - HX]$$

背景风场代价函数为

$$J^b = [X - X^b]^T B^{-1} [X - X^b]$$

Y^o 为观测雷达高度计风速，X^b 为背景风场，X 为中间风场，R 与 B 分别为观测风场与背景风场的误差协方差矩阵。在实施三维变分同化时，需要满足 H 为线性矩阵、R 与 B 为正定对称矩阵以及观测场与背景场不相关三个条件。第三个条件将导致分析场中的信息只有 15% 左右来自观测风场的贡献，其余 85% 左右来自背景场的贡献（Cardinali 等，2004）。

对于融合雷达高度计风速资料与背景风场的问题，不能假定观测风场与背景风场不相关，该问题要充分体现雷达高度计风速的作用，于是采用反问题的正则化方法，在 $\|Y^o - Y^t\| \leqslant \delta$ 条件下，使中间风场 X 满足 $J^o \leqslant \delta^2$，其中 Y^t 为雷达高度计路径上的风速真实值，δ 为雷达高度计观测误差。由吉洪诺夫正则化方法（Tikhonov，1977；黄思训等，2005）知

$$J[X] = \min[J^o + \gamma J^b] \tag{4-20}$$

式中，γ 为正则化参数。由 Morozov 偏差原则（李俊等，2001）可知，正则化参数 γ 应该满足

$$J^o(\gamma) = \delta^2 \tag{4-21}$$

由式（4-20）可以导出

$$X(\gamma) = X^b + (\gamma B^{-1} + H^T R^{-1} H)^{-1} H^T R^{-1} (Y^o - Y^b)$$

记

$$F(\gamma) = J^o(\gamma) - \delta^2 \tag{4-22}$$

令 $G(\gamma) = J^o(\gamma) - \delta^2$，$G(\gamma)$ 有以下性质：

（1）$G(\gamma)$ 在 $\gamma \in (0, +\infty)$ 上为连续函数。

(2) $\lim\limits_{\gamma \to +\infty} G(\gamma) > 0$。

(3) $\lim\limits_{\gamma \to 0} G(\gamma) = -\delta^2 < 0$。

由 $G(\gamma)$ 的性质知 $G(\gamma) = 0$ 有解，即 γ 是存在的。李俊等(2001)证明了 γ 是唯一的，并指出 γ 依赖于卫星观测量、观测误差、通道的光谱特征及反演中大气初始状态的选取等各种因素，不能凭经验选取。

对式(4-22)求导后可得

$$F'(\gamma) = 2\left\langle \frac{\mathrm{d}\boldsymbol{X}(\gamma)}{\mathrm{d}\gamma}, \boldsymbol{H}^{\mathrm{T}}\boldsymbol{R}^{-1}\left[\boldsymbol{H}\boldsymbol{X}(\gamma) - \boldsymbol{Y}^{\mathrm{o}}\right]\right\rangle \quad (4-23)$$

式中

$$\frac{\mathrm{d}\boldsymbol{X}(\gamma)}{\mathrm{d}\gamma} = -(\gamma\boldsymbol{B}^{-1} + \boldsymbol{H}^{\mathrm{T}}\boldsymbol{R}^{-1}\boldsymbol{H})^{-2}\boldsymbol{B}^{-1}\boldsymbol{H}^{\mathrm{T}}\boldsymbol{R}^{-1}(\boldsymbol{Y}^{\mathrm{o}} - \boldsymbol{H}\boldsymbol{X}^{\mathrm{b}}) \quad (4-24)$$

采用牛顿迭代法有

$$\gamma_n = \gamma_{n-1} - \frac{F(\gamma_{n-1})}{F'(\gamma_{n-1})} \quad (4-25)$$

利用式(4-23)~式(4-25)，具体的迭代过程如下：

$$(\gamma_0, \boldsymbol{X}_0) \to (F(\gamma_0), F'(\gamma_0)) \to (\gamma_1, \boldsymbol{X}_1) \to (F(\gamma_1), F'(\gamma_1)) \to (\gamma_2, \boldsymbol{X}_2) \to \cdots \to (\gamma_n, \boldsymbol{X}_n)$$

$$(4-26)$$

当 n 趋近于 $+\infty$ 时，

$$\left.\begin{array}{l} \lim\limits_{n \to \infty} \gamma_n = \gamma_{\mathrm{r}} \\ \lim\limits_{n \to \infty} \boldsymbol{X}_n = \boldsymbol{X}_{\mathrm{r}} \end{array}\right\} \quad (4-27)$$

$\boldsymbol{X}_{\mathrm{r}}$ 就是待求中间风速场，γ_{r} 为相应的正则化参数。中间风场风向取背景风场风向，即可得到整个中间风场 $(\widetilde{V}, \widetilde{\theta})$。

4.4.2.3　中间风场的变分最佳融合

从上述计算可得出中间风场 $(\widetilde{V}, \widetilde{\theta})$。记中间风场经向分量

$$\widetilde{u} = \widetilde{V}\cos\widetilde{\theta}$$

中间风场纬向分量

$$\widetilde{v} = \widetilde{V}\sin\widetilde{\theta}$$

中间风场散度

$$\widetilde{D} = \frac{\partial \widetilde{u}}{\partial x} + \frac{\partial \widetilde{v}}{\partial y}$$

令 Ω 为风场区域，$\partial\Omega$ 为该区域的边界；$(u_{\mathrm{nd}}^{\mathrm{a}}, v_{\mathrm{nd}}^{\mathrm{a}})$ 为无辐散背景风场经雷达高度计风速资料融合后的分析风场，其散度

$$D_{\mathrm{nd}}^{\mathrm{a}} = \frac{\partial u_{\mathrm{nd}}^{\mathrm{a}}}{\partial x} + \frac{\partial v_{\mathrm{nd}}^{\mathrm{a}}}{\partial y}$$

$(u_{\mathrm{d}}^{\mathrm{a}}, v_{\mathrm{d}}^{\mathrm{a}})$ 为无辐散背景风场经雷达高度计风速资料融合后的分析风场，其散度

$$D_{\mathrm{d}}^{\mathrm{a}} = \frac{\partial u_{\mathrm{d}}^{\mathrm{a}}}{\partial x} + \frac{\partial v_{\mathrm{d}}^{\mathrm{a}}}{\partial y}$$

第一种情形是背景风场为无辐散风场。由于 $(\widetilde{u}, \widetilde{v})$ 不满足风场水平无辐散的条件，为得到高质量的分析风场，必须对所得到的中间风场进行无辐散约束控制(Sasaki,1969;林明森，

2000），即满足 $D_{\mathrm{nd}}^{\mathrm{a}}$。

采用微分约束的条件变分（也称为条件极值或变分最佳分析），有

$$
\begin{cases}
J[u_{\mathrm{nd}}^{\mathrm{a}}, v_{\mathrm{nd}}^{\mathrm{a}}] = \min\left\{ \iint_{\Omega} [(u_{\mathrm{nd}}^{\mathrm{a}} - \tilde{u})^2 + (v_{\mathrm{nd}}^{\mathrm{a}} - \tilde{v})^2] \mathrm{d}\Omega \right\} \\
\dfrac{\partial u_{\mathrm{nd}}^{\mathrm{a}}}{\partial x} + \dfrac{\partial v_{\mathrm{nd}}^{\mathrm{a}}}{\partial y} = 0
\end{cases}
$$

引进 Lagrange 算子 $\lambda(x, y)$，目标泛函转换为

$$
J_{\mathrm{nd}}[u_{\mathrm{nd}}^{\mathrm{a}}, v_{\mathrm{nd}}^{\mathrm{a}}] = \min\left\{ \frac{1}{2} \int_{\Omega} [(u_{\mathrm{nd}}^{\mathrm{a}} - \tilde{u})^2 + (v_{\mathrm{nd}}^{\mathrm{a}} - \tilde{v})^2 - 2\lambda(x, y) D_{\mathrm{nd}}^{\mathrm{a}}] \mathrm{d}\Omega \right\} \qquad (4-28)
$$

通过变分计算可以得出

$$
\delta J_{\mathrm{nd}}[u_{\mathrm{nd}}^{\mathrm{a}}, v_{\mathrm{nd}}^{\mathrm{a}}] = (u_{\mathrm{nd}}^{\mathrm{a}} - \tilde{u})\delta u_{\mathrm{nd}}^{\mathrm{a}} + (v_{\mathrm{nd}}^{\mathrm{a}} - \tilde{v})\delta v_{\mathrm{nd}}^{\mathrm{a}} - \\
\frac{\partial \lambda(x, y)}{\partial x}\delta u_{\mathrm{nd}}^{\mathrm{a}} - \frac{\partial \lambda(x, y)}{\partial y}\delta v_{\mathrm{nd}}^{\mathrm{a}}
$$

所以有

$$
\left.\begin{aligned}
u_{\mathrm{nd}}^{\mathrm{a}} &= \tilde{u} - \frac{\partial \lambda(x, y)}{\partial x} \\
v_{\mathrm{nd}}^{\mathrm{a}} &= \tilde{v} - \frac{\partial \lambda(x, y)}{\partial y}
\end{aligned}\right\} \qquad (4-29)
$$

式中，$\lambda(x, y)$ 满足 Poisson 方程

$$
\begin{cases}
\Delta\lambda(x, y) = \widetilde{D} \\
\lambda(x, y)\,|_{\partial\Omega} = 0
\end{cases}
$$

利用超松弛迭代方法解出 $\lambda(x, y)$，将该 $\lambda(x, y)$ 代入式（4-29），即可求出雷达高度计风速与无辐散风场融合后的分析风场 $(u_{\mathrm{nd}}^{\mathrm{a}}, v_{\mathrm{nd}}^{\mathrm{a}})$。

第二种情形是背景风场为有辐散风场。在这种情形下，中间风场的散度很小但不为零，若采用强约束的方法会带来较大误差。于是采用弱约束的方法，建立目标泛函

$$
J_{\mathrm{d}}[u_{\mathrm{d}}^{\mathrm{a}}, v_{\mathrm{d}}^{\mathrm{a}}] = \min\left\{ \frac{1}{2} \int_{\Omega} [(u_{\mathrm{d}}^{\mathrm{a}} - \tilde{u})^2 + (v_{\mathrm{d}}^{\mathrm{a}} - \tilde{v})^2 + \lambda'(D_{\mathrm{d}}^{\mathrm{a}})^2] \mathrm{d}\Omega \right\} \qquad (4-30)
$$

进而

$$
\delta J_{\mathrm{d}}[u_{\mathrm{d}}^{\mathrm{a}}, v_{\mathrm{d}}^{\mathrm{a}}] = \int_{\Omega} \left\{ u_{\mathrm{d}}^{\mathrm{a}} - \tilde{u} - \frac{\partial}{\partial x}\left[\lambda'\left(\frac{\partial u_{\mathrm{d}}^{\mathrm{a}}}{\partial x} + \frac{\partial v_{\mathrm{d}}^{\mathrm{a}}}{\partial y}\right)\right]\delta u_{\mathrm{d}}^{\mathrm{a}} + v_{\mathrm{d}}^{\mathrm{a}} - \tilde{v} - \frac{\partial}{\partial y}\left[\lambda'\left(\frac{\partial u_{\mathrm{d}}^{\mathrm{a}}}{\partial x} + \frac{\partial v_{\mathrm{d}}^{\mathrm{a}}}{\partial y}\right)\right]\delta v_{\mathrm{d}}^{\mathrm{a}} \right\}\mathrm{d}\Omega + \\
\int_{\partial\Omega} \lambda'\left(\frac{\partial u_{\mathrm{d}}^{\mathrm{a}}}{\partial x} + \frac{\partial v_{\mathrm{d}}^{\mathrm{a}}}{\partial y}\right)(\delta u_{\mathrm{d}}^{\mathrm{a}}, \delta v_{\mathrm{d}}^{\mathrm{a}}) \cdot \boldsymbol{n}\mathrm{d}(\partial\Omega)
$$

式中，S 为 Ω 的边界。当 $\delta J_{\mathrm{d}}[u_{\mathrm{d}}^{\mathrm{a}}, v_{\mathrm{d}}^{\mathrm{a}}] = 0$ 时，有

$$
\begin{cases}
u_{\mathrm{d}} = \tilde{u} + \lambda'\dfrac{\partial}{\partial x}\left(\dfrac{\partial u_{\mathrm{d}}^{\mathrm{a}}}{\partial x} + \dfrac{\partial v_{\mathrm{d}}^{\mathrm{a}}}{\partial y}\right) \\
v_{\mathrm{d}} = \tilde{v} + \lambda'\dfrac{\partial}{\partial y}\left(\dfrac{\partial u_{\mathrm{d}}^{\mathrm{a}}}{\partial x} + \dfrac{\partial u_{\mathrm{d}}^{\mathrm{a}}}{\partial y}\right) \\
\lambda'\left(\dfrac{\partial u_{\mathrm{d}}^{\mathrm{a}}}{\partial x} + \dfrac{\partial v_{\mathrm{d}}^{\mathrm{a}}}{\partial y}\right)(\delta u_{\mathrm{d}}^{\mathrm{a}}, \delta v_{\mathrm{d}}^{\mathrm{a}}) \cdot \boldsymbol{n}\,|_{\mathrm{s}} = 0
\end{cases}
$$

即

$$
\left.\begin{array}{l}
u_{\mathrm{d}}^{\mathrm{a}} = \tilde{u} + \lambda' \dfrac{\partial D_{\mathrm{d}}^{\mathrm{a}}}{\partial x} \\[2mm]
v_{\mathrm{d}}^{\mathrm{a}} = \tilde{v} + \lambda' \dfrac{\partial D_{\mathrm{d}}^{\mathrm{a}}}{\partial y} \\[2mm]
D_{\mathrm{d}}^{\mathrm{a}} \big|_{\partial\Omega} = 0
\end{array}\right\} \tag{4-31}
$$

在弱约束的假设条件下,令

$$
\xi_{\mathrm{d}}^{\mathrm{a}} = \frac{\partial v_{\mathrm{d}}^{\mathrm{a}}}{\partial x} - \frac{\partial u_{\mathrm{d}}^{\mathrm{a}}}{\partial y}
$$

$$
\tilde{\xi} = \frac{\partial \tilde{u}}{\partial x} - \frac{\partial \tilde{v}}{\partial y}
$$

将上式代入有

$$
\zeta_{\mathrm{d}}^{\mathrm{a}} = \frac{\partial \tilde{u}}{\partial x} - \frac{\partial \tilde{v}}{\partial y} + \frac{\partial^2}{\partial x \partial y}\left[\lambda'\left(\frac{\partial u_{\mathrm{d}}^{\mathrm{a}}}{\partial x} + \frac{\partial v_{\mathrm{d}}^{\mathrm{a}}}{\partial y}\right)\right] \frac{\partial^2}{\partial y \partial x}\left[\lambda'\left(\frac{\partial u_{\mathrm{d}}^{\mathrm{a}}}{\partial x} + \frac{\partial v_{\mathrm{d}}^{\mathrm{a}}}{\partial y}\right)\right]
$$

即 $\xi_{\mathrm{d}}^{\mathrm{a}} = \tilde{\xi}$,涡度守恒。

此时容易导出 $D_{\mathrm{d}}^{\mathrm{a}}$ 满足如下 Helmholtz 方程边值问题:

$$
\begin{cases}
\lambda' \Delta D_{\mathrm{d}}^{\mathrm{a}} - D_{\mathrm{d}}^{\mathrm{a}} = -\tilde{D} \\[2mm]
D_{\mathrm{d}}^{\mathrm{a}} \big|_{\partial\Omega} = 0
\end{cases}
$$

利用超松弛迭代方法解出 $D_{\mathrm{d}}^{\mathrm{a}}(x,y)$,将该 $D_{\mathrm{d}}^{\mathrm{a}}(x,y)$ 代入式(4-31),即可求出有辐散风场弱约束条件下的分析风场 $(u_{\mathrm{d}}^{\mathrm{a}}, v_{\mathrm{d}}^{\mathrm{a}})$。为使式(4-29)量纲匹配,在数值计算过程中,取 $\lambda' = \eta \Delta x^2$。

4.4.3　正则化参数与弱约束系数的确定

观测误差 δ 与正则化参数 γ 存在着一一对应的关系,部分观测误差与正则化参数的对应关系见表 4-7。由于雷达高度计的观测误差在 1.7m/s 以内(Zieger 等,2009),当观测误差 δ =1.7m/s 时,相应的正则化参数 γ=0.513 7,所以选取正则化参数 γ=0.513 7。

表 4-7　观测误差 δ 与正则化参数 γ 的对应关系

$\delta/(\mathrm{m \cdot s^{-1}})$	γ
0.9	0.669 5
1.2	0.634 3
1.4	0.604 8
1.7	0.513 7

对有辐散理想风场的风速添加均方根误差为 1.0m/s 的扰动,利用弱约束方法进行变分最佳融合,以确定弱约束系数 η。不同的 η 值对计算误差的影响见表 4-8。当 η=26 时,计算误差最小,所以确定该值为最优弱约束系数。

表 4 - 8　不同的若约束系数 η 与误差对应关系

η	误差/$(m \cdot s^{-1})$
0.001	1.005 1
24	1.004 1
25	1.004 0
26	0.948 0
50	0.948 2
100	0.948 3

4.4.4　背景风场存在误差时融合结果的敏感性分析

下面针对背景风场存在误差的情况,对融合结果进行敏感性分析,具体研究流程如图 4 - 27 所示。

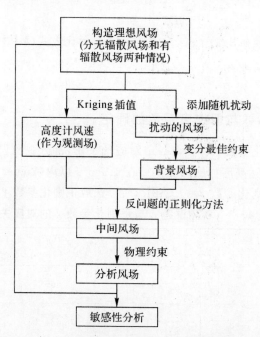

图 4 - 27　背景风场存在误差时的研究流程

4.4.4.1　无辐散风场模拟结果

当理想风场的风速为 10m/s 左右时,背景风场均方根误差一般不超过 1m/s。由于选取的无辐散理想风场的风速均为中等风速(10m/s),所以对该理想风场添加 $\varepsilon = 1m/s$ 的扰动(记 ε 为最大扰动振幅),这样可得到扰动风场。对扰动风场进行变分融合得到背景风场,然后引入模拟的雷达高度计风速,采用反问题的正则化方法计算出中间风场,再对中间风场进行变分融合得到分析风场。图 4 - 28 所示为无辐散情形下雷达高度计路径上的风速。该路径上雷达高度计风速为 10m/s,背景风速最小为 9m/s,最大为 10.8m/s。利用雷达高度计风速对背景风场融合后得出的雷达高度计路径上分析风速在 9.5~10.4m/s 之间振荡,明显抑制了扰动,即采用变分结合正则化方法对雷达高度计风速在无辐散情形下融合背景风场是有效的。

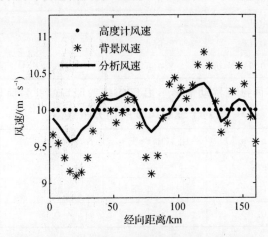

图4-28　无辐散情况下雷达高度计路径上的风速

　　为考察本书方法在不同扰动强度、不同区域内对背景风场的融合效果,将图 4-25 所示的风场分成 A 区和 B 区两个区,其中 A 区为距离雷达高度计轨迹比较远的风场区域,B 区为雷达高度计扫过的风场区域。下面对整体无辐散风场、A 区无辐散风场和 B 区无辐散风场的融合结果进行敏感性分析。分别取 ε 为 0.5ms、1ms、2m/s,将背景风场和分析风场分别与无辐散理想风场进行比较,计算得到相应的均方根误差,结果见表 4-9~表 4-11,其中 e_{nd}^{bu} 为无辐散背景风场经向分量均方根误差,e_{nd}^{bv} 为无辐散背景风场纬向分量均方根误差,e_{nd}^{au} 为无辐散分析风场经向分量均方根误差,e_{nd}^{av} 为无辐散分析风场纬向分量均方根误差。综合分析表 4-9~表 4-11,随着 ε 减小,分析风场的均方根误差减小。当 ε 分别为 0m/s、1m/s、2m/s 时,分析风场经向分量和纬向分量的均方根误差均比背景风场经向分量和纬向分量小,说明雷达高度计风速融合无辐散背景风场的方法起到了积极作用。由于离雷达高度计轨迹较远的 A 区背景风场不能得到雷达高度计风速的有效融合,背景风场和分析风场的均方根误差几乎相同,结果见表 4-10。而雷达高度计扫过的 B 区背景风场则得到了较好的融合结果,分析风场的均方根误差均明显小于背景风场的均方根误差(见表 4-11)。统计表明,在 B 区,利用雷达高度计风速资料进行融合及无辐散约束后,能够使背景风场均方根误差降低 15% 左右。整体无辐散风场经向分量和纬向分量均方根误差介于 A 区无辐散风场和 B 区无辐散风场经向分量和纬向分量之间。由此可知,利用本书方法对无辐散风场的融合是有效的。

表 4-9　在不同振幅扰动情形下整体无辐散风场的背景风场和分析风场相对于理想风场的均方根误差

$\varepsilon/(m \cdot s^{-1})$	$e_{nd}^{bu}/(m \cdot s^{-1})$	$e_{nd}^{bv}/(m \cdot s^{-1})$	$e_{nd}^{au}/(m \cdot s^{-1})$	$e_{nd}^{av}/(m \cdot s^{-1})$
0.5	0.2	0.2	0.1	0.2
1	0.4	0.5	0.4	0.5
2	0.7	0.8	0.6	0.8

表 4-10   在不同振幅扰动情形下 A 区无辐散风场的背景风场和分析
风场相对于理想风场的均方根误差

$\varepsilon/(\text{m}\cdot\text{s}^{-1})$	$e_{\text{nd}}^{\text{bu}}/(\text{m}\cdot\text{s}^{-1})$	$e_{\text{nd}}^{\text{bv}}/(\text{m}\cdot\text{s}^{-1})$	$e_{\text{nd}}^{\text{au}}/(\text{m}\cdot\text{s}^{-1})$	$e_{\text{nd}}^{\text{av}}/(\text{m}\cdot\text{s}^{-1})$
0.5	0.1	0.2	0.1	0.2
1	0.4	0.6	0.4	0.6
2	0.6	0.8	0.6	0.8

表 4-11   在不同振幅扰动情形下 B 区无辐散风场的背景风场和分析风场
相对于理想风场的均方根误差

$\varepsilon/(\text{m}\cdot\text{s}^{-1})$	$e_{\text{nd}}^{\text{bu}}/(\text{m}\cdot\text{s}^{-1})$	$e_{\text{nd}}^{\text{bv}}/(\text{m}\cdot\text{s}^{-1})$	$e_{\text{nd}}^{\text{au}}/(\text{m}\cdot\text{s}^{-1})$	$e_{\text{nd}}^{\text{av}}/(\text{m}\cdot\text{s}^{-1})$
0.5	0.2	0.2	0.1	0.2
1	0.4	0.4	0.3	0.4
2	0.7	0.8	0.6	0.8

4.4.4.2 有辐散风场模拟结果

有辐散理想风场的风速在 0～20m/s 之间,对该风场添加最大振幅为 $\varepsilon=2\text{m/s}$ 的扰动,得到扰动风场。对扰动风场进行变分融合,得到背景风场。引入模拟的雷达高度计风速,采用反问题的正则化方法计算出中间风场,再对中间风场进行变分融合,得到分析风场。如图 4-29 所示为有辐散情形下雷达高度计路径上的风速。从图 4-29 可以看出:背景风速和理想风速 (即雷达高度计风速)之差最大值为 2m/s,在经向距离 120～130km 范围内背景风速大于雷达高度计风速,在经向距离 0～40km 和 50～90km 范围内,背景风速明显小于雷达高度计风速。背景风速在经向距离 75km 附近的极小值点明显偏离雷达高度计风速在该区域的极小值点。在与雷达高度计风速偏离较大之处(如经向距离 0～40km,50～90km 范围)背景风速得到明显改善,在雷达高度计风速两个峰值附近,虽然背景风速的扰动相对较大,但分析风速相对于雷达高度计风速偏离较小。这表明,在有辐散风场中,反问题的正则化方法及散度弱约束方案有明显效果。

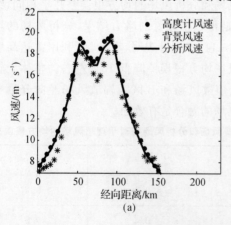
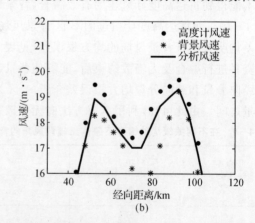

图 4-29   有辐散情形下雷达高度计路径上的风速

(a)经向距离 0～150km;(b)经向距离 42～105km

将图 4-26 所示风场分成 A 区和 B 区两个区。其中 A 区为距离雷达高度计轨迹比较远的风场区域，B 区为雷达高度计扫过的风场区域。下面对整体有辐散风场、A 区有辐散风场和 B 区有辐散风场的融合结果进行敏感性分析。取 ε 分别等于 1m/s、3m/s、5m/s 时，将背景风场和分析风场分别与理想有辐散风场进行比较，得出相应的均方根误差，结果见表 4-12～表 4-14。其中 $e_{\mathrm{d}}^{\mathrm{bu}}$ 为有辐散背景风场经向分量均方根误差，$e_{\mathrm{d}}^{\mathrm{bv}}$ 为有辐散背景风场纬向分量均方根误差，$e_{\mathrm{d}}^{\mathrm{au}}$ 为有辐散分析风场经向分量均方根误差，$e_{\mathrm{d}}^{\mathrm{av}}$ 为有辐散分析风场纬向分量均方根误差。

表 4-12　在不同振幅扰动情形下整体有辐散风场的背景风场和分析风场相对于理想风场的均方根误差

$\varepsilon/(\mathrm{m \cdot s^{-1}})$	$e_{\mathrm{nd}}^{\mathrm{bu}}/(\mathrm{m \cdot s^{-1}})$	$e_{\mathrm{nd}}^{\mathrm{bv}}/(\mathrm{m \cdot s^{-1}})$	$e_{\mathrm{nd}}^{\mathrm{au}}/(\mathrm{m \cdot s^{-1}})$	$e_{\mathrm{nd}}^{\mathrm{av}}/(\mathrm{m \cdot s^{-1}})$
1	0.4	0.4	0.4	0.4
3	1.4	1.1	1.3	1.1
5	2.2	2.2	2.1	2.2

表 4-13　在不同振幅扰动情形下 A 区有辐散风场的背景风场和分析风场相对于理想风场的均方根误差

$\varepsilon/(\mathrm{m \cdot s^{-1}})$	$e_{\mathrm{nd}}^{\mathrm{bu}}/(\mathrm{m \cdot s^{-1}})$	$e_{\mathrm{nd}}^{\mathrm{bv}}/(\mathrm{m \cdot s^{-1}})$	$e_{\mathrm{nd}}^{\mathrm{au}}/(\mathrm{m \cdot s^{-1}})$	$e_{\mathrm{nd}}^{\mathrm{av}}/(\mathrm{m \cdot s^{-1}})$
1	0.4	0.5	0.4	0.5
3	1.2	1.3	1.2	1.3
5	2.1	2.4	2.1	2.4

表 4-14　在不同振幅扰动情形下 B 区有辐散风场的背景风场和分析风场相对于理想风场的均方根误差

$\varepsilon/(\mathrm{m \cdot s^{-1}})$	$e_{\mathrm{nd}}^{\mathrm{bu}}/(\mathrm{m \cdot s^{-1}})$	$e_{\mathrm{nd}}^{\mathrm{bv}}/(\mathrm{m \cdot s^{-1}})$	$e_{\mathrm{nd}}^{\mathrm{au}}/(\mathrm{m \cdot s^{-1}})$	$e_{\mathrm{nd}}^{\mathrm{av}}/(\mathrm{m \cdot s^{-1}})$
1	0.5	0.3	0.5	0.3
3	1.7	0.9	1.4	0.8
5	2.2	1.6	1.9	1.5

从表 4-12～表 4-14 可知，随着 ε 的增大，分析风场的均方根误差也随之增大。当 ε 分别为 1m/s、3m/s、5m/s 时，分析风场经向分量和纬向分量的均方根误差均比背景风场经向分量和纬向分量的均方根误差小，体现了雷达高度计风速对背景风场融合的积极作用。在 A 区中，分析风场经向分量和纬向分量与背景风场经向分量和纬向分量的均方根误差基本相同，即当雷达高度计的轨迹远离关注区域时，本书所提出的变分结合正则化方法融合效果不明显。由于雷达高度计轨迹经过 B 区，同时 B 区也是风速变化最大的区域，所以 B 区比 A 区的风场融合效果更为明显。从整体有辐散风场的融合结果（见表 4-12）可以看出，背景风场得到明显改善。由此可知，利用本书方法对有辐散风场的融合是有效的。

4.4.5 雷达高度计后向散射截面存在误差时风场融合的敏感性分析

由于反演方法和数据量的不同,从 1981 年至今已发展出很多雷达高度计的风速反演算法。1981 年 Brown 等利用 Geos-3 搭载的雷达高度计后向散射截面与 184 个浮标资料进行拟合并提出 Brown 三段风速反演算法,随后 Chelton、Witter、Young、Gourrion、Chen 等分别通过雷达高度计后向散射截面与浮标、散射计或数值模式资料的对比得出统计反演算法(具体可参阅 1.2.2.2 小节),Zhao 等(2003)提出物理反演算法进行海面风速的反演。MCW 算法是 ERS-1,ERS-2,Topex/Poseidon 等雷达高度计的业务运行算法,由于该算法具有较高的运行效率和精度,所以本书采用 MCW 算法来考察雷达高度计后向散射截面的误差对风场融合结果的影响。在考虑有效波高后进行仿真试验会比较复杂,因而在本小节模拟试验中暂不考虑有效波高对融合结果的影响。

下面针对雷达高度计后向散射截面存在误差的情况,对无辐散背景风场融合结果进行敏感性分析,具体研究流程如图 4-30 所示。MCW 的均方根误差为 1.9m/s,其误差来源有多种,例如:模式误差,后向散射截面误差等,下面仅考虑后向散射截面误差。

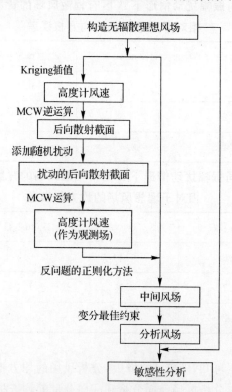

图 4-30　雷达高度计后向散射截面存在误差时的研究流程

理想的雷达高度计后向散射截面 σ^i 与添加扰动后的雷达高度计后向散射截面 σ^o 的分布如图 4-31 所示。从图 4-31 中可以看出,σ^i 在 10.1dB 附近,对 σ^i 进行扰动后(这里仅考虑最大扰动幅度为 1dB 的情况)得出的 σ^o 最大偏差可达 1dB,相应的风速偏差如图 4-32 所示。从图 4-32 可以看出,当背景风场风速等于 10m/s 时,雷达高度计风速与背景风速之差最大值可达 3.6m/s,经统计得到雷达高度计风速的均方根误差为 1.8m/s。假设对无辐散背景风场不作扰动,即$(u_{nd}^b,v_{nd}^b)=(u_{nd}^i,v_{nd}^i)$,在这种情况下,利用反问题的正则化方法并进行变分分析后可知,分析风场由于计入雷达高度计后向散射截面随机扰动而有小幅度扰动,但不明显。雷达高度计后向散射截面受扰动后,针对整体无辐散风场以及 A 区无辐散风场和 B 区无辐散风场,计算了各个风场相对于理想风场经向分量和纬向分量的均方根误差,所得的结果见表 4-15。从表 4-15 可知,当雷达高度计后向散射截面存在误差时,沿轨区域的均方根误差稍大一些,远离雷达高度计轨迹区域稍小一些,整体的风速误差仅在厘米/秒级。可见,雷达高度计后向散射截面误差对风场融合结果影响很小。

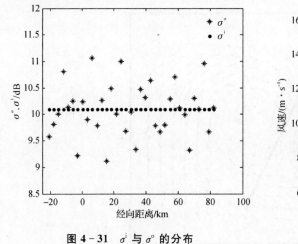

图 4-31　σ^i 与 σ^o 的分布　　　　图 4-32　无辐散情况下 σ^i
受扰动后雷达高度计路径上的风速

表 4-15　在 σ^i 受扰动后无辐散情形下背景风场和分析风场相对于理想风场的均方根误差

	$e_{nd}^{bu}/(\text{m}\cdot\text{s}^{-1})$	$e_{nd}^{bv}/(\text{m}\cdot\text{s}^{-1})$	$e_{nd}^{au}/(\text{m}\cdot\text{s}^{-1})$	$e_{nd}^{av}/(\text{m}\cdot\text{s}^{-1})$
整体区域	0.000 0	0.000 0	0.033 3	0.042 0
A 区	0.000 0	0.000 0	0.005 2	0.003 2
B 区	0.000 0	0.000 0	0.054 0	0.069 4

4.4.6　实例分析

以 2006 年 09 月 16 日 00 时的美国国家环境预报中心(National Centers for Environmental Prediction,NCEP)资料为初始时刻,利用 MM5(第五代中尺度模式)数值模式(Grell 等,1995)积分 194min,得出的结果中海面 10m 风场作为背景风场,其分辨率为 54km,如图 4-33 所示。该风场为非对称台风风场,且风场左下角区域风速偏小。选取 Jason-1 雷达高度计的 172 周期第 240 轨风场资料,该风场刚好扫过"珊珊"台风风速极大值区。利用 VC 算法计算得到雷达高度计风速作为观测场(此处用于风速反演的方法为 3.3 节所提出的 VC 与 Young 算法相结合的反演方法),采用反问题的正则化方法并进行变分融合,得出雷达高度计路径上雷达高度计风速、背景风速和分析风速,结果如图 4-34 所示。从图 4-34 中可见,NCEP 资料经模式积分的结果与雷达高度计风速偏离很大,融合后的分析风速明显与雷达高度计风速更为接近,在22.9°N和25.8°N附近,背景风速明显偏离雷达高度计风速,分析风速受到背景风速的影响略偏向背景风速。若以雷达高度计风速为真实风速,则背景风速均方根误差为2.4m/s,而分析风速均方根误差降低到1.3m/s,即背景风速明显得到改善,进一步证明了本书风场融合算法的有效性。而雷达高度计风速曲线的振荡较明显,可能是由后向散射截面误差或系统误差所致,但经融合后的分析风速曲线较平滑(在24°N~25°N之间的折线是由于剔除了其间大于20m/s的风速的缘故),且与雷达高度计风速的总体趋势相同,说明雷达高度计后向散射截面存在误差时对融合结果影响不明显。

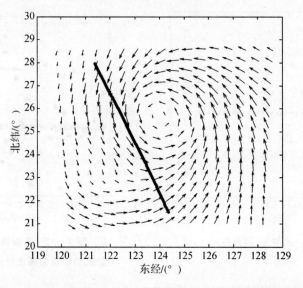

图4-33 2006年9月16日3时14分"珊珊"台风风场及雷达高度计路径

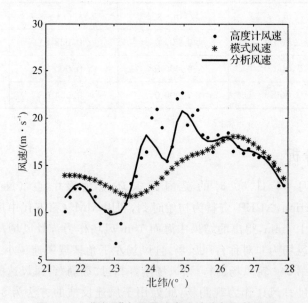

图4-34 "珊珊"台风雷达高度计路径上的风速

4.4.7　小结

在总结国内外研究工作的基础上,针对雷达高度计风速融合海面风场这一问题,提出了变分结合正则化的新方法,并进行了数值模拟试验和实例分析。首先在无辐散风场和有辐散风场两种情况下进行了模拟试验,数值模拟结果表明,雷达高度计风速与背景风场的融合有积极作用,雷达高度计沿轨区域风场融合效果明显,远离雷达高度计轨迹区域效果次之。然后对雷达高度计后向散射截面进行了敏感性试验,当雷达高度计后向散射截面存在扰动时,整体风场受扰动幅度较小,这说明利用本书方法融合的风场具有较强的抗噪性。最后,利用 Jason - 1 雷达高度计风速资料对"珊珊"台风进行了具体个例的分析试验,进一步证实了雷达高度计风速资料与背景风场融合的可行性和有效性。

第5章 总结与展望

5.1 总 结

海面风场作为海洋动力环境的重要参数,应用于各类海洋科学研究,如海洋环流、热带风暴、大气与海洋的耦合效应等等。科学家们试图通过各种方式更快、更准确地获取海面风场信息,服务于各类数值模型的建立,进而对海洋环境乃至全球气候变化作出科学的判断和预报。

5.1.1 散射计海洋气象要素反演应用方面

(1)详细介绍和分析了二维变分的风矢量模糊去除新方法,在此基础上,采用了二维变分结合多解方案的风矢量模糊去除新方法。针对目前星载微波散射计资料反演海面风场的不足,即降雨对微波雷达后向散射截面值的影响,提出基于大气辐射传输理论,构建适合降雨条件下的改进的地球物理模型函数,分析了改进的地球物理模型函数的性质。在改进的地球物理函数的基础上,与采用的二维变分结合多解方案的风矢量模糊去除新方法相结合,设计和实施了新的星载微波散射计资料海面风场的处理流程,并应用于实际的台风风场反演。

(2)由星载微波散射计反演海平面气压场,与由星载微波散射计资料反演海面风场的直接反演相比较而言,属于二次反演过程,即由直接反演得到的海面风场计算得到海平面气压场。首先是基于行星边界层理论,利用华盛顿大学的行星边界层模式来模拟海上行星边界层的物理结构和过程,进而计算得到海平面气压场,提出变分方法对星载微波散射计海面风场实施分解,提高了对台风的定位准确度。之后,针对星载微波散射计资料反演海平面气压场的问题,一种新的物理反演方法(变分同化结合正则化方法),改进了前人的方法。在此基础上,考虑行星边界层模式模拟方法和新方法所具有的优势,将两者进行结合,提出并设计了全新的星载微波散射计资料海平面气压场的反演处理流程。

5.1.2 合成孔径雷达海洋气象要素反演应用方面

(1)基于合成孔径雷达图像中的风条纹信息与海面风向有关的理论,利用基于吉洪诺夫正则化方法的二维数值微分来反演海面风向。基于降噪和提高运算效率的考虑,首先对合成孔径雷达图像进行降采样,其中的卷积核采用了第 4 阶的杨辉三角滤波矩阵,然后分别采用 Sobel 算子方法和数值微分方法对降采样后的图像进行梯度求解,再利用基于距离权重的代价函数确定子图像整体梯度,最终确定海面风向。模拟试验表明,数值微分方法能够有效抑制噪声,计算结果明显优于 Sobel 算子方法,书中亦给出了一个真实试验,结果显示数值微分方法精度更高。由于单个试验不具有代表性,因此还需要将来利用更多的资料进行对比验证。

（2）针对变分方法反演合成孔径雷达海面风场时没有考虑观测场与背景场之间的相关性而引入计算误差的问题，提出了利用正则化的方法反演合成孔径雷达海面风场的方法，在选取最优的正则化参数的过程中采用了 L 曲线方法。首先分析了各个地球物理模型函数的特点，指出当风向为 45°或 135°时，对应的后向散射截面变化速率最大，如果风向有较小的误差，将导致对应的后向散射截面较大的误差，最终导致风速反演结果存在较大的误差，即利用先验的风向信息而不考虑其误差是不合理的。然后进行了模拟试验，在不同正则化参数对反演结果的影响分析中可见，正则化方法的反演结果误差远小于变分方法，在不同真实风向情况下反演结果分析中可见，因真实风向不同而导致的后向散射截面误差的不同的内在联系直接影响到了反演结果。

（3）针对不包含耗散项的 KdV 方程孤立波解不能解释合成孔径雷达图像中海洋内波所导致的海面粗糙度的辐聚辐散的一连串振荡型的波列的现象，提出了将耗散项引入 KdV 方程，并通过数值试验得出了与合成孔径雷达图像中波列状相吻合的振荡型行波解的形式，并对利用振荡型行波解来反演海洋内波参数提出了构想。本书研究重点为海面风场反演，有关内波的研究不够深入，只是一点初步的认识。

5.1.3　雷达高度计海洋气象要素反演应用方面

（1）讨论了降雨对 Ku 波段和 C 波段雷达后向散射截面的不同影响，并给出两个实例进行说明。介绍了降雨情况下双频雷达高度计风速反演的基本理论，给出了 Quartly 的 Ku-C 拟合关系和 Yang 的 Ku-C 拟合关系，指出了各自缺陷。利用 7 年半的 Jason-1 数据统计出了新的 Ku-C 拟合关系，通过对比试验表明本书提出的 Ku-C 拟合关系在区间 $12dB \leqslant \sigma_C^0 \leqslant 26dB$ 精度更高。进一步指出当 $\sigma_C^0 \leqslant 12dB$ 时，数据相对较少，本书给出的 Ku-C 拟合关系误差相对较大。在实际应用过程中在 $12dB \leqslant \sigma_C^0 \leqslant 26dB$ 区间可采用本书提出的 Ku-C 拟合关系，而当 $\sigma_C^0 \leqslant 12dB$ 时沿用 Yang 的 Ku-C 拟合关系。

（2）考虑到现今业务运行的雷达高度计风速反演算法的适用范围均是 $0 \sim 20m/s$，而 Young 算法是针对 $20 \sim 40m/s$ 的风速反演算法，提出了 Vandemark-Chapron 算法与 Young 算法联合反演 Jason-1 雷达高度计海面风速的校准方法。指出了直接利用 Young 算法反演风速将导致反演结果严重偏低，误差大于 $13m/s$，给出了订正方法。在实例分析中，给出了"珊珊"台风发生发展过程中 Jason-1 卫星雷达高度计利用 Vandemark-Chapron 算法与 Young 算法联合反演 Jason-1 雷达高度计海面风速的方法的反演结果，分析了未考虑降雨、有效波高异常和考虑了降雨、有效波高异常时的风速反演结果。

（3）提出了雷达高度计风速与海面风场融合的方法。这里的海面风场可以是散射计、合成孔径雷达海面风场，也可以是数值模式的计算结果。首先，构造了无辐散和有辐散两个理想风场，并对其作随机扰动和变分融合后得到合理的背景风场。然后，把理想风场插值到仿真雷达高度计路径上得到仿真雷达高度计风速，再利用反问题的正则化方法得到中间风场，并对其进行变分融合产生分析风场，与理想风场进行比较，雷达高度计沿轨区域融合效果明显，远离雷达高度计轨迹的区域融合效果次之，整体风场的误差由于雷达高度计数据的引入而降低。利用 MCW 算法的逆运算，由得到的雷达高度计风速信息计算雷达高度计后向散射截面。进一步，对雷达高度计后向散射截面作随机扰动，利用 MCW 算法得到扰动后的雷达高度计风速。令背景风场为理想风场，在此基础上得到分析风场，经试验表明雷达高度计风速存在误差时对融合结果影响不大,误差仅在厘米/秒级。最后利用变分结合正则化方法和 Jason-1 雷达高度计风速资料对"珊珊"台风进行风场融合试验,试验表明,本书所提出的利用雷达高度计风速资料与其他海面风场融合的方法是有效的。

5.2 展　望

本书虽对星载微波散射计、合成孔径雷达和雷达高度计资料反演海洋气象要素的技术进行了研究,但仍有许多不足的地方,应继续加大对新方法或新技术方案有效性和可行性的验证。可从以下几方面着手,开展进一步的技术研究工作。

5.2.1　散射计海洋气象要素反演应用方面

(1)针对 QuikSCAT 卫星上搭载的 SeaWinds 散射计,采用了 MSS 结合 2DVAR 的全新的星载微波散射计资料的风矢量模糊去除技术,下一步可扩大资料源,对不同的星载微波散射计资料都采用此新技术进行风矢量模糊去除,尤其是对我国 HY-2 卫星上搭载的散射计,可使用该技术来实施风矢量模糊去除。

(2)在对降雨作用的考虑方面,目前仅是将降雨率作为主要影响因子来定量刻画,相对而言还是比较简单的物理模型,其中对降雨层厚度的选取主要是参照国外相关学者的研究工作,可进一步对该值的合理选择及其对台风风场反演结果的敏感性分析作深入研究,并引入雨滴粒子的大小和降雨量来刻画降雨对星载微波散射计雷达后向散射截面值的影响。

(3)在构建适合降雨情况的 GMF+RAIN 时,传统上的 GMF 均是依据雷达后向散射截面与数值天气预报模式风场经验建立起来的,对于无雨、中低风速情况下的风场反演是有效的。而对于 Ku 波段的 GMF,国外研究者均是在大量实验数据的基础上开发的,提供给使用者的也常是查询表格形式,对于高风速情况下的关系式需要进一步完善,接下来可利用我国 HY-2 卫星上搭载的散射计数据开展星载微波散射计 GMF 的构建工作。

(4)在由星载微波散射计资料反演海平面气压场的研究中,基于行星边界层理论,借助行星边界层模式实施了海平面气压场的反演。虽然使用的边界层模式对海上行星边界层的物理过程刻画很细致,但仍可进一步改进模式对海上行星边界层的物理过程的模拟,将国际上关于海上行星边界层的最新研究成果吸收到模式中,进而改进模式的模拟结果(Song 等,2009)。此外,在对台风气压中心定位的过程中,可进一步提高边界层模式的分辨率,以期提高对台风气压中心的定位精度。

(5)提出了变分同化结合正则化方法实施星载微波散射计资料的海平面气压场的反演,目前主要对中纬度区域建立了模型,下一步可对低纬度区域建立相应的模型,并将新方法加以实施。同时,需要进一步提高星载微波散射计资料获取地转涡度的准确度(Bourassa 和 Ford,2010),进而提高变分同化结合正则化方法的反演效果。此外,对变分同化结合正则化方法的约束项的设定、正则化参数的选取、权重参数的选择及迭代收敛条件的给定作进一步的深入研究。

(6)本书立足于星载微波散射计数据开展相关研究,一个主要的原因在于星载微波散射计数据便于获取,但研究所获取的技术成果绝不局限于星载微波散射计这一类资料,对于 SAR (Synthetic Aperture Radar,合成孔径雷达)数据同样是可行的。下一步,将利用获取的 SAR

数据,开展相应的技术研究,尤其是利用 SAR 数据具有比星载微波散射计资料更高的分辨率特点,开展降雨对 SAR 的影响及台风监测预警方面的研究。

5.2.2　合成孔径雷达海洋气象要素反演应用方面

(1)基于吉洪诺夫正则化的二维数值微分比基于差分的 Sobel 算子抗噪性要强很多,前者的缺陷在于计算量成倍增加,然而在计算过程中子图像的划分间隔不变的话,可以固定格林函数不变,这样就可以大大降低运算量。从理论上和模拟试验上可以得出,基于吉洪诺夫正则化的二维数值微分方法反演合成孔径雷达图像海面风向更加准确。然而由于合成孔径雷达资料比较珍贵,在时间和空间上与之相匹配的浮标和船舶报资料更加稀少,所以本书没有进行基于大量真实资料的试验以验证算法的有效性,仅做了一个个例试验。接下来可以用海量数据对算法的有效性进行验证。不仅仅如此,我们可以获得实时数据,在海洋谱模式、海冰监测、海底地形监测、植被类型、土壤湿度、灾害(如:洪水,地震,石油溢出)监测、沙漠化监测等研究方面更加方便,更可以基于现有的研究成果进行业务系统的开发,以服务于国防和国民经济建设。

(2)利用合成孔径雷达资料正则化方法反演海面风场建立代价函数时本书仅考虑了风向风速,有研究表明,多普勒频移的引入可大大提高在气旋和锋面天气情况下的反演结果,下一步可将风向、风速、多普勒频移三者共同引入代价函数中,寻找几个气旋或锋面天气情况下的例子,验证正则化方法的有效性。由于合成孔径雷达的风向来源可能有多个,可以是如浮标、船舶报等局地观测结果,也可以是数值模式输出、散射计等大范围的平均观测结果,或者是合成孔径雷达图像反演结果,不同的风向来源物理机制不同,对代价函数的影响不同,可以将不同的风向来源分作不同的代价函数项,以多参数的正则化方法进行反演可能会得到更准确的结果。

(3)现今合成孔径雷达反演海面风场的研究很少考虑降雨或白沫等效应的影响,散射计和雷达高度计在这个方面都有考虑,可以将散射计和雷达高度计的研究成果引入合成孔径雷达资料的海面风场反演中。

(4)由于没有现场观测资料,本书没有对 KdV 方程的振荡型行波解刻画海洋内波的新理论利用真实资料进行试验,仅做了模拟试验,将来获取了现场观测资料,将完善这一部分内容。

5.2.3　雷达高度计海洋气象要素反演应用方面

(1)由于雷达高度计测量的后向散射截面是海面风速和有效波高的函数,那么在通过 Brown 模型反演海面高度、有效波高和后向散射截面的过程中就不应该将三者看作独立变量进行迭代,若将实测风场作为背景约束来求解 Brown 模型,对所求解的海面高度、有效波高和后向散射截面必将有积极作用,这也将对后续的雷达高度计风速反演产生影响。

(2)常用的双频雷达高度计 Ku 波段和 C 波段后向散射截面之间的关系均是通过海量资料拟合得到的,将来可以深入研究海面对 Ku 波段和 C 波段微波的散射机理,建立更精确的物理模型,再通过统计回归确定模型中的系数,可能会得到更加精确的结果。

(3)本书提出的 Vandemark-Chapron 算法与 Young 算法联合反演 Jason-1 雷达高度计海面风速的方法是一种折中的做法,可以考虑在雷达高度计和浮标、散射计数据等不断累积的情况下,高风速情况下的个例会越来越多,建立新的雷达高度计反演模型,以直接适用于 $0\sim 40\text{m/s}$ 乃至更大的风速范围。现行的业务运行的 Gourrion 等的算法仅将有效波高纳入反演模型中,还需要将降雨及白沫的最新研究成果应用到反演模型中,以提供更加准确的风速数据,为雷达高度计风速应用做数据准备。

(4)研究提高各个星载仪器反演海面风场精度固然重要,风场资料之间的融合更加有实际应用价值。本书仅论述了雷达高度计风速资料融合海面风场的方法,还远远不够。笔者考虑过首先将雷达高度计数据与同样没有风向信息的辐射计 SSMIS、SSM/I 等进行融合,然后利用 Atlas(2010)的方法将初步融合的风场融合到散射计、合成孔径雷达或者数值模式输出的风场中,然而在进行雷达高度计数据与辐射计数据融合的试验中发现 SSMIS 的 F17 数据和 Jason-1 卫星雷达高度计数据时空匹配的很多,但几乎所有匹配的 SSMIS F17 风速数据明显比 Jason-1 卫星雷达高度计风速数据偏高 1m/s 左右,如果不进行前期处理,直接融合意义不大。这一部分内容没有写入本书的原因是笔者考虑是否需要首先对反演出来的各个数据进行标准化,然后再考虑融合的问题。还有一种简单的方法是如果关注区域附近有浮标等现场观测资料的话,星载探测器得到的风场结果插值到现场观测资料处,和现场观测资料对比,将星载探测器得到的风场结果进行整体偏移,之后再进行融合。将来将所有现场观测的风场资料、星载探测器反演得到的风场资料以及各个模式计算的风场结果融合得到一个相对来讲最精确的融合风场,以服务于气象海洋方面的相关研究和预报是大势所趋。

附　录

附录 A　傅里叶变换

1. 连续的情况

假定在空间域中的二维表面风场 v 是水平坐标 x 和 y 的连续函数，$v = (u(x,y)\quad v(x, y))$。依据下面两式来定义傅里叶变换 $\hat{u}$ 和 $\hat{v}$：

$$\hat{u}(p,q) = F[u](p,q) = \iint \mathrm{d}x \mathrm{d}y u(x,y) \mathrm{e}^{2\pi \mathrm{i}(px+qy)} \tag{A.1a}$$

$$\hat{v}(p,q) = F[v](p,q) = \iint \mathrm{d}x \mathrm{d}y v(x,y) \mathrm{e}^{2\pi \mathrm{i}(px+qy)} \tag{A.1b}$$

式中，p 和 q 为空间频率值，积分扩展到整个实数轴范围。帽子上标显示该函数均定义在频率域中；方括号表示算子的自变数。注意 p 和 q 为空间频率值，而不是空间波数，因为在傅里叶变换中是指数的定义。逆变换可表示为

$$u(x,y) = F^{-1}[\hat{u}](x,y) = \iint \mathrm{d}p \mathrm{d}q \hat{u}(p,q) \mathrm{e}^{-2\pi \mathrm{i}(px+qy)} \tag{A.2a}$$

$$v(x,y) = F^{-1}[\hat{u}](x,y) = \iint \mathrm{d}p \mathrm{d}q \hat{v}(p,q) \mathrm{e}^{-2\pi \mathrm{i}(px+qy)} \tag{A.2b}$$

2. 离散的情况

在坐标格点上，且格点大小为 Δ，离散的 2D 傅里叶变换可表示为

$$\hat{u}_{m,n} = \Delta^2 \sum_{k=0}^{M-1} \sum_{l=0}^{N-1} u_{k,l} \mathrm{e}^{2\pi \mathrm{i}\left(\frac{km}{M}+\frac{ln}{N}\right)} \tag{A.3}$$

式中，$u_{k,l} = u(x_k,y_l)$，且 $x_k = k\Delta, y_l = l\Delta, k$ 从 0 到 $N-1$ 连续变化，l 从 0 到 $M-1$ 连续变化。式(A.3)右边的求和通过 FFT(快速傅里叶变换)运算法则来完成。规则化因子 Δ^2 已经明确地加进 2DVAR(二维变分法)程序中。

离散 2D 傅里叶逆变换可以表示为

$$u_{k,l} = \frac{1}{NM\Delta^2} \sum_{m=0}^{M-1} \sum_{n=0}^{N-1} \hat{u}_{m,n} \mathrm{e}^{-2\pi \mathrm{i}\left(\frac{km}{M}+\frac{ln}{N}\right)} \tag{A.4}$$

前向变换的时候，在求和符号之前的规则化因子并没有由 FFT 运算法则设定。

注意离散前向变换的规则化因子等于空间域中格点大小的乘积，即 $\Delta^2 = \Delta_x \Delta_y$，而离散逆变换的规则化因子等于频率域中格点大小的乘积，即 $(N\Delta)^{-1}(M\Delta)^{-1} = \Delta p \Delta q$。

附录 B　赫尔姆兹变换

1. 连续的情况

在空间域中的赫尔姆兹算子 $\boldsymbol{H} = (H_1 \quad H_2)$ 定义为

$$u(x,y) = H_1[\chi, \boldsymbol{\Psi}](x,y) = \frac{\partial \chi(x,y)}{\partial x} - \frac{\partial \boldsymbol{\Psi}(x,y)}{\partial y} \tag{B.1a}$$

$$v(x,y) = H_2[\chi, \boldsymbol{\Psi}](x,y) = \frac{\partial \chi(x,y)}{\partial y} - \frac{\partial \boldsymbol{\Psi}(x,y)}{\partial x} \tag{B.1b}$$

式中，χ 为速度势；$\boldsymbol{\Psi}$ 为流函数。赫尔姆兹逆算子 $\boldsymbol{H}^{-1} = (H_1^{-1} \quad H_2^{-1})$ 满足

$$\chi(x,y) = H_1^{-1}[u,v](x,y) \tag{B.2a}$$

$$\boldsymbol{\Psi}(x,y) = H_2^{-1}[u,v](x,y) \tag{B.2b}$$

赫尔姆兹算子及其逆算子的显式表达式在频率域中更为容易赋值和计算，尤其是数值应用。

由式(B.2a)和式(A.2a)可以得到

$$u(x,y) = H_1[\chi, \boldsymbol{\Psi}](x,y) = H_1[F^{-1}[\hat{\chi}], F^{-1}[\hat{\varphi}]](x,y)$$

$$= \frac{\partial F^{-1}[\hat{\chi}](x,y)}{\partial x} - \frac{\partial F^{-1}[\hat{\boldsymbol{\Psi}}](x,y)}{\partial y}$$

$$= \frac{\partial}{\partial x}\iint \mathrm{d}p\mathrm{d}q\,\hat{\chi}(p,q)\mathrm{e}^{-2\pi\mathrm{i}(px+qy)} - \frac{\partial}{\partial y}\iint \mathrm{d}p\mathrm{d}q\,\hat{\boldsymbol{\Psi}}(p,q)\mathrm{e}^{-2\pi\mathrm{i}(px+qy)} \tag{B.3}$$

注意：为保持方程的易读性，在频率域中，某些地方的函数自变数进行了忽略。为更好地表示方程的性质，微分和积分的顺序可相互交换，因此

$$u(x,y) = \iint \mathrm{d}p\mathrm{d}q(-2\pi\mathrm{i}p)\hat{\chi}(p,q)\mathrm{e}^{-2\pi\mathrm{i}(px+qy)} - \iint \mathrm{d}p\mathrm{d}q(-2\pi\mathrm{i}q)\hat{\boldsymbol{\Psi}}(p,q)\mathrm{e}^{-2\pi\mathrm{i}(px+qy)}$$

$$= \iint \mathrm{d}p\mathrm{d}q\,\hat{h}_1(p,q)\hat{\chi}(p,q)\mathrm{e}^{-2\pi\mathrm{i}(px+qy)} - \iint \mathrm{d}p\mathrm{d}q\,\hat{h}_2(p,q)\mathrm{e}^{-2\pi\mathrm{i}(px+qy)}$$

$$= F^{-1}[\hat{h}_1\hat{\chi}](x,y) - F^{-1}[\hat{h}_2\hat{\boldsymbol{\Psi}}](x,y) \tag{B.4}$$

式中

$$\hat{h}_1(p,q) = -2\pi\mathrm{i}p$$

$$\hat{h}_2(p,q) = -2\pi\mathrm{i}p$$

不考虑所有函数的自变数，利用在空间域中得到的方程式(B.1)～(B.4)，可知

$$H_1[F^{-1}[\hat{\chi}], F^{-1}[\hat{\boldsymbol{\Psi}}]] = F^{-1}[\hat{h}_1\hat{\chi}] - F^{-1}[\hat{h}_2\hat{\boldsymbol{\Psi}}]$$

采用相同的方式，可以获得

$$v(x,y) = H_2[\chi, \boldsymbol{\Psi}](x,y) = H_2[F^{-1}[\hat{\chi}], F^{-1}[\hat{\boldsymbol{\Psi}}]](x,y)$$

$$= \frac{\partial F^{-1}[\hat{\chi}](x,y)}{\partial y} + \frac{\partial F^{-1}[\hat{\Psi}](x,y)}{\partial x}$$

$$= \frac{\partial}{\partial y} \iint \mathrm{d}p\mathrm{d}q\hat{\chi}(p,q)\mathrm{e}^{-2\pi\mathrm{i}(px+pq)} + \iint \frac{\partial}{\partial x} \iint \mathrm{d}p\mathrm{d}q\hat{\Psi}(p,q)\mathrm{e}^{-2\pi\mathrm{i}(px+pq)}$$

$$= \iint \mathrm{d}p\mathrm{d}q(-2\pi\mathrm{i}q)\hat{\chi}(p,q)\mathrm{e}^{-2\pi\mathrm{i}(px+pq)} + \iint \mathrm{d}p\mathrm{d}q(-2\pi\mathrm{i}q)\hat{\Psi}(p,q)\mathrm{e}^{-2\pi\mathrm{i}(px+pq)}$$

$$= \iint \mathrm{d}p\mathrm{d}q\hat{h}_2(p,q)\hat{\chi}(p,q)\mathrm{e}^{-2\pi\mathrm{i}(px+pq)} + \iint \mathrm{d}p\mathrm{d}q\hat{h}_1(p,q)\hat{\Psi}(p,q)\mathrm{e}^{-2\pi\mathrm{i}(px+pq)}$$

$$= F^{-1}[\hat{h}_2\hat{\chi}](x,y) + F^{-1}[\hat{h}_1\hat{\Psi}](x,y)$$

因此,也不再讨论函数的自变数,可知

$$H_2[F^{-1}[\hat{\chi}], F^{-1}[\hat{\Psi}]] = F^{-1}[\hat{h}_2\hat{\chi}] + F^{-1}[\hat{h}_1\hat{\Psi}] \tag{B.5}$$

假定下列所述函数的自变数都不再讨论。对于空间域中的函数的自变数假定为(x,y),而对于频率域中的函数,其自变数为(p,q),除非另外明确地声明。

利用傅里叶逆算子是线性表达式这一事实,式(B.4)能够表示为如下形式:

$$u = F^{-1}[\hat{h}_1\hat{\chi} - \hat{h}_2\hat{\Psi}]$$

对等式两边实施傅里叶变换,在频率域中生成

$$\hat{u} = \hat{h}_1\hat{\chi} - \hat{h}_2\hat{\Psi} \tag{B.6a}$$

沿着同样的思路可以获得

$$\hat{v} = \hat{h}_2\hat{\chi} + \hat{h}_1\hat{\Psi} \tag{B.6b}$$

式(B.6)显示了赫尔姆兹算子在频率域中是一个简单的线性变换式。通过式(B.6)求解$\hat{\chi}$和$\hat{\Psi}$可以很容易找到赫尔姆兹的逆算子,产生

$$\hat{\chi} = \hat{h}_1^{-1}\hat{u} + \hat{h}_2^{-1}\hat{v} \tag{B.7a}$$

$$\hat{\Psi} = \hat{h}_2^{-1}\hat{u} + \hat{h}_1^{-1}\hat{v} \tag{B.7b}$$

式中

$$\hat{h}_1^{-1}(p,q) = \frac{\mathrm{i}}{2\pi} \frac{p}{p^2+q^2} \tag{B.8a}$$

$$\hat{h}_2^{-1}(p,q) = \frac{\mathrm{i}}{2\pi} \frac{p}{p^2+q^2} \tag{B.8b}$$

2. 离散的情况

在 2DVAR 中,风矢量分量和位势值都是在离散格点上赋值计算的。前向赫尔姆兹变换可以表示为

$$u_{k,l} = \left.\frac{\partial\chi}{\partial x}\right|_{k,l} - \left.\frac{\partial\Psi}{\partial y}\right|_{k,l} \tag{B.9a}$$

$$v_{k,l} = \left.\frac{\partial\chi}{\partial y}\right|_{k,l} - \left.\frac{\partial\Psi}{\partial y}\right|_{k,l} \tag{B.9b}$$

式中,下标k,l表示需要赋值计算的物理量在索引值为k,l的格点处。在离散网格点上,函数

f 对 x 和 y 的导数表示为

$$\frac{\partial f}{\partial x}\bigg|_{k,l} = \frac{f_{k+1,l} - f_{k-1,l}}{2\Delta}, \frac{\partial f}{\partial y} = \frac{f_{k,l+1} - f_{k,l-1}}{2\Delta} \tag{B.10}$$

式中，Δ 为格距，假定在两个方向上是相同的。用式(B.10)替代式(B.9a)中的导数式子，并用物理量的离散逆傅里叶变换代替原有的量，可得到

$$\frac{1}{MN\Delta^2}\sum_{m=0}^{M-1}\sum_{n=0}^{N-1}\hat{u}_{m,n}\mathrm{e}^{-2\pi\mathrm{i}\left(\frac{km}{M}+\frac{ln}{N}\right)} =$$

$$\frac{1}{2\Delta}\left\{\frac{1}{MN\Delta^2}\sum_{m=0}^{M-1}\sum_{n=0}^{N-1}\hat{\chi}_{m,n}\mathrm{e}^{-2\pi\mathrm{i}\left[\frac{(k+1)m}{M}+\frac{ln}{N}\right]} - \frac{1}{MN\Delta^2}\sum_{m=0}^{M-1}\sum_{n=0}^{N-1}\hat{\chi}_{m,n}\mathrm{e}^{-2\pi\mathrm{i}\left[\frac{(k-1)m}{M}+\frac{ln}{N}\right]}\right\} -$$

$$\frac{1}{2\Delta}\left\{\frac{1}{MN\Delta^2}\sum_{m=0}^{M-1}\sum_{n=0}^{N-1}\hat{\Psi}_{m,n}\mathrm{e}^{-2\pi\mathrm{i}\left[\frac{km}{M}+\frac{(ln+1)n}{N}\right]} - \frac{1}{MN\Delta^2}\sum_{m=0}^{M-1}\sum_{n=0}^{N-1}\hat{\Psi}_{m,n}\mathrm{e}^{-2\pi\mathrm{i}\left[\frac{km}{M}+\frac{(l-1)n}{N}\right]}\right\} \tag{B.11}$$

离散的逆傅里叶变换的规则化因子去除了。式(B.11)右边的指数扩展后可得

$$\sum_{m=0}^{M-1}\sum_{n=0}^{N-1}\hat{u}_{m,n}\mathrm{e}^{-2\pi\mathrm{i}\left(\frac{km}{M}+\frac{ln}{N}\right)} =$$

$$\frac{1}{2\Delta}\left\{\sum_{m=0}^{M-1}\sum_{n=0}^{N-1}\hat{\chi}_{m,n}\mathrm{e}^{-2\pi\mathrm{i}\left[\frac{(k+1)m}{M}+\frac{ln}{N}\right]}\mathrm{e}^{2\pi\mathrm{i}\frac{m}{M}} - \sum_{m=0}^{M-1}\sum_{n=0}^{N-1}\hat{\chi}_{m,n}\mathrm{e}^{-2\pi\mathrm{i}\left[\frac{(k-1)m}{M}+\frac{ln}{N}\right]}\mathrm{e}^{-2\pi\mathrm{i}\frac{m}{M}}\right\} -$$

$$\frac{1}{2\Delta}\left[\sum_{m=0}^{M-1}\sum_{n=0}^{N-1}\hat{\Psi}_{m,n}\mathrm{e}^{-2\pi\mathrm{i}\left(\frac{km}{M}+\frac{ln}{N}\right)}\mathrm{e}^{2\pi\mathrm{i}\frac{n}{N}} - \sum_{m=0}^{M-1}\sum_{n=0}^{N-1}\hat{\psi}_{m,n}\mathrm{e}^{-2\pi\mathrm{i}\left[\frac{km}{M}+\frac{ln}{N}\right]}\mathrm{e}^{-2\pi\mathrm{i}\frac{n}{N}}\right] \tag{B.12}$$

该式可简化为

$$\sum_{m=0}^{M-1}\sum_{n=0}^{N-1}\hat{u}_{m,n}\mathrm{e}^{-2\pi\mathrm{i}\left(\frac{km}{M}+\frac{ln}{N}\right)} = \sum_{m=0}^{M-1}\sum_{n=0}^{N-1}\mathrm{e}^{-2\pi\mathrm{i}\left(\frac{km}{M}+\frac{ln}{N}\right)} \times$$

$$\left[\hat{\chi}_{m,n}\left(\frac{\mathrm{e}^{-2\pi\mathrm{i}\frac{m}{M}} - \mathrm{e}^{2\pi\mathrm{i}\frac{m}{M}}}{2\Delta}\right) - \hat{\psi}_{m,n}\left(\frac{\mathrm{e}^{-2\pi\mathrm{i}\frac{n}{N}} - \mathrm{e}^{2\pi\mathrm{i}\frac{n}{N}}}{2\Delta}\right)\right] \tag{B.13}$$

所有的 m 和 n 应保留，而求和式和公共因子可予以舍弃，产生如下结果：

$$\hat{u}_{m,n} = \mu_m\hat{\chi}_{m,n} - v_n\hat{\psi}_{m,n} \tag{B.14}$$

式中

$$\mu_m = \frac{1}{2\Delta}(\mathrm{e}^{-2\pi\mathrm{i}\frac{m}{M}} - \mathrm{e}^{2\pi\mathrm{i}\frac{m}{M}}) = \frac{-\mathrm{i}}{2\Delta}\sin\left(2\pi\frac{m}{M}\right) \tag{B.15a}$$

$$v_n = \frac{1}{2\Delta}(\mathrm{e}^{-2\pi\mathrm{i}\frac{n}{N}} - \mathrm{e}^{2\pi\mathrm{i}\frac{n}{N}}) = \frac{-\mathrm{i}}{2\Delta}\sin\left(2\pi\frac{n}{N}\right) \tag{B.15b}$$

采用相同的方式，由式(B.9b)和式(B.10)可产生

$$\frac{1}{MN\Delta^2}\sum_{m=0}^{M-1}\sum_{n=0}^{N-1}\hat{v}_{m,n}\mathrm{e}^{-2\pi\mathrm{i}\left(\frac{km}{M}+\frac{ln}{N}\right)} =$$

$$\frac{1}{2\Delta}\left\{\frac{1}{MN\Delta^2}\sum_{m=0}^{M-1}\sum_{n=0}^{N-1}\hat{\chi}_{m,n}\mathrm{e}^{-2\pi\mathrm{i}\left[\frac{km}{M}+\frac{(l+1)n}{N}\right]} - \frac{1}{MN\Delta^2}\sum_{m=0}^{M-1}\sum_{n=0}^{N-1}\hat{\chi}_{m,n}\mathrm{e}^{-2\pi\mathrm{i}\left(\frac{km}{M}+\frac{(l-1)n}{N}\right)}\right\} +$$

$$\frac{1}{2\Delta}\left(\frac{1}{MN\Delta^2}\sum_{m=0}^{M-1}\sum_{n=0}^{N-1}\hat{\psi}_{m,n}\mathrm{e}^{-2\pi\mathrm{i}\left[\frac{(k+1)m}{M}+\frac{ln}{N}\right]} - \frac{1}{MN\Delta^2}\sum_{m=0}^{M-1}\sum_{n=0}^{N-1}\hat{\psi}_{m,n}\mathrm{e}^{-2\pi\mathrm{i}\left[\frac{(k-1)m}{M}+\frac{ln}{N}\right]}\right\} \tag{B.16}$$

该式可简化为

$$\sum_{m=0}^{M-1} \sum_{n=0}^{N-1} \hat{v}_{m,n} e^{-2\pi i\left(\frac{km}{M}+\frac{ln}{N}\right)} = \sum_{m=0}^{M-1} \sum_{n=0}^{N-1} e^{-2\pi i\left(\frac{km}{M}+\frac{ln}{N}\right)} \times$$

$$\frac{1}{2\Delta} \left[\hat{\chi}_{m,n} \left(e^{-2\pi i \frac{n}{N}} - e^{2\pi i \frac{n}{N}} \right) + \hat{\psi}_{m,n} \left(e^{-2\pi i \frac{m}{M}} - e^{2\pi i \frac{m}{M}} \right) \right] \tag{B.17}$$

可进一步表示为

$$\hat{v}_{m,n} = v_n \hat{\chi}_{m,n} + \mu_m \hat{\psi}_{m,n} \tag{B.18}$$

式中，μ 和 v 由式(B.15)给定。

附录 C　伴　随　模　式

假如我们有一个定义在空间域中的代价函数 J，其以空间坐标增量 δx 作为控制矢量的函数，$J=J(\delta x)$。类似地，该代价函数也可以定义在频率域中，并以频谱增量 $\delta \zeta$ 作为控制矢量的函数，即 $J=J(\delta \zeta)$。上述两种不同的表示法通过依据无条件变换的关系式 $\delta x = Z^{-1} \delta \zeta$ 可建立起联系。

代价函数 J 对 δx 变化的敏感性，可以通过将其在点 δx_0 处展开泰勒级数并忽略其二阶项和更高阶项来进行研究(Errico,1997;Giering 和 Kaminski,1998)，即

$$J(\delta x) = J(\delta x_0) + dJ \tag{C.1}$$

式中

$$dJ = \nabla_{\delta x} J \cdot (\delta x - \delta x_0) = \boldsymbol{\nabla}_{\delta x} J \cdot d(\delta x) \tag{C.2}$$

该式为一个点积式，因此式(C.2)可以写为

$$dJ = \langle \nabla_{\delta x} J, d(\delta x) \rangle = \langle \boldsymbol{\nabla}_{\delta x} J, Z^{-1} d(\delta \zeta) \rangle \tag{C.3}$$

其中假定 $d(\delta x) = Z^{-1} d(\delta \zeta)$。

现 Z^{-1} 的伴随矩阵定义为算子 $(Z^{-1})^*$，且满足

$$\langle x_1, Z^{-1} x_2 \rangle = \langle (Z^{-1})^* x_1, x_2 \rangle \tag{C.4}$$

对于所有的 x_1 和 x_2，在有限维空间中，即在控制空间(也就是定义控制矢量所在的空间)中，伴随矩阵等于转置的复共轭矩阵，也就是

$$(Z^{-1*}) = \overline{(Z^{-1})^T} \tag{C.5}$$

将该关系式应用到式(C.4)可得

$$dJ = \langle (Z^{-1})^* \boldsymbol{\nabla}_{\delta x} J, d(\delta \zeta) \rangle \tag{C.6}$$

该式可看作是在频率域中的点积，而 $(Z^{-1*})\boldsymbol{\nabla}_{\delta x} J$ 为 J 在频率域中的梯度，因此

$$\nabla_{\delta \zeta} J = (Z^{-1})^* \boldsymbol{\nabla}_{\delta x} J \tag{C.7}$$

至此，建立起两种不同表示法中代价函数梯度的关系。在 2DVAR 中，代价函数的观测项部分的梯度值是在空间域中赋值计算的。利用(C.7)式可将其梯度值转换回频率域中，而作用域的改变不会造成代价函数值的变化。

由第 2.3.3 小节可知，无条件变换可表示为

$$Z^{-1} = F^{-1} H \Sigma^T (\Gamma^{1/2})^T \tag{C.8}$$

由伴随矩阵的定义可进一步得到

$$(\boldsymbol{Z}^{-1})^* = (\boldsymbol{F}^{-1}\boldsymbol{H}\boldsymbol{\Sigma}^{\mathrm{T}}(\boldsymbol{\Gamma}^{1/2})^{\mathrm{T}})^* = \boldsymbol{\Gamma}^{1/2}\boldsymbol{\Sigma}\boldsymbol{H}^{*\mathrm{T}}(\boldsymbol{F}^{-1})^* \tag{C.9}$$

在附录 A 中说明了逆傅里叶变换,可以得知$(\boldsymbol{F}^{-1})^* = \boldsymbol{F}$,从而可知

$$\boldsymbol{\nabla}_{\tilde{\alpha}}J = (\boldsymbol{Z}^{-1})^* \boldsymbol{\nabla}_{\tilde{\alpha}}J = \boldsymbol{\Gamma}^{1/2}\boldsymbol{\Sigma}\boldsymbol{H}^{*\mathrm{T}}\boldsymbol{F}\boldsymbol{\nabla}_{\tilde{\alpha}}J \tag{C.10}$$

附录 D 涉及高斯函数的傅里叶变换

1. 前向傅里叶变换

假定函数 $f(x,y)$ 是一个定义在空间域中的高斯函数,即

$$f(x,y) = F_{\mathrm{s}}\mathrm{e}^{-a_{\mathrm{s}}r^2} \tag{D.1}$$

式中,$r^2 = x^2 + y^2$;F_{s} 和 a_{s} 为常数。

该函数在频率域中的傅里叶变换(见附录 A)为

$$\hat{f}(p,q) = \int_{-\infty}^{\infty}\mathrm{d}x\int_{-\infty}^{\infty}\mathrm{d}yf(x,y)\mathrm{e}^{2\pi\mathrm{i}(px+qy)} = \tag{D.2}$$

$$= F_{\mathrm{s}}\int_{-\infty}^{\infty}\mathrm{d}x\mathrm{e}^{-(a_{\mathrm{s}}x^2-2\pi\mathrm{i}px)}\int_{-\infty}^{\infty}\mathrm{d}y\mathrm{e}^{-(a_{\mathrm{s}}y^2-2\pi\mathrm{i}qy)}$$

对 x 和 y 的积分可使用以下的关系式来求取:

$$\int_{-\infty}^{\infty}\mathrm{d}z\mathrm{e}^{-(Az^2+Bz)} = \sqrt{\frac{\pi}{A}}\mathrm{e}^{-\frac{B^2}{4A}} \tag{D.3}$$

经过简单的代数运算之后,可得

$$\hat{f}(p,q) = F_{\mathrm{s}}\frac{\pi}{a_{\mathrm{s}}}\mathrm{e}^{-\frac{\pi^2}{a_{\mathrm{s}}}(p^2+q^2)} \tag{D.4}$$

2. 逆傅里叶变换

当对附录 E 中的单点观测值推导解析解表达式时,如下积分是必需的:

$$I_{pp}(x,y;a) = \int_{-\infty}^{\infty}\mathrm{d}p\int_{-\infty}^{\infty}\mathrm{d}qp^2\mathrm{e}^{-a(p^2+q^2)}\mathrm{e}^{-2\pi\mathrm{i}(px+qy)} \tag{D.5}$$

$$I_{pq}(x,y;a) = \int_{-\infty}^{\infty}\mathrm{d}p\int_{-\infty}^{\infty}\mathrm{d}qpq\mathrm{e}^{-a(p^2+q^2)}\mathrm{e}^{-2\pi\mathrm{i}(px+qy)} \tag{D.6}$$

$$I_{qq}(x,y;a) = \int_{-\infty}^{\infty}\mathrm{d}p\int_{-\infty}^{\infty}\mathrm{d}qq^2\mathrm{e}^{-a(p^2+q^2)}\mathrm{e}^{-2\pi\mathrm{i}(px+qy)} \tag{D.7}$$

被积函数对 p 和 q 是可分离的,因此

$$I_{pp}(x,y;a) = K_2(x;a)K_0(y;a) \tag{D.8}$$

$$I_{pq}(x,y;a) = K_1(x;a)K_1(y;a) \tag{D.9}$$

$$I_{qq}(x,y;a) = K_0(x;a)K_2(y;a) \tag{D.10}$$

其中

$$K_0(x;a) = \int_{-\infty}^{\infty} \mathrm{d}p\, e^{-ap-2\pi i px} \tag{D.11}$$

$$K_1(x;a) = \int_{-\infty}^{\infty} \mathrm{d}p\, p\, e^{-ap-2\pi i px} \tag{D.12}$$

$$K_2(x;a) = \int_{-\infty}^{\infty} \mathrm{d}p\, p^2\, e^{-ap-2\pi i px} \tag{D.13}$$

3. K_0 的积分

设

$$-ap^2 - 2\pi i xp = -A(p+B)^2 + C \tag{D.14}$$

将式(D.14)的右边展开，使得 p 的幂次与左边的相等，可以很容易地得到

$$A = a, B = i\frac{\pi x}{a}, C = -\frac{\pi^2 x^2}{a} \tag{D.15}$$

因此

$$K_0(x;a) = e^{-\frac{\pi^2 x^2}{a}} \int_{-\infty}^{\infty} \mathrm{d}p\, e^{-a\left(p+i\frac{\pi x}{a}\right)^2} \tag{D.16}$$

将积分变量改为 $r = p + i\dfrac{\pi x}{a}$，可得

$$K_0(x;a) = e^{-\frac{\pi^2 x^2}{a}} \int_{-\infty}^{\infty} \mathrm{d}r\, e^{-ar^2} \tag{D.17}$$

注意积分域为 $\infty - i\dfrac{\pi x}{a}$ 到 $-\infty + i\dfrac{\pi x}{a}$，积分式等于 $\sqrt{\pi/a}$，因此

$$K_0(x;a) = \sqrt{\frac{\pi}{a}}\, e^{-\frac{\pi^2 x^2}{a}} \tag{D.18}$$

4. K_1 的积分

应用式(D.14)的关系式到式(D.12)中，可以得到

$$K_1(x;a) = e^{-\frac{\pi^2 x^2}{a}} \int_{-\infty}^{\infty} \mathrm{d}p\, p\, e^{-a\left(p+i\frac{\pi x}{a}\right)^2} \tag{D.19}$$

将积分变量改为 $r = p + i\dfrac{\pi x}{a}$，可得

$$K_1(x;a) = e^{-\frac{\pi^2 x^2}{a}} \int_{-\infty}^{\infty} \mathrm{d}r\left(r - i\frac{\pi x}{a}\right) e^{-ar^2} = e^{-\frac{\pi^2 x^2}{a}}\left(\int_{-\infty}^{\infty} \mathrm{d}r\, r\, e^{-ar^2} - i\frac{\pi x}{a}\int_{-\infty}^{\infty} \mathrm{d}r\, e^{-ar^2}\right) \tag{D.20}$$

式(D.20)右边第一项积分式等于零，这是因为 r 是奇函数，而 e^{-ar^2} 为偶函数。第二项积分式等于 $\sqrt{\pi/a}$，因此

$$K_1(x;a) = -i\left(\frac{\pi}{a}\right)^{3/2} x\, e^{-\frac{\pi^2 x^2}{a}} \tag{D.21}$$

5. K_2 的积分

应用式式(D.14)的关系式到式(D.13)中，可以得到

$$K_2(x;a) = \mathrm{e}^{-\frac{\pi^2 x^2}{a}} \int\limits_{-\infty}^{\infty} \mathrm{d}p \ p^2 \mathrm{e}^{-a\left(p+\mathrm{i}\frac{\pi x}{a}\right)^2} \tag{D.22}$$

将积分变量改为 $r = p + \mathrm{i}\dfrac{\pi x}{a}$,可得

$$K_2(x;a) = \mathrm{e}^{-\frac{\pi^2 x^2}{a}} \int\limits_{-\infty}^{\infty} \mathrm{d}r \left(r - \mathrm{i}\frac{\pi x}{a}\right)^2 \mathrm{e}^{-ar^2}$$

$$= \mathrm{e}^{-\frac{\pi^2 x^2}{a}} \left[-\left(\frac{\pi x}{a}\right)^2 \int\limits_{-\infty}^{\infty} \mathrm{d}r \ \mathrm{e}^{-ar^2} - 2\mathrm{i}\frac{\pi x}{a} \int\limits_{-\infty}^{\infty} \mathrm{d}r \ r\mathrm{e}^{-ar^2} + \int\limits_{-\infty}^{\infty} \mathrm{d}r \ r^2 \mathrm{e}^{-ar^2} \right] \tag{D.23}$$

式(D.23)右边第一项积分式等于 $\sqrt{\pi/a}$,第二项积分式等于 0,第三项积分式等于 $\dfrac{1}{4}\sqrt{\pi/a^3}$,因此

$$K_2(x;a) = \mathrm{e}^{-\frac{\pi^2 x^2}{a}} \left[-\left(\frac{\pi}{a}\right)^{5/2} x^2 + \frac{1}{4}\left(\frac{\pi}{a^3}\right)^{1/2} \right] \tag{D.24}$$

6. I_{pp}, I_{pq} 和 I_{qq} 的积分

对式(D.8)、式(D.9)和式(D.10),利用式(D.18)、式(D.21)和式(D.24)进行替代,可以得到

$$I_{pp}(x,y;a) = \left[-\left(\frac{\pi}{a}\right)^3 x^2 + \frac{1}{4a}\frac{\pi}{a} \right] \mathrm{e}^{-\frac{\pi^2(x^2+y^2)}{a}} \tag{D.25}$$

$$I_{pq}(x,y;a) = -\left(\frac{\pi}{a}\right)^3 xy\mathrm{e}^{-\frac{\pi^2(x^2+y^2)}{a}} \tag{D.26}$$

$$I_{qq}(x,y;a) = \left[-\left(\frac{\pi}{a}\right)^3 y^2 + \frac{1}{4a}\frac{\pi}{a} \right] \mathrm{e}^{-\frac{\pi^2(x^2+y^2)}{a}} \tag{D.27}$$

附录 E 单点观测值分析

1. 基本原则

假定观测增量表示为 o,背景增量表示为 b,分析增量表示为 a,则代价函数可以写成

$$J = \frac{(o-a)^2}{\varepsilon_o^2} + \frac{(b-a)^2}{\varepsilon_b^2} \tag{E.1}$$

式中,ε_o 表示观测误差的标准偏差;ε_b 表示背景误差的标准偏差。通过相对分析解的代价函数的极小化来获取最优分析解。在最优分析解处,代价函数对分析增量的导数应该等于零,即

$$\frac{\partial J}{\partial a} = \frac{2(o-a)}{\varepsilon_o^2} + \frac{2(b-a)}{\varepsilon_b^2} = 2\frac{\varepsilon_b^2 o + \varepsilon_o^2 b - (\varepsilon_o^2 + \varepsilon_b^2)a}{\varepsilon_o^2 \varepsilon_b^2} = 0 \tag{E.2}$$

该式满足

$$a = \frac{\varepsilon_b^2 o + \varepsilon_o^2 b}{\varepsilon_o^2 + \varepsilon_b^2} \tag{E.3}$$

可见最优分析增量仅为观测增量和背景增量的加权平均。对于 $\varepsilon_b = \varepsilon_o$,单点观测的解可简化为 $a = \dfrac{1}{2}(o-b)$。

以零背景场和零分析增量开始，则初始代价函数可以表示为

$$J^{\text{ini}} = \frac{o^2}{\varepsilon_o^2} \qquad (\text{E.4})$$

在最优分析增量处，代价函数可以表示为（将式（E.3）代入式（E.1）中进行替换）

$$J^{\text{fin}} = \frac{(o-a)^2}{\varepsilon_o^2} + \frac{(b-a)^2}{\varepsilon_b^2} = \frac{\varepsilon_b^2}{(\varepsilon_o^2 + \varepsilon_b^2)^2}(b-o)^2 \qquad (\text{E.5})$$

初始梯度为

$$\nabla J^{\text{ini}} = \frac{2o}{\varepsilon_o^2} \qquad (\text{E.6})$$

在最优解处，总的代价函数梯度等于零，因此（将式（E.3）代入式（E.2）中进行替换）

$$\nabla J_o^{\text{ini}} = \frac{2(b-0)}{\varepsilon_o^2 + \varepsilon_b^2} = -\nabla J_b^{\text{fin}} \qquad (\text{E.7})$$

在采用增量的方法中，$o-b=0$，将式（E.6）和式（E.7）结合起来，可得

$$\nabla J_b^{\text{ini}} = \frac{2o}{\varepsilon_o^2 + \varepsilon_b^2} = \frac{\varepsilon_o^2}{\varepsilon_o^2 + \varepsilon_b^2}\nabla J^{\text{ini}} \qquad (\text{E.8})$$

2. 解析表达式的求取

单点观测值分析时，其解析表达式可通过以下步骤来求取：首先，以观测项代价函数的梯度开始，利用无条件变换的伴随矩阵，将观测项代价函数的梯度转换为频率域中规则化的流函数和速度势；接着，利用式（E.8），对观测项的流函数和速度势的梯度求取积分值；最后，利用无条件变换，将上一步的结果转换为分析风场。

假定位于格点$(x,y)=(0,0)$处存在单个风矢量观测值(t_0,l_0)，则代价函数观测项部分的梯度分量可以由式（2-61）得到

$$\mathrm{d}t_o(x,y) = \frac{\partial J_o}{\partial t} = -\frac{2t_0}{\varepsilon_o^2}\delta(x,y), \quad \mathrm{d}l_o(x,y) = \frac{\partial J_o}{\partial l} = -\frac{2l_0}{\varepsilon_o^2}\delta(x,y) \qquad (\text{E.9})$$

式中，$\delta(x,y)$是二维空间坐标中的 Dirac delta 函数，$\varepsilon_o = \varepsilon_t = \varepsilon_l$ 是观测到的风矢量分量误差的标准偏差。在这种表示法中，将观测风场考虑为二维空间坐标中的连续函数要优于在二维格点上的离散函数。引入符号 $\mathrm{d}t_o$ 和 $\mathrm{d}l_o$ 是为了简化符号标记。

3. 伴随无条件变换

观测代价函数的梯度在频率空间域中的分量为 $\mathrm{d}\hat{u}_o$ 和 $\mathrm{d}\hat{v}_o$，是通过利用逆傅里叶变换的伴随矩阵来找到的。这等同于前向傅里叶变换式（A.1）。由 Delta 函数，积分式可以很容易地求取，可得

$$\mathrm{d}\hat{u}_o(p,q) = -\iint \mathrm{d}x\mathrm{d}y \frac{2t_0}{\varepsilon_o^2}\delta(x,y)e^{2\pi i(px+qy)} = -\frac{2t_0}{\varepsilon_o^2} \qquad (\text{E.10a})$$

$$\mathrm{d}\hat{v}_o(p,q) = -\iint \mathrm{d}x\mathrm{d}y \frac{2l_0}{\varepsilon_o^2}\delta(x,y)e^{2\pi i(px+qy)} = -\frac{2l_0}{\varepsilon_o^2} \qquad (\text{E.10b})$$

可见代价函数的梯度在频率空间域中是常数。

下一步是利用前向赫尔姆兹变换的伴随矩阵式（2-40）和式（2-41）来获得流函数和速度势两分量的梯度值 $\mathrm{d}\hat{\psi}_o$ 和 $\mathrm{d}\hat{\chi}_o$，即

$$\mathrm{d}\hat{\psi}_\circ(p,q) = 2\pi\mathrm{i}\left[q\,\frac{-2t_0}{\varepsilon_\circ^2} - p\,\frac{-2l_0}{\varepsilon_\circ^2}\right] = -\frac{4\pi\mathrm{i}}{\varepsilon_\circ^2}(l_0 p - t_0 q) \tag{E.11a}$$

$$\mathrm{d}\hat{\chi}_\circ(p,q) = 2\pi\mathrm{i}\left[p\,\frac{-2t_0}{\varepsilon_\circ^2} + q\,\frac{-2l_0}{\varepsilon_\circ^2}\right] = -\frac{4\pi\mathrm{i}}{\varepsilon_\circ^2}(t_0 p + l_0 q) \tag{E.11b}$$

为得到规则化的流函数和规则化的速度势这两个梯度的分量值,必须乘以空间频率域中的背景误差相关矩阵的伴随矩阵 $\boldsymbol{\Lambda}_\psi^{1/2}$ 和 $\boldsymbol{\Lambda}_\chi^{1/2}$,这些实数物理量由式(2-67)和式(2-68)给出。设置 $R = R_\psi = R_\chi, \varepsilon_\mathrm{b} = \varepsilon_\psi = \varepsilon_\chi$,可以很容易地得出

$$\mathrm{d}\hat{\psi}_\circ^{(n)}(p,q) = -4\pi\mathrm{i}\sqrt{\frac{\pi}{2}(1-v^2)}\,\frac{\varepsilon_\mathrm{b}}{\varepsilon_\circ^2}R^2(l_0 p - t_0 q)\mathrm{e}^{-\frac{1}{2}\pi^2 R^2(p^2+q^2)} \tag{E.12a}$$

$$\mathrm{d}\hat{\chi}_\circ^{(n)}(p,q) = -4\pi\mathrm{i}\sqrt{\frac{\pi}{2}v^2}\,\frac{\varepsilon_\mathrm{b}}{\varepsilon_\circ^2}R^2(t_0 p + l_0 q)\mathrm{e}^{-\frac{1}{2}\pi^2 R^2(p^2+q^2)} \tag{E.12b}$$

4. 由观测值梯度到分析解

利用 2.5 节的结果来计算分析解,对于单点观测值,最终的分析解等于背景风场值。因为依据式(E.8),$\delta\zeta = -\frac{1}{2}\,\nabla J_\mathrm{b}^{\mathrm{fun}} = -\frac{1}{2}\varepsilon_\circ^2(\varepsilon_\circ^2 + \varepsilon_\mathrm{b}^2)\,\nabla J_\circ$,可得

$$\hat{\psi}^n(p,q) = -\frac{1}{2}\mathrm{d}\hat{\psi}_\circ^{(n)}(p,q) = 2\pi\mathrm{i}\sqrt{\frac{\pi}{2}(1-v^2)}\,\frac{\varepsilon_\mathrm{b}}{\varepsilon_\circ^2 + \varepsilon_\mathrm{b}^2}R^2(l_0 p - t_0 q)\mathrm{e}^{-\frac{1}{2}\pi^2 R^2(p^2+q^2)}$$
$$\tag{E.13a}$$

$$\hat{\chi}^n(p,q) = -\frac{1}{2}\mathrm{d}\hat{\chi}_\circ^{(n)}(p,q) = 2\pi\mathrm{i}\sqrt{\frac{\pi}{2}v^2}\,\frac{\varepsilon_\mathrm{b}}{\varepsilon_\circ^2 + \varepsilon_\mathrm{b}^2}R^2(t_0 p + l_0 q)\mathrm{e}^{-\frac{1}{2}\pi^2 R^2(p^2+q^2)} \tag{E.13b}$$

式中,$\mathrm{d}\psi^{(n)}$ 和 $\mathrm{d}\chi^{(n)}$ 是分析风场的梯度分量,依据在频率空间域中的规则化流函数和规则化速度势来表示的。此时,可将式(E.13)转换回空间域。

5. 无条件变换

式(E.13)乘以频率空间域中的背景误差相关矩阵 $\boldsymbol{\Lambda}_\psi^{1/2}$ 和 $\boldsymbol{\Lambda}_\chi^{1/2}$,得到

$$\hat{\psi}(p,q) = 2\mathrm{i}\pi^2 = \frac{\varepsilon_\mathrm{b}^2}{\varepsilon_\circ^2 + \varepsilon_\mathrm{b}^2}R^4(1-v^2)(l_0 p - t_0 q)\mathrm{e}^{-\pi^2 R^2(p^2+q^2)} \tag{E.14a}$$

$$\hat{\chi}(p,q) = 2\mathrm{i}\pi^2 = \frac{\varepsilon_\mathrm{b}^2}{\varepsilon_\circ^2 + \varepsilon_\mathrm{b}^2}R^4 v^2(t_0 p + l_0 q)\mathrm{e}^{-\pi^2 R^2(p^2+q^2)} \tag{E.14b}$$

重新设置 $R = R_\psi = R_\chi, \varepsilon_\mathrm{b} = \varepsilon_\psi = \varepsilon_\chi$。

应用式(2-40)和式(2-41)的赫尔姆兹变换,可以得到

$$\hat{t}(p,q) = 4\pi^3\,\frac{\varepsilon_\mathrm{b}^2}{\varepsilon_\circ^2 + \varepsilon_\mathrm{b}^2}R^4\left[pv^2(t_0 p + l_0 q) - q(1-v^2)(l_0 p - t_0 q)\right]\mathrm{e}^{-\pi R^2(p^2+q^2)} \tag{E.15a}$$

$$\hat{l}(p,q) = 4\pi^3\,\frac{\varepsilon_\mathrm{b}^2}{\varepsilon_\circ^2 + \varepsilon_\mathrm{b}^2}R^4\left[qv^2(t_0 p + l_0 q) + p(1-v^2)(l_0 p - t_0 q)\right]\mathrm{e}^{-\pi R^2(p^2+q^2)} \tag{E.15b}$$

进一步简化为

$$\hat{t}(p,q) = 4\pi^3\,\frac{\varepsilon_\mathrm{b}^2}{\varepsilon_\circ^2 + \varepsilon_\mathrm{b}^2}R^4\left[v^2 t_0 p^2 + (2v^2-1)l_0 pq + (1-v^2)t_0 q^2\right]\mathrm{e}^{-\pi R^2(p^2+q^2)} \tag{E.16a}$$

$$\hat{l}(p,q) = 4\pi^3\,\frac{\varepsilon_\mathrm{b}^2}{\varepsilon_\circ^2 + \varepsilon_\mathrm{b}^2}R^4\left[(1-v^2)l_0 p^2 + (2v^2-1)t_0 pq + v^2 l_0 q^2\right]\mathrm{e}^{-\pi R^2(p^2+q^2)} \tag{E.16b}$$

利用逆傅里叶变换式(A.2)，最终可得到

$$t(x,y) = \frac{4\pi^3 \varepsilon_b^2 R^4}{\varepsilon_o^2 + \varepsilon_b^2} \left[v^2 t_0 I_{pp}(x,y;a) + (2v^2 - 1)l_0 I_{pq}(x,y;a) + (1 - v^2)t_0 I_{qq}(x,y;a) \right]$$

$$(E.17a)$$

$$l(x,y) = \frac{4\pi^3 \varepsilon_b^2 R^4}{\varepsilon_o^2 + \varepsilon_b^2} \left[(1 - v^2)l_0 I_{pp}(x,y;a) + (2v^2 - 1)t_0 I_{pq}(x,y;a) + v^2 l_0 I_{qq}(x,y;a) \right]$$

$$(E.17b)$$

式中，$a = \pi^2 R^2$，积分式的定义为

$$I_{pp}(x,y;a) = \int_{-\infty}^{\infty} dp \int_{-\infty}^{\infty} dq p^2 e^{-a(p^2+q^2)} e^{-2\pi i(px+qy)} \tag{E.18a}$$

$$I_{pq}(x,y;a) = \int_{-\infty}^{\infty} dp \int_{-\infty}^{\infty} dq pq e^{-a(p^2+q^2)} e^{-2\pi i(px+qy)} \tag{E.18b}$$

$$I_{qq}(x,y;a) = \int_{-\infty}^{\infty} dp \int_{-\infty}^{\infty} dq q^2 e^{-a(p^2+q^2)} e^{-2\pi i(px+qy)} \tag{E.18c}$$

这些积分式的求取见附录 D。其中 $a = \pi^2 R^2$，可由式(D.23)~式(D.25)得到

$$I_{pp}(x,y;a) = \frac{1}{\pi^2 R^4}\left(-\frac{x^2}{R^2} + \frac{1}{4} \right) e^{-\frac{x^2+y^2}{R^2}} \tag{E.19a}$$

$$I_{pq}(x,y;a) = \frac{-1}{\pi^3 R^4} \frac{xy}{R^2} e^{\frac{x^2+y^2}{R^2}} \tag{E.19b}$$

$$I_{qq}(x,y;a) = \frac{1}{\pi^3 R^4}\left(-\frac{y^2}{R^2} + \frac{1}{4} \right) e^{-\frac{x^2+y^2}{R^2}} \tag{E.19c}$$

至此，可以得到单个观测值分析时的最终结果：

$$t(x,y) = \frac{\varepsilon_b^2}{\varepsilon_o^2 + \varepsilon_b^2}\left[v^2 t_0 \left(1 - \frac{4x^2}{R^2} \right) - (4v^2 - 2)l_0 \frac{xy}{R^2} + (1 - v^2)t_0 \left(1 - \frac{4y^2}{R^2} \right) \right] e^{\frac{x^2+y^2}{R^2}}$$

$$(E.20a)$$

$$l(x,y) = \frac{\varepsilon_b^2}{\varepsilon_o^2 + \varepsilon_b^2}\left[(1 - v^2)l_0 \left(1 - \frac{4x^2}{R^2} \right) - (4v^2 - 2)t_0 \frac{xy}{R^2} + v^2 l_0 \left(1 - \frac{4y^2}{R^2} \right) \right] e^{-\frac{x^2+y^2}{R^2}}$$

$$(E.20b)$$

在分析过程中，考虑以原点的观测值 (t_0, l_0) 作为初始值。若观测值处于其他的位置，则通过坐标平移，可以很容易地得到单个观测值分析的解析表达式。

6. 特殊值

对于 $x = y = 0$，式(E.20)简化为

$$t(0,0) = \frac{\varepsilon_b^2}{\varepsilon_b^2 + \varepsilon_o^2} t_0, \quad l(0,0) = \frac{\varepsilon_b^2}{\varepsilon_b^2 + \varepsilon_o^2} l_0 \tag{E.21}$$

假如 $\varepsilon \to 0$，也就是背景场没有误差的情况，则分析增量消失了。因为分析风场的定义为真实风场减去背景风场，这也暗示了真实风场等于背景风场，而此种情况也正是背景风场不存在误差的情况。

另一方面,假如 $\varepsilon_b \to \infty$,也就是背景场完全不可信,并且不包含任何信息,分析增量达到其最大值,同时完全由观测值(仅有的信息源)来决定。

假如 $\varepsilon_b = \varepsilon_o$,由式(E.21)可得 $t(0,0) = \dfrac{1}{2}t_0$ 和 $l(0,0) = \dfrac{1}{2}l_0$。

附录 F 结合气压场

海平面气压场的反演是分别在北半球区域(气压场 $p_1(\lambda,\phi)$)、热带区域(气压场 $p_2(\lambda,\phi)$)和南半球区域(气压场 $p_3(\lambda,\phi)$)实施,其中的 λ 和 ϕ 为格点经纬度。按照如下的权重函数来对上述三个独立的气压场进行结合:

$$p = w_1 p_1 + w_2 p_2 + w_3 p_3 \tag{F.1}$$

式中,w_1,w_2 和 w_3 为权重函数,具体表达式如下:

$$w_1 = \begin{cases} 1 & (\phi > 20°\text{N}) \\ \dfrac{1}{2}\left[1 - \cos\left(\dfrac{2\pi(\phi-10)}{20}\right)\right] & (10°\text{N} < \phi < 20°\text{N}) \\ 0 & (\phi < 10°\text{N}) \end{cases} \tag{F.2}$$

$$w_2 = \begin{cases} 0 & (\phi > 20°\text{N}) \\ \dfrac{1}{2}\left[1 + \cos\left(\dfrac{2\pi(\phi-10)}{20}\right)\right] & (10°\text{N} < \phi < 20°\text{N}) \\ 1 & (10°\text{S} < \phi < 20°\text{N}) \\ \dfrac{1}{2}\left[1 - \cos\left(\dfrac{2\pi(\phi+10)}{20}\right)\right] & (20°\text{S} < \phi < 20°\text{S}) \\ 0 & (\phi < 20°\text{S}) \end{cases} \tag{F.3}$$

$$w_3 = \begin{cases} 0 & (\phi > 10°\text{S}) \\ \dfrac{1}{2}\left[1 - \cos\left(\dfrac{2\pi(\phi+10)}{20}\right)\right] & (20°\text{S} < \phi < 10°\text{S}) \\ 1 & (\phi < 20°\text{S}) \end{cases} \tag{F.4}$$

附录 G 海表粗糙度参数化方案

方案一: $z_0 = 0.0144 \dfrac{u_*^2}{g} + 0.11 \dfrac{v^2}{u_*}$。

方案二: $z_0 = 0.011 \dfrac{u_*^2}{g} + 0.11 \dfrac{v}{u_*}$。

方案三: $z_0 = 0.018 \dfrac{u_*^2}{g} + 0.11 \dfrac{v}{u_*}$。

方案四:分段曲线拟合。

附录 H　温、湿度粗糙度

温度粗糙度 z_T 和湿度粗糙度 z_q，作为具有对数形式的温度和湿度廓线的底边界值，可被参数化为（Liu. W. T. 等，1979）为

$$z_T = \frac{v}{u_*} a_1 Re^{b_1} \qquad (H.1)$$

$$z_q = \frac{v}{u_*} a_2 Re^{b_2} \qquad (H.2)$$

式中，Re 是粗糙度雷诺数，$Re = z_0 u_* / v$；参数 a_1, a_2, b_1, b_2 由表 H.1 给出。

表 H.1　温、湿度粗糙度参数

Re	a_1	b_2	a_2	b_2
0～0.11	0.177	0	0.292	0
0.11～0.825	1.376	0.929	1.808	0.826
0.925～3.0	1.026	−0.599	1.393	−0.528
3.0～10.0	1.625	−1.018	1.956	−0.87
10.0～30.0	4.661	−1.475	4.994	−1.297
30.0～100.0	34.904	−2.067	30.79	−1.845

附录 I　缩略词含义

缩略词	全称及中文
2DVAR	Two-dimensional Variational Analysis，二维变分法
ADEOS	Advanced Earth Observation Satellite，先进的对地观测卫星
AMI	Active Microwave Instrument，主动式微波探测装置
AMSR	Advanced Microwave Scanning Radiometer，高级微波扫描辐射计
AR	Ambiguity Removal，模糊去除
ASCAT	AdvancedScatterometer，先进散射计
AWLS	Adjustable Weighted Least Squares，自适应加权二次方
BUFR	Binary Universal Format Representation，通用二进制格式
BVC	Boundary Value Condition，边界值条件
DMSP	Defense Meteorological Satellite Program，国防气象卫星项目
ECMWF	European Centre for Medium-range Weather Forecasts，欧洲中期天气预报

缩略词	全称及中文
ENSO	Ei Nino-Southern Oscillation,厄尔尼诺-南方涛动
ERS	European Remote Satellite,欧洲遥感卫星
ES	Expert System,专家系统
ESCAT	ERSScatterometer,ERS 散射计
GMF	Geophysical Model Function,地球物理模型函数
RFSCAT	Rotating Fan-beamScatterometer,旋转扇形波束散射计
HY-2	海洋二号卫星
JMA	Japan Meteorological Agency,日本气象厅
JPL	Jet Propulsion Laboratory,喷气推进实验室
KNMI	Royal Netherlands Meteorological Institute,荷兰皇家气象学会
LS	Least Squares,最小二次方
LUT	Look-up-table,查询表
LWSS	Least Wind Speed Squares,最小风速二次方
MetOp	Meteorological Operational Polar Satellite,气象极轨业务卫星
MLE	Maximum Likelihood Estimator,最大似然估计
MSS	Multiple Solution Scheme,多解方案
NASA	National Air and Space Administration,美国国家航空暨太空总署
NCAR	The National Center for Atmospheric Research,美国国家大气研究中心
NCEP	The National Centers for Environmental Prediction,美国国家环境预测中心
NDBC	National Data Buoy Center,国家浮标数据中心
NOAA/NESDIS	National Oceanographic and Atmospheric Administration/National EnvironmentalSatellite, Data, and Information Service, 美国国家海洋和大气管理局卫星资料中心
NSCAT	National Air and Space AdministrationScatteromter, 美国国家航空暨太空总署散射计
NWP	Numerical Weather Prediction,数值天气预报
Oceansat-2	Indian Ocean Satellite-2,印度海洋 2 号卫星
PDF	Probability Density Function,概率分布函数
PODAAC	Physical Oceanography Distributed Active Archive Center,物理海洋数据分发存储中心
QuikSCAT	Quick Scaterometer,快速散射计
RSS	Remote Sensing Systems,遥感系统

缩略词	全称及中文
SAR	Synthetic Aperture Radar，合成孔径雷达
SASS	Seasat-A Scatterometer System，海洋状态卫星散射计系统
SCAT	Scatterometer，散射计
SDP	SeaWinds Data Processor，SeaWinds 散射计数据处理模式
Seasat	Sea State Satellite，海洋状态卫星
SeaWinds	NASA Ku-band Rotating Pencil-Beam Scatterometer，美国国家航空暨太空总署 Ku 波段旋转笔型波束散射计
SOAP	Single Observation Analysis Plot，单点观测分析显示
SSM/I	Special Sensor Microwave Imager，微波成像传感器
TLM	Tangent Linear Model，切线性模式
UWPBL	The University of Washington Planetary Boundary Layer，华盛顿大学行星边界层
WLS	Weighted Least Squares，加权最小二次方
WVC	Wind Vector Cell，风矢量单元

附录 J　CMOD5

CMOD5 的表达形式为（Hersbach，2007）

$$\sigma^o = B_0(1 + B_1\cos\phi + B_2\cos2\phi)^{1.6}$$

式中，B_0，B_1，B_2 是风速 V 和入射角 θ 的函数，ϕ 为风向。

B_0，B_1，B_2 定义为

$$B_0 = 10^{a_0 + a_1 V} f(a_2 V, s_0)^\gamma$$

$$B_1 = \frac{c_{14}(1 + x) - c_{15}V\{0.5 + x - \tanh[4(x + c_{16} + c_{17}V)]\}}{1 + \exp[0.34(V - c_{18})]}$$

$$B_2 = (-d_1 + d_2 v_2)\exp(-v_2)$$

令

$$x = \frac{\theta - 40}{25}$$

$$f(s, s_0) = \begin{cases} (s/s_0)^a g(s_0), & s < s_0 \\ g(s), & s \geqslant s_0 \end{cases}$$

这里 $a = s_0[1 - g(s_0)]$，$g(s) = \dfrac{1}{1 + \exp(-s)}$，$v_2$ 的定义为

$$v_2 = \begin{cases} a + b(y - 1)^n, & y < y_0 \\ y, & y \geqslant y_0 \end{cases}$$

$y = \dfrac{V + v_0}{v_0}$，以上函数中 $a_0, a_1, a_2, \gamma, s_0, v_0, d_1$ 和 d_2 只是入射角的函数，且

$$a_0 = c_1 + c_2 x + c_3 x^2 + c_4 x^3$$

$$a_1 = c_5 + c_6 x$$

$$a_2 = c_7 + c_8 x$$

$$\gamma = c_9 + c_{10} x + c_{11} x^2$$

$$s_0 = c_{12} + c_{13} x$$

$$a = y_0 - \frac{y_0 - 1}{n}$$

$$b = \frac{1}{n(y_0 - 1)^{n-1}}$$

$$v_0 = c_{21} + c_{22} x + c_{23} x^2$$

$$d_1 = c_{24} + c_{25} x + c_{26} x^2$$

$$d_2 = c_{27} + c_{28} x$$

$$y_0 = c_{19}$$

$$n = c_{20}$$

附录 K $\quad \sigma^\circ$ 相对于风速 V 和风向 ϕ 的偏导数

由附录 J 中 CMOD5 的表达形式，计算 σ° 相对于风速 V 和风向 ϕ 的偏导数：

$$\frac{\partial \sigma^\circ}{\partial \phi} = -1.6 B_0 (B_1 \sin\phi + 2 B_2 \sin2\phi)(1 + B_1 \cos\phi + B_2 \cos2\phi)^{0.6}$$

$$\frac{\partial \sigma^\circ}{\partial V} = \frac{\partial B_0}{\partial V}(1 + B_1 \cos\phi + B_2 \cos2\phi)^{1.6} + 1.6 B_0 (1 + B_1 \cos\phi + B_2 \cos2\phi)^{0.6} \left(\frac{\partial B_1}{\partial V} \cos\phi + \frac{\partial B_2}{\partial V} \cos2\phi \right)$$

其中：

$$\frac{\partial B_0}{\partial V} = \ln10 \cdot 10^{a_0 + aV} a_1 f(a_2 V, s_0)^\gamma + 10^{a_0 + a_1 V} \gamma f(a_2 V, s_0)^{\gamma-1} \frac{\partial f(a_2 V, s_0)}{\partial V}$$

$$\frac{\partial f(a_2 V, s_0)}{\partial V} = \begin{cases} a_2 \alpha g(s_0)(s/s_0)^\alpha / s, & s = a_2 V < s_0 \\ \dfrac{\partial g(s)}{\partial s} \dfrac{\partial s}{\partial V} = a_2 \dfrac{\exp(-s)}{[1 + \exp(-s)]^2}, & s \geqslant s_0 \end{cases}$$

$$\frac{\partial B}{\partial V} = -0.34\exp[0.34(V - c_{18})] \frac{c_{14}(1 + x) - c_{15} V\{0.5 + x - \tanh[4(x + c_{16} + c_{17} V)]\}}{\{1 + \exp[0.34(V - c_{18})]\}^2} -$$

$$c_{15} \frac{\{0.5 + x - \tanh[4(x + c_{16} + c_{17} V)]\} - 4 c_{17}\{\cosh[4(x + c_{16} + c_{17} V)]\}^{-2}}{1 + \exp[0.34(V + c_{18})]}$$

$$\frac{\partial B_2}{\partial V} = \frac{\partial B_2}{\partial v_2} \frac{\partial v_2}{\partial V} = (d_1 + d_2 - d_2 v_2)\exp(-v_2) \frac{\partial v_2}{\partial V}$$

$$\frac{\partial v_2}{\partial V} = \frac{\partial v_2}{\partial y} \frac{\partial y}{\partial V} = \begin{cases} (y - 1)^{n-1} \dfrac{bn}{v_0}, & y < y_0 \\ \dfrac{1}{v_0}, & y \geqslant y_0 \end{cases}$$

参 考 文 献

[1] 陈戈,方朝阳,徐萍. 利用双波段补偿法提高卫星高度计海面风速反演精度. 中国图象图形学报,1999,4(A11):970-975.

[2] 陈浩,王延杰. 基于拉普拉斯金字塔变换的图像融合算法研究. 激光与红外,2005,39(4):439-442.

[3] 蔡其发,黄思训,高守亭,等. 计算涡度的新方法. 物理学报,2008,57:3912-3919.

[4] 陈艳玲. 星载 SAR 及 InSAR 技术在地球科学中的应用研究. 北京:中国科学院,2007.

[5] 陈艳玲,黄玻,丁晓利,等. ERS-2 SAR 反演海洋风矢量的研究. 地球物理学报,2007,50(6):1688-1694.

[6] 陈晓翔,戴泳斯,吴波,等. SeaWinds 散射计海面风场的几何反演算法. 遥感学报,2009,13(4):585-590.

[7] 程晓,鄂栋臣,邵芸,等. 星载微波散射计技术及其在极地的应用. 极地研究,2003,15(2):151-159.

[8] 程晓. 基于星载微波遥感数据的南极冰盖信息提取与变化监测研究. 北京:中国科学院,2004.

[9] 方欣华,杜涛. 海洋内波基础和中国海内波. 青岛:中国海洋大学出版社,2005.

[10] 冯士筰,李凤岐,李少菁. 海洋科学导论. 北京:高等教育出版社,1999.

[11] 冯倩. 多传感器卫星海面风场遥感研究. 青岛:中国海洋大学,2004.

[12] 郭洪涛,王毅,刘向培,等. 卫星云图云检测的一种综合优化方法. 解放军理工大学学报,2010,11(2):221-227.

[13] 郭广猛,曹云刚,马龙. ENVISAT-ASAR 数据处理介绍. 遥感信息,2006(4):61-62.

[14] 过杰. 星载散射计海浪参数提取方法研究. 北京:中国科学院,2009.

[15] 何宜军,陈戈,郭佩芳,等. 高度计海洋遥感研究与应用. 北京:科学出版社,2002.

[16] 赫英明,王汉杰,姜祝辉. 支持向量机在云检测中的应用. 解放军理工大学学报,2009,10(2):191-194.

[17] 黄思训,伍荣生. 大气科学中的数学物理问题. 北京:气象出版社,2005.

[18] 黄思训,蔡其发,项杰,等. 台风风场分解. 物理学报,2007,56(5):3022-3027.

[19] 黄思训,张铭. 非线性重力行波解的研究. 中国科学,1991,10:1111-1120.

[20] 黄庆妮,唐伶俐,戴昌达. 环境卫星(ENVISAT-1) ASAR 数据特性及其应用潜力分析. 遥感信息,2004(3):56-59.

[21] 黄思训,蔡其发,项杰,等. 台风风场分解. 物理学报,2007,56(5):3022-3026.

[22] 贾现正,王彦博,程晋. 散乱数据的数值微分及其误差估计. 高等学校计算数学学报,

2003，25(1)：81－90.

[23] 蒋国荣，张军. 海洋内波及其对海战的影响. 北京：气象出版社，2009.

[24] 姜祝辉，黄思训，杜华栋，等. 利用变分结合正则化方法对高度计风速资料调整海面风场的研究. 物理学报，2010，59(12)：8968－8977.

[25] 姜祝辉，黄思训，何然，等. 合成孔径雷达资料反演海面风场的正则化方法研究. 物理学报，2011，60(6)：769－776.

[26] 姜祝辉，黄思训，石汉青，等. 合成孔径雷达图像反演海面风向新方法的研究. 物理学报，2011，60(10)：728－735.

[27] 姜祝辉，黄思训，刘博. 对双频高度计后向散射系数标准关系的修正. 解放军理工大学学报(自然科学版)，2011，12(5)：555－558.

[28] 姜祝辉，黄思训，刘刚. 星载雷达高度计资料反演海面风速进展. 海洋通报，2011，30(5)：588－594.

[29] 姜祝辉，黄思训，郭洪涛，等. Vandemark－Chapron算法与Young算法联合反演雷达高度计海面风速方法研究. 海洋通报，2011，30(6)：679－682.

[30] 姜祝辉，冯向军，廉莲，等. ATOVS资料温湿廓线反演数据在埃玛图中的绘制方法. 气象水文装备，2008，19(5)：7－8.

[31] 李俊，黄思训. 改进的偏差原则在大气红外遥感及反演中的应用. 中国科学：D辑，2001，31：70－80.

[32] 李海艳. 利用合成孔径雷达研究海洋内波. 青岛：中国海洋大学，2004.

[33] 李海艳，何宜军，杜涛，等. 从内波SAR图像中提取跃层深度和内波振幅的非线性方法. 海洋环境科学，2007，26(6)：583－590.

[34] 李艳兵. 立体观测指定云顶高与利用卫星资料计算海水风场. 南京：解放军理工大学，2008.

[35] 刘博. 卫星雷达高度计近海反演算法研究. 南京：解放军理工大学，2011.

[36] 刘良明，刘廷，刘建强，等. 卫星海洋遥感导论. 武汉：武汉大学出版社，2005.

[37] 刘向培，王毅，石汉青，等. 基于统计特征的中国东南沿海区域云检测. 中国图象图形学报，2010，15(12)：1783－1789.

[38] 林明森. 一种修正的星载散射计反演海面风场的场方式反演算法. 遥感学报，2000(4)：61－65.

[39] 林珲，范开国，申辉，等. 星载SAR海洋内波遥感研究进展. 地球物理学进展，2010，25(3)：1081－1091.

[40] 陆帅，王彦博. 用Tikhonov正则化方法求一阶和两阶的数值微分. 高等学校计算数学学报，2004，26(1)：62－74.

[41] 李燕初，孙瀛，林明森，等. 用圆中数滤波器排除卫星散射计风场反演中的风向模糊. 台湾海峡，2000，4(1)：61－65.

[42] 林明森. 一种修正的星载散射计反演海面风场的场方式反演算法. 遥感学报，2000，4(1)：61－65.

[43] 林明森，孙瀛，郑淑卿. 用星载微波散射计测量海洋风场的反演方法研究. 海洋学报，1997，19(5)：35－46.

[44] 林明森,宋新改,彭海龙,等.散射计资料的风场神经网络反演算法研究.国土资源遥感, 2006,68(2):8-11.

[45] 刘良明.卫星海洋遥感导论.武汉:武汉大学出版社,2005.

[46] 刘叶.海洋复合物的介电特性在海洋遥感中的应用.北京:中国科学院,2006.

[47] 马龙,陈文波,戴模.ENVISAT 的 ASAR 数据产品介绍.国土资源遥感,2005(1):70-71.

[48] 逄爱梅,孙元福.海面风速微波散射测量与分析.海洋与湖沼,2002,33(1):36-41.

[49] 齐义泉,施平,王静.卫星遥感海面风场的进展.遥感技术与应用,1998,13(1):56-61.

[50] 宋贵霆.合成孔径雷达提取海面风、浪信息研究.北京:中国科学院,2007.

[51] 申辉.海洋内波的遥感与数值模拟研究.北京:中国科学院,2005.

[52] 盛峥,黄思训,曾国栋.利用 Bayesian-MCMC 方法从雷达回波反演海洋波导.物理学报,2009,58(6):4335-4341.

[53] 盛峥,黄思训,赵晓峰.雷达回波资料反演海洋波导中观测值权重的确定.物理学报, 2009,58(9):6627-6632.

[54] 盛峥,黄思训.变分伴随正则化方法从雷达回波反演海洋波导:Ⅰ.理论推导部分.物理学报,2010,59(3):1734-1739.

[55] 盛峥,黄思训.变分伴随正则化方法从雷达回波反演海洋波导:Ⅱ.实际反演试验.物理学报,2010,59(6):3912-3926.

[56] 石汉青,姜祝辉,饶若愚,等.卫星数据三维可视化方法研究.气象水文装备,2008,19(5):1-4.

[57] 吴研.美国"激光高度计试验卫星"的技术性能.国际太空,2003(10):14-21.

[58] 王彦博.数值微分及其应用.上海:复旦大学,2005.

[59] 王广运,王海瑛,许国昌.卫星测高原理.北京:科学出版社,1995.

[60] 王振占,李芸.神舟 4 号飞船微波辐射计定标检验:第一部分 微波辐射计定标.遥感学报,2004,8(5):397-403.

[61] 王振占,李芸,谭世祥,等.神舟 4 号飞船多模态微波遥感器地面配合试验.遥感技术与应用,2005,20(1):166-172.

[62] 谢文君,陈君.海洋遥感的应用与展望.海洋地质与第四纪地质,2001,21(3):123-128.

[63] 解学通,方裕,陈晓翔,等.基于最大似然估计的海面风场反演算法研究.地理与地理信息科学,2005,21(1):30-33.

[64] 喻亮,丁晓松.利用星载 ERS-2 SAR 进行长江口海面风场反演研究.信息与电子工程,2005,3(3):172-175.

[65] 杨思全.我国卫星遥感减灾应用工作发展现状.中国减灾,2010(1):30-31.

[66] 杨乐.卫星雷达高度计在中国近海及高海况下遥感反演算法研究.南京:南京理工大学,2009.

[67] 杨劲松,黄韦艮,周长宝.合成孔径雷达图像的近岸海面风场反演.遥感学报,2001,5(1):13-16.

[68] 杨劲松.合成孔径雷达海面风场、海浪和内波遥感技术.北京:海洋出版社,2005.

[69] 袁业立.海波高频谱形式及 SAR 影像分析基础.海洋与湖沼,1997,28(增刊):1-5.

[70] 袁业立,华峰.精确至二阶的微尺度海波波数谱的表示.中国科学:D 辑,2004,34(10):

941－945.

[71] 赵栋梁,叶钦. 高度计风速反演算法比较及波浪周期反演初探. 海洋学报,2004,26(5):
　　　1－11.

[72] 朱华波,文必洋,黄坚. 基于尺度分离的 SAR 图像梯度反演海面风向. 武汉大学学报,
　　　2005,51(3):375－378.

[73] 张大明,阮祥伟,胡茂林,等. 基于金字塔方法的 SAR 图像与光学图像的融合. 雷达科
　　　学与技术,2005,3(6):350－355.

[74] 张亮,黄思训,刘宇迪,等. 利用变分同化结合广义变分最佳分析对微波散射计资料进
　　　行海面风场反演. 物理学报,2010,59(4):2889－2897.

[75] 张亮,黄思训,钟剑,等. 基于降雨率的 GMF＋RAIN 的构建及其在台风风场反演中的
　　　应用. 物理学报,2010,59(10):7478－7490.

[76] 张亮,黄思训,杜华栋. 散射计资料对台风海平面气压场的反演和定位的新方法研究.
　　　物理学报,2011,60(11):792－801.

[77] 张毅,陈永强,朱敏慧. SAR 海面风场反演研究. 电子测量技术,2007,30(2):36－38.

[78] 张毅,蒋兴伟,林明森,等. 合成孔径雷达海面风场反演研究进展. 遥感技术与应用,
　　　2010,25(3):423－429.

[79] 张帆. 由散射计的海面风场反演海平面气压场的初步研究. 南京:解放军理工大
　　　学,2008.

[80] 张帆,刘宇迪. 散射计风场反演的台风海平面气压场分析. 自然科学进展,2008,11:1288－
　　　1296.

[81] 赵鸣,苗曼倩,王彦昌. 边界层气象学教程. 北京:气象出版社,1999.

[82] 邹巨洪. 卫星微波遥感海面风场反演技术研究. 北京:中国科学院,2009.

[83] ALPERS W, BRUMMER B. Atmospheric boundary layer rolls observed by the
　　　synthetic aperture radar aboard the ERS－1 satellite. J Geophys Res, 1994, 99(C6):
　　　12613－12621.

[84] ALPERS W. Theory of radar imaging of internal waves. Nature, 1985, 314:245－247.

[85] ALPERS W, HUANG W G. On the discrimination of radar signatures of atmospheric
　　　gravity waves and oceanic internal waves on synthetic aperture radar images of the sea
　　　surface. IEEE transactions on geoscience and remote sensing, 2011, 49:1114－1126.

[86] AMOROCHO J, DEVRIES J J. A new evaluation of the wind stress coefficient over
　　　water surface. J geophys res, 1980, 85:33－442.

[87] ATLAS R, BUSALACCHI A J, GHIL M, et al. Global surface wind and flux fields
　　　from model assimilation of Seasat data. Journal of geophysical research, 1987, 92:6477－
　　　6487.

[88] BARRICK D E. Remote sensing of the sea state by radar. IEEE oceans, 1972, 4: 186－192.

[89] BIRGITTE R F, KORSBAKKEN E. Comparison of derived wind speed from synthetic
　　　aperture radar and scatterometer during the ERS tandem phase. IEEE transactions on
　　　geoscience and remote sensing, 2000, 38(2):1113－1121.

[90] BRIGITTE R, FUREVIK O, JOHANNESSEN M, et al. SAR-retrieved wind in polar

regions-comparison with in situ data and atmospheric model output. IEEE Transactions on geoscience and remote sensing, 2002, 40(8):1720 – 1732.

[91] BROWN G S. The average impulse response of a rough surface and its applications. IEEE transactions on antennas and propagation, 1977, 25(1):67 – 74.

[92] BROWN G S, STANLEY H R, ROY N A. The wind – speed measurement capability of spaceborne radar altimeters. IEEE journal of oceanic engineering, 1981, 6(2):59 – 63.

[93] BROWN R A. Longitudinal instabilities and secondary flows in the planetary boundary layer: A review. RevGeophys, 1980, 18:683 – 697.

[94] BENDER M A, ROSS R J, TULEYA R E,et al. Improvements in tropical cyclone track and intensity forecasts using the GFDL initialization system. Monthly weather review,1993,121:2046 – 2061.

[95] BRACALENTE E, BOGGS D H, GRANTHAM W, et al. The SASS – 1 scattering coefficient algorithm. Geosci. remote sensing, 1980,5(2):145 – 154.

[96] BROWN R A. Similarity parameters from first-order closure and data. Boundary layer meteorology, 1978,14:381 – 396.

[97] BROWN R A. On two-layer models and the similarity functions for the planetary boundary layer. Boundary layer meteorology, 1982,24:451 – 463.

[98] BROWN R A, LIU W T. An operational large-scale marine planetary boundary layer model. Journal of applied meteorology and climatology, 1982,21:261 – 269.

[99] BROWN R A, Levy G. Ocean surface pressure fields from satellite-sensed winds. Monthly weather review, 1986,114:2197 – 2206.

[100] BRIWB R A, Zeng L X. Estimating central pressure of oceanic mid-latitude cyclones. Journal of applied meteorology and climatology, 1994,33:1088 – 1095.

[101] CARDINALI C, PEZZULLI S, ANDERSON E. Influence – matrix diagnostic of a data assimilation system. Q J R meteorol soc, 2004, 130:2767 – 2786.

[102] CARRERE L, MERTZ F, DORANDEU J, et al. Observing and studying extreme low pressure events with altimetry. Sensors, 2009, 9:1306 – 1329. doi:10.3390/s90301306.

[103] CHELTON D B, MCCABE P J. A review of satellite altimeter measurement of sea surface wind speed: with a proposed new algorithm. J geophys res, 1985, 90 (C3): 4707 – 4720.

[104] CHEN G,CHAPRON B, EZRATY R, et al. A dual – frequency approach for retrieving sea surface wind speed from TOPEX altimetry. J geophys res, 2002, 107 (C12):3226 – 3235.

[105] CHEN G,CHAPRON B, EZRATY R, et al. A global view of swell and wind sea climate in the ocean by satellite altimeter and scattermeter. J atmos ocean tech, 2002, 19: 1849 – 1859.

[106] CHEN G, MA J, FANG C Y, et al. Global oceanic precipitation derived fromTopex and TMR: climatology and variability. Journal of climate, 2003, 16: 3888 – 3904.

[107] CHRISTIANSEN M B, KOCH W, HORSTMANN J, et al. Wind resource

assessment from C – band SAR. Remote sensing of environment, 2006, 105:68 – 81.

[108] CHOISNARD J, AROCHE S. Properties of variational data assimilation for synthetic aperture radar wind retrieval. J geophys res, 2008, 113(C05006):1 – 3. doi:10. 1029/2007JC004534.

[109] CARSWELL J R, CARSON S C, MCLNTOSH R E, et al. Air-borne scatterometer: Investigating ocean backscatter under low and high wind conditions. Proc. IEEE, 1994, 82:1835 – 1860.

[110] CHI C Y, LI F K. A comparative study of several wind estimation algorithms for spacebone scatterometers. Geosci. remote sensing, 1988,26(3):115 – 121.

[111] CHU P C, LU S H, LIU W T. Uncertainty of south china sea prediction using NSCAT and national centers for environmental prediction winds during tropical storm Ernie. Journal of geophysical research,1999,104:11273 – 11289.

[112] COURTIER P, THEPAUT J N, HOLLINGSWOTH A. A strategy for operational implementation of 4D-Var, using an incremental approach. Quart. J. Roy. Meteor. Soc. ,1994,120:1367 – 1387.

[113] CHEN D K, LIU W T, ZEBIAK S E, et al. Sensitivity of tropical pacific ocean simulation to the temporal and spatial resolution of wind forcing. Journal of geophysical research, 1999,104(C5):11261 – 11271.

[114] DAGESTAD K F, MOUCHE A, COLLARD F, et al. On the use of doppler shift for SAR wind retrieval//ESRIN. Proceedings of SeaSAR workshop. [S. l. :s. n.], 2010.

[115] DA SILVA J C B, ERMAKOV S A, ROBINSO I S, et al. Role of surface films in ERS SAR signatures of internal waves on the shelf 1. Short – period internal waves. J geophy res, 1998, 103(C4):8009 – 8031.

[116] DESNOS Y L, SUCHAIL J L, KARNEVI S, et al. ENVISAT – 1 advanced synthetic aperture radar system calibration. IEEE geoscience and remote sensing symposium, 1995, 1:599 – 601.

[117] DESNOS Y L, LAUR H, LIM P, et al. The ENVISAT – 1 advanced synthetic aperture radar processor and data products. IEEE international geoscience and remote sensing symposium, 1999, 3:1683 – 1685.

[118] DESNOS Y L, BUCK C, GUIJARRO J, et al. The ENVISAT advanced synthetic aperture radar system. Geoscience and remote sensing symposiun, 2000, 2:758 – 760.

[119] DOBSON E F, MONALDO F, GOLDHIRSH J. Validation of geosat altimeter – derived wind speeds and significant wave heights using buoy data. J geophys res, 1987, 92:10719 – 10731.

[120] DU H D, HUANG S X, CAI Q F, et al. Studies of variational assimilation for the inversion of the coupled air – sea model. Marine science bulletin, 2009, 11(2):13 – 22.

[121] DUMONT J P, THIBAUT P, ZANIFE O Z. ALT_CAL_GEN_01 – To generate waveforms. Algorithm definition, accuracy and specification, 2001, 2:64 – 69.

[122] DEARDORFF J W. Parameterization of the planetary boundary layer for use in

general circulation models. Monthly weather review, 1972,100:93 - 106.

[123] DEARDORFF J W. Three-dimensional numerical study of the height and mean structure of a heated planetary boundary layer. Boundary layer meteorology, 1974,7: 81 - 106.

[124] DICKINSON S, BROWN R A. A study of near-surface winds in marine cyclones using multiple satellite sensors. J. appl. meteorol. , 1996,35:769 - 781.

[125] ELFOUHAILY T M, THOMPSON D R, VANDEMARK D, et al. A new bistatic model for electromagnetic scattering from perfectly conducting random surfaces. Waves in random media, 1999, 9:281 - 294.

[126] ENGL H W, GREVER W. Using the L - curve for determining optimal regularization parameters. Numer math, 1994, 69:25 - 31.

[127] EBUCHI N. Evaluation of NSCAT-2 wind vectors by using statistical distributions of wind speeds and directions. Journal of oceanography, 2000,56:161 - 172.

[128] EBUCHI N ,GRABER H C. Directivity of wind vectors derived from the ERS-1/AMI scatterometer. Journal of geophysical research,1998,103(4):7787 - 7797.

[129] ENDLICH R M. Computation and uses of gradient winds. Monthly weather review, 1961,89:187 - 191.

[130] ENDLICH R M, WOLF D E, CARLSON C T, et al. Oceanic wind and balanced pressure-height fields derived from satellite measurements. Monthly Weather Review, 1981,109:2009 - 2016.

[131] FAUGERE Y, DORANDEU J, LEFEVRE F, et al. ENVISAT ocean altimetry performance assessment and cross - calibration. Sensors, 2006, 6:100 - 130.

[132] FEDOR L, BROWN G. Wave height and wind speed measurements from the SEASAT radar altimeter. J geophys res, 1982, 87:3254 - 3260.

[133] FERNANDES M J, BARBOSA F S, LAZARO C. Impact of altimeter data processing on sea level studies. Sensors, 2006, 6:131 - 163.

[134] FICHAUX N, RANCHIN T. Combined extraction of high spatial resolution wind speed and direction from SAR images: a new approach using wavelet transform. Canadian journal of remote sensing, 2002, 28(3):510 - 516.

[135] FU LL, HOLT B. Seasat views oceans and seas with synthetic aperture radar. Pasadena: JPL 1982.

[136] GERLING T W. Structure of the surface wind field from the seasat SAR. J geophys res, 1986, 91(C2): 2308 - 2320.

[137] GLADESTON C L, USHIZIMA D M, MEDEIROS N S, et al. Wavelet analysis for wind fields estimation. Sensors, 2010, 10: 5994 - 6016.

[138] GOLDHIRSH J, JOHN R R. A tutorial assessment of atmospheric height uncertainties for high - precision satellite altimeter missions to monitor ocean currents. IEEE Transactions on Geoscience and remote sensing, 1982, 20(4):418 - 434.

[139] GOURRION J, VANDEMARK D, BAILEY S, et al. Satellite altimeter models for

surface wind speed developed using ocean satellite crossovers. [S. l. : s. n.],2000.

[140] GOURRION J, VANDEMARK D, BAILEY S, et al. A two-parameter wind speed algorithm for Ku-band altimeters. J Atmos Ocean Tech, 2002, 19:2030-2048.

[141] GUAN Jiping, YIN Zhiquan, JIANG Zhuhui. A new method of three-dimentional visualization of satellite cloud image. IEEE 2010 3nd International congress on image and signal processing, 2010(5):2465-2468.

[142] HANSEN P C, O'LEARY D P. The use of the L-curve in the regularization of discrete ill-posed problems. Siam J Sci Comput, 2003(14): 1487-1503.

[143] HAUSER D, CAUDAL G,GUIMBARD S, et al. A study of the slope probability density function of the ocean waves from radar observations. J Geophys Res, 2008, 113: 2006. doi:10.1029/2007JC004264.

[144] HAYNE G S. Radar altimeter mean return waveform from near nominal-incidence ocean surface scattering. IEEE Trans Antennas Propag, 1980, 28: 687-692.

[145] HERSBACH H, STOFFELEN A, DE HAANS. An improved C-band scatterometer ocean geophysical model function: CMOD5. J Geophys Res, 2007, 112(C03006):1-18. doi:10.1029/2006JC003743.

[146] HE Y J, ZOU Q P. Validation of wind vector retrieval from ENVISAT ASAR images. IEEE International Geoscience and Remote Sensing Symposium, 2004, 5:3184-3187.

[147] HE Y J,PERRIE W, ZOU Q P, et al. A new wind vector algorithm for C-band SAR. IEEE Transactions on Geoscience and Remote Sensing, 2005, 43 (7): 1453-1458.

[148] HO C R,SU F C, KUO N J, et al. Internal wave observations in the northern south china sea from satellite ocean color imagery. IEEE Oceans-Europe, 2009(1/2):1183-1187.

[149] HORSTMANN J, KOCH W, LEHNER S. Wind field retrieval using satellite based synthetic aperture radars. IEEE International Geoscience and Remote Sensing Symposium, 2000, 4:1501-1503.

[150] HORSTMANN J, KOCH W, LEHNER S, et al. Wind retrieval over the ocean using synthetic aperture radar with C-band HH polarization. IEEE Transactions on Geoscience and Remote Sensing, 2000, 38(5):2122-2131.

[151] HORSTMANN J, LEHNER S. Global ocean wind fields from SAR data using scatterometer models and neural networks. IEEE International Geoscience and Remote Sensing Symposium, 2002, 5:3014-3016.

[152] HORSTMANN J, KOCH W, LEHNER S. High resolution wind fields retrieved from SAR in comparison to numerical models. IEEE International Geoscience and Remote Sensing Symposium, 2002, 3:1877-1879.

[153] HORSTMANN J, KOCH W, WINSTEAD N, et al. Comparison of RADARSAT-1 SAR retrieved wind fields to numerical models. IEEE International Geoscience and

Remote Sensing Symposium, 2003, 3:1930 - 1932.

[154] HORSTMANN J, SCHILLER H, JOHANNES S S, et al. Global wind speed retrieval from SAR. IEEE Transactions on Geoscience and Remote Sensing, 2003, 41 (10):2277 - 2286.

[155] HORSTMANN J, KOCH W. Ocean wind field retrieval using ENVISAT ASAR data. IEEE International Geoscience and Remote Sensing Symposium, 2003, 5:3102 - 3104.

[156] HORSTMANN J, VACHON P, LEHNER S, et al. SAR measurements of ocean wind and wave fields in hurricanes. IEEE International Geoscience and Remote Sensing Symposium, 2003, 1:230 - 232.

[157] HORSTMANN J, KOCH W. Evaluation of an operational SAR wind field retrieval algorithm for ENVISAT ASAR. IEEE International Geoscience and Remote Sensing Symposium, 2004, 1:44 - 47.

[158] HORSTMANN J, THOMPSON D R, MONALDO F, et al. Can synthetic aperture radars be used to estimate hurricane force winds?. Geophysical Research Letters, 2005, 32(L22801):1 - 12. doi:10.1029/2005GL023992.

[159] HORSTMANN J, KOCH W. Measurement of ocean surface winds using synthetic aperture radars. IEEE Journal of Oceanic Engineering, 2005, 30(3):508 - 515.

[160] HORSTMANN J, KOCH W, THOMPSON D R, et al. Hurricane winds measured with synthetic aperture radars. IEEE International Conference on Geoscience and Remote Sensing Symposium, 2006, 1:2224 - 2227.

[161] HUANG N E, LONG S R. A study of the surface elevation probability distribution function and statistics of wind generated waves. J Fluid Mechanics, 1980, 101: 179 - 200.

[162] HUANG P A, SLETTEN M A. Energy dissipation of wind - generated waves and whitecap coverage. J Geophys Res, 2008, 113(C02012):1 - 12. doi:10.1029/2007JC004277.

[163] HUANG P A, SLETTEN M A, TOPORKOV J V. Analysis of radar sea return for breaking wave investigation. J Geophys Res, 2008, 118: 2003. doi:10.1029/2007JC004319.

[164] HENDERSON J M, HOFFMANN R N, LEIDNER S M, et al. A comparison of a two-dimensional variational analysis method and a median filter for NSCAT ambiguity removal. Journal of Geophysical Research, 2003, 108:3176 - 3188.

[165] HERSBACH H, STOFFELEN A, SIEBREN D H. An improved C-band scatterometer ocean geophysical model function: CMOD5. Journal of Geophysical Research, 2007, 112(C03006):1 - 18.

[166] JACKSON C R. An empirical model for estimating the geographic location of nonlinear internal solitary waves. Journal of Atmospheric and Oceanic Technology, 2009, 26:2243 - 2255.

[167] JACQUES S, FRANCIS G, ALAIN M. Wind field at the sea surface determined from combined ship and satellite altimeter data. J Atmos Ocean Tech, 1993, 10: 880 - 886.

[168] JAHNE B. Digital image processing 5th revised and extended edition Berlin. Germany: Springer - Verlag, 2002.

[169] JIANG Zhuhui. Non – linear prediction algorithm of satellite cloud images. 2nd International congress on image and signal processing, 2009 (4): 2048 – 2051.

[170] JOHNSEN H, ENGEN G, GUITTON G. Sea – surface polarization ratio from ENVISAT ASAR AP data. IEEE Transactions on Geoscience and Remote Sensing, 2008, 46: 3637 – 3646.

[171] JOUHAUD J C, SAGAUT P, LABEYRIE B. A kriging approach for CFD/wind – tunnel data comparison. J Fluids Eng, 2006, 128: 847 – 855.

[172] KALNAY E. Atmospheric modeling, data assimilation and predictability. United Kingdom, Cambridge: University of Cambridge, 2003.

[173] KARAEV V Y, KANEVSKY M B, BALANDINA G N, et al. A rotating knife – beam altimeter for wide – swath remote sensing of Ocean: wind and waves. Sensors, 2006, 6: 620 – 642.

[174] KANG M K, LEE H, LEE M J, et al. The extraction of ocean wind, wave, and current parameters using SAR imagery. IEEE International Geoscience and Remote Sensing Symposium, 2007, 1: 507 – 510.

[175] KERBAOL V, CHAPRON B, EL FOUHAILY T, et al. Fetch and wind dependence of SAR azimuth cutoff and higher order statistics in a mistral wind case. IEEE International Geoscience and Remote Sensing Symposium, 1996, 1: 27 – 31.

[176] KARA A B, WALLCRAFT A J, BOURASSA M A. Air – sea stability effects on the 10 m winds over the global ocean: Evaluations of air – sea flux algorithms. J Geophys Res, 2008, 113(C04009): 1 – 14. doi: 10. 1029/2007JC004324.

[177] KALRA R, DEO M C. Derivation of coastal wind and wave parameters from offshore measurements of TOPEX satellite using ANN. Coastal Engineering, 2006, 54: 187 – 196.

[178] KIM D J, MOON W M, NAM S H. Evaluation of ENVISAT ASAR data for measurement of surface wind field over the Korean east coast. IEEE International Geoscience and Remote Sensing Symposium, 2003, 4: 2712 – 2714.

[179] KORSBAKKEN E, JOHANNESSEN J A, JOHANNESSEN O M. Coastal wind field retrievals from ERS SAR images. J Geophys Res, 1998, 103(C4): 7857 – 7874.

[180] KOTEWEG D J, DE VRIES G. On the change of form of long waves advancing in a rectangular canal, and on a new type of long stationary waves. Philos Mag, 1895, 5 (39): 422 – 443.

[181] KOCH W. Directional analysis of SAR images aiming at wind direction. IEEE Transactions on Geoscience and Remote Sensing, 2004, 42(4): 702 – 710.

[182] KOCH W, FESER F. Relationship between SAR – derived wind vectors and wind at 10 m height represented by a mesoscale model. Monthly Weather Review, 2006, 134: 1505 – 1517. doi: 10. 1175/MWR3134. 1.

[183] KAWAMURA H, WU P. Formation mechanism of Japan Sea Proper Water in the flux center off Vladivostok. Journal of Geophysical Research, 1998, 103: 21611 – 21622.

[184] LAMB K G, YAN L. The evolution of internal wave undular bores comparisons of a

fully nonlinear numerical mode with weaklynolinear theory. Journal of Physical Oceanography, 1996, 26:2712 - 2734.

[185] LEVY G. Imaging boundary layer roll signatures for climate applications. Proc IntGeosci Remote Sens Symp, 1998(1): 1437 - 1438.

[186] LIN H, XU Q, ZHENG Q. An overview on SAR measurements of sea surface wind. Progress in Natural Science, 2008, 18:913 - 919.

[187] LIU A K, CHANG Y S, HSU M K, et al. Evolution of nonlinear internal wave in the East and South China Sea. J Geophy Res, 1998, 103:7995 - 8008.

[188] LIU A K. Analysis of Nonlinear Internal Waves in the New York Bight. J Geophy Res, 1988, 93(C10):12317 - 12329.

[189] LIU A K, HOLBROOK J R, APEL J R. Nonlinear internal wave evolution in the Sulu sea. Journal of Physical Oceanography, 1985, 15:1613 - 1624.

[190] MACKAY E B L, RETZLER C H, CHALLENOR P G, et al. A parametric model for ocean wave period from Ku band altimeter data. J Geophys Res, 2008, 113(C03029):1 - 16. doi:10. 1029/2007JC004438.

[191] MANCINI P, SUCHAIL J L, DESNOS Y L, et al. The development of the ENVISAT - 1 Advanced Synthetic Aperture Radar. IEEE Geoscience and Remote Sensing Symposium, 1996, 2:1355 - 1357.

[192] MELSHEIMER C, ALPERS W, GADE M. Investigation of multifrequency/ multipolarization radar signatures of rain cells over the ocean using SIR - C/X - SAR data. J Geophys Res, 1998, 103(C9):18867 - 18884.

[193] MELSHEIMER C, ALPERS W, GADE M. Simultaneous observations of rain cells over the ocean by the synthetic aperture radar aboard the ERS - 1/2 satellites and by weather radars. IEEE International Gesoscience and Remote Sensing Symposium, 1999, 1:194 - 196.

[194] MELSHEIMER C, ALPERS W, GADE M. Simultaneous observations of rain cells over the ocean by the synthetic aperture radar aboard the ERS satellites and by surface-based weather radars. J Geophys Res, 2001, 106(C3):4665 - 4677.

[195] MITNIK L, DUBINA V. Non - linear internal waves in the Banda sea on satellite synthetic aperture radar and visible images. IEEE International Gesoscience and Remote Sensing Symposium, 2009, 3:192 - 195.

[196] MONALDO F, DOBSON E. On using significant wave height and radar cross section to improve radar altimeter measurements of wind speed. J Geophys Res, 1989, 94: 12699 - 12701.

[197] MONALDO F, DONALD R, THOMPSON, R C, et al. Comparison of SAR - derived wind speed with model predictions and ocean buoy measurements. IEEE Transactions on Geoscience and Remote Sensing, 2001, 39(12):2587 - 2600.

[198] MONALDO F, THOMPSON D. Implications of QuikSCAT and RADARSAT wind comparisons for SAR wind speed model functions. IEEE International Gesoscience and

Remote Sensing Symposium, 2002, 3:1881 - 1883.

[199] MONALDO F. SEASAT sees the winds with SAR. IEEE International Gesoscience and Remote Sensing Symposium, 2003, 1:38 - 40.

[200] MONALDO F, THOMPSON D, WINSTEAD N. Combining SAR and scatterometer data to improve high resolution wind speed retrievals. IEEE International Gesoscience and Remote Sensing Symposium, 2003, 1:233 - 235.

[201] MONALDO F, THOMPSON D, PICHEL W, et al. A systematic comparison of QuikSCAT and SAR ocean surface wind speeds. IEEE Transactions on Geosicence and Remote Sensing, 2004, 42(2):283 - 291.

[202] MONALDO F, THOMPSON D, WINSTEAD N S, et al. Ocean wind field mapping from synthetic aperture radar and its application to research and applied problems. Johns Hopkins Apl Tech Dig, 2005, 26:102 - 113.

[203] MOORE R K, WILLIAMS C S. Radar terrain return at near vertical incidence. Proc. IRE, 1957, 2(45): 228 - 238.

[204] MELSHEIMER C, ALPERS W, GADE M. Simultaneous observations of rain cells over the ocean by the synthetic aperture radar aboard the ERS satellites and by surface-based weather radars. J. Geophys. Res. , 2001,106(C3): 4665 - 4667.

[205] NIE C L, LONG D G. RADARSAT ScanSAR wind retrieval and rain effects on ScanSAR measurements under hurricane conditions. IEEE International Gesoscience and Remote Sensing Symposium, 2008, 2:493 - 496.

[206] NIE C, LONG D G. A C-Band wind/rain backscatter model. IEEE Trans. Geosci. Remote Sensing, 2007,45: 621 - 631.

[207] OSBORNE A R, BURCH T L. Internal solitons in the Andarman Sea. Science, 1980, 208:451 - 460.

[208] OSTROVSKY L A,STEPANYANTS Y A. Do internal solitons exist in the oceans?. Rev Geophys, 1988, 27:293 - 310.

[209] PICHEL W G, LI X F, MONALDO F, et al. High - velocity wind measurements using synthetic aperture radar. IEEE International Gesoscience and Remote Sensing Symposium, 2008, 2:661 - 663.

[210] PORTABELLA M. Wind field retrieval from satellite radar systems. Barcelona, Spanish: University of Barcelona, 2002.

[211] PORTABELLA M, STOFFELEN A. Toward an optimal inversion method for synthetic aperture radar wind retrieval. J Geophys Res, 2002, 107(C8): 3086. doi:10.1029/2001JC000925.

[212] PATOUX J, BROWN R A. A gradient wind correction for surface pressure fields retrieved from scatterometer winds. Journal of applied meteorology and climatology, 2002,41:133 - 143.

[213] PATOUX J, FOSTER R C, BROWN R A. Golbal Pressure Fields from Scatterometer Winds. Journal of Applied Meteorology and Climatology, 2003,42:813 - 826.

[214] PATOUX J, HAKIM G J, BROWN R A. Diagnosis of frontal instabilities over the Southern Ocean. Monthly Weather Review,2005,133:863 - 875.

[215] PATOUX J, FOSTER R C, BROWN R A. An Evaluation of Scatterometer-Derived Oceanic Surface Pressure Fields. Journal of Applied Meteorology and Climatology, 2008,47:835 - 852.

[216] PORTABELLA M A, STOFFELEN A. On Scatterometer Ocean Stress. Journal of Atmospheric and Oceanic Technology, 2009,26:368 - 382.

[217] QUARTLY G D, GUYMER T H, SROKOSZ M A. The effects of rain on Topex radar altimeter data. J Atmos Oceanic Tech, 1996, 13:1209 - 1229.

[218] QUARTLY G D. Optimizing σ^0 information from the Jason - 2 altimeter. IEEE Geoscience and Remote Sensing Letters, 2009, 6(3):398 - 402.

[219] QUILFEN Y, CHAPRON B, ELFOUHAILY T, et al. Observation of tropical cyclones by high - resolution scatterometry. J Geophys Res, 1998, 103(C4): 7767 - 7786.

[220] QIAN F, FANG M Q, LIU Y J, et al. Wind retrieval over the China seas using satellite synthetic aperture radar. IEEE InternationalGesoscience and Remote Sensing Symposium, 2004, 5:3169 - 3171.

[221] REMY F,PAROUTY S. Antarctic ice sheet and radar altimetry: A review. Remote Sensing, 2009, 1: 1212 - 1239. doi:10. 3390/rs1041212.

[222] RODRIGUEZ E. Altimetry for non - Gaussion ocean: height bias and estimation of parameters. J Geophys Res, 1988, 93(C11):14107 - 14120.

[223] RUCHI K, DEO M C. Derivation of coastal wind and wave parameters from offshore measurements of TOPEX satellite using ANN. Coastal Eng, 2007, 54: 187 - 196.

[224] SAITO H, MCKENNA S A, ZIMMERMAN D A, et al. Geostatistical interpolation of object counts collected from multiple strip transects: Ordinary kriging versus finite domain kriging. Stoch Environ Res Risk Assess, 2005, 19:71 - 85.

[225] SAITO H, YAMAMOTO Y. Wind direction extraction from coastal SAR images using cross - spectral method. PIERS Online, 2009, 5(2):153 - 156.

[226] SASAKI Y. Proposed inclusion of time variation terms, observational and theoretical, in numerical variational objective analysis. J Meteor Soc, 1969, 47:115 - 124.

[227] SCHNEIDERHAN T, SCHULZ S J, LEHNER S, et al. Use of SAR cross spectra for wind retrieval from ENVISAT ASAR wave mode data. IEEE Transactions on Geoscience and Remote Sensing Symposium, 2003, 3:1915 - 1917.

[228] SHEN H,PERRIE W, HE Y J. Progress in determination of wind vectors from SAR images. IEEE International Gesoscience and Remote Sensing Symposium, 2006 (1): 2228 - 2231.

[229] SHEN H, HE Y J,PERRIE W. Speed ambiguity in hurricane wind retrieval from SAR imagery. International Journal of Remote Sensing, 2009, 30(11):2827 - 2836.

[230] STOFFELEN A, ANDERSON D. Scatterometer data interpretation: derivation of the

transfer function CMOD4. J Geophys Res，1997，102(3)：5767 – 5780.

[231] SUSANNE L，JOHANNES S，BIRGIT S，et al. Wind and wave measurements using complex ERS – 2 SAR wave mode data. IEEE Transactions on Geoscience and Remote Sensing，2000，38(5)：2246 – 2257.

[232] SIKORA T D，YOUNG G S. Wind – direction dependence of quasi – 2D SAR signatures. IEEE International Transactions on Geoscience and Remote Sensing Symposium，2002，3：1887 – 1889.

[233] SONG Q T，CHELTON D B，ESBENSEN S K，et al. Coupling between Sea Surface Temperature and Low-Level Winds in Mesoscale Numerical Models. Journal of Climate，2009，22：146 – 164.

[234] STEVENS B. Quasi-steady analysis of a PBL model with an eddy-diffusivity profile and nonlocal fluxes. Monthly Weather Review，2000，128：824 – 836.

[235] STEVENS B，ACKERMAN A S，ALBRECHT B A，et al. Simulations of trade wind cumuli under a strong inversion. Journal of the Atmospheric Science，2001，58 ：1870 – 1891.

[236] STEVENS B，DUAN J，MCWILLIAMS J C，et al. Entrainment，Rayleigh Friction，and Boundary Layer Winds over the Tropical Pacific. Journal of Climate，2002，15：30 – 44.

[237] STILES B，YUEH S H. Impact of rain on wind scatterometer data. IEEE Trans. Geosci. Remote Sensing，2002，40：973 – 1983.

[238] TSAI W Y，NGHIEM S V，HUDDLESTON J N，et al. Polarimetricscatterometry：A promising technique for improving ocean surface wind measurements from space. IEEE Transactions on Geoscience and Remote Sensing，2000，38(4)：1903 – 1920.

[239] TIKHONOV A N. Solution of incorrectly formulated problems and the regularization method. Soviet MathDokl，1963(4)：1035 – 1038.

[240] TIKHONOV V Y，ARSENIN V Y. Solution of ill – posed problems. Washington：Winstion and Sons，1977.

[241] TOURNADRE J. Validation of Jason and ENVISAT Altimeter dual frequency rain flags. Marine Geodesy，2004，27(1 – 2)：153 – 169.

[242] TRAN N，VANDEMARK D，CHAPRON B，et al. New models for satellite altimeter sea state bias correction developed using global wave model data. J Geophys Res，2006，111(C9)：1 – 48.

[243] TOURNADRE J，QUILFEN Y. Impact of rain cell on scatterometer data：1. Theory and modeling. Journal of Geophysical Research，2003，108(C7)：22827 – 22841.

[244] VACHON P W，DOBSON F W. Validation of wind vector retrieval from ERS – 1 SAR images over the ocean. Global Atmos Ocean Syst，1996，5：177 – 187.

[245] VENAYAGAMOORTHY S K，FRINGER O B. Numerical simulations of the interaction of internal waves with a shelf break. Physics of Fluids，2006，18(7)：76603 – 76611.

[246] WACKERMAN C, RUFENACH C L, SHUCHMAN R A, et al. Wind vector retrieval using ERS – 1 synthetic aperture radar imagery. IEEE Transactions on Geoscience and Remote Sensing, 1996, 34:1343 – 1352.

[247] WACKERMAN C, HORSTMANN J, KOCH W. Operational estimation of coastal wind vectors from RADARSAT SAR imagery. IEEE Transactions on Geoscience and Remote Sensing Symposium, 2003, 2:1270 – 1272.

[248] WANG Y B, WEI T. Numerical differentiation for two – dimensional scattered data. J Math Anal Appl, 2005, 312:121 – 137.

[249] WANNINKHOF R. Relationship between wind speed and gas exchange over the ocean. J Geophys Res, 1992, 97(C5): 7373 – 7382.

[250] WEISSMAN D E, KING D, THOMPSON T W. Relationship between hurricanes surface winds and L – band radar backscatter from the sea surface. J Applied Meteorol, 1979, 18:1023 – 1034.

[251] WU J. Near – nadir microwave specular returns from the sea surface – altimeter algorithm for wind and wind stress. J Atmos Oceanic Tech, 1992, 9: 659 – 667.

[252] WU J. Altimeter wind and wind stress algorithm – further refreshment and validation. J Atmos Oceanic Tech, 1993, 11:210 – 215.

[253] WITTER D L, CHELTON D B. A Geosat altimeter wind speed algorithm and a method for altimeter wind speed algorithm development. J Geophys Res, 1991, 96: 8853 – 8860.

[254] XU Q, LIN H, ZHENG Q, et al. Evaluation of ENVISAT ASAR data for sea surface wind retrieval in Hong Kong coastal waters of China. Acta Oceanol Sin, 2008, 27(4): 57 – 62.

[255] YANG L, LIN M, ZOU J, et al. Improving the wind and wave estimation of dual – frequency altimeter Jason – 1 in Typhoon Shanshan and considering the rain effects. Acta Oceanologica Sinica, 2008, 27(5):49 – 62.

[256] YOUNG I R. An estimate of theGeosat altimeter wind speed algorithm at high wind speeds. J Geophys Res, 1993, 98(C11): 20275 – 20285.

[257] YUEH S H, STILES B W, TSAI W Y, et al. QuikSCAT Geophysical Model Function for tropical cyclones and application to hurricane Floyd. IEEE Trans. Geosci. Remote Sensing, 2001,39(12):75 – 87.

[258] YUEH S H, STILES B W, TSAI W Y, et al. QuikSCAT wind retrieval for tropical cyclones. IEEE Trans. Geosci. Remote Sensing, 2003,41(11):2616 – 2628.

[259] YUEH S H, WEST R, LI F K, et al. Dual-polarization Ku-Band Backscatter signatures of Hurricane ocean winds. IEEE Trans. Geosci. Remote Sensing, 2000, 38 (1):2601 – 2612.

[260] ZECCHETTO S, DE BIASIO F. Wind field retrieval from SAR images using the continuous wavelet transform. IEEE Transactions on Geoscience and Remote Sensing Symposium, 2002, 4:1974 – 1976.

[261] ZECCHETTO S, DE BIASIO F. A wavelet based technique for sea wind extraction from SAR Images. IEEE Trans. of Geoscience and Remote Sensing, 2008, 46(10): 2983 – 2989.

[262] ZHANG C Y, CHEN G. A first comparison of simultaneous sea level measurements from ENVISAT, GFO, Jason – 1 and Topex/Poseidon. Sensors, 2006, 6:235 – 248.

[263] ZHANG L, HUANG S X, SHEN C, et al. Variational Assimilation in combination with Regularization Method for Sea Level Pressure Retrieval from QuikSCAT Scatterometer Data I: Theoretical frame Construction, Chinese Physics B, 2011, 20(11):565 – 571.

[264] ZHANG L, HUANG S X, SHEN C, et al. Variational Assimilation in combination with Regularization Method for Sea Level Pressure Retrieval from Quik SCAT Scatterometer Data II: Simulation experiment and actual case study. Chinese Physics B, 2011, 20(12):510 – 516.

[265] ZHENG Q, YUAN Y, KLENIAS V, et al. Theoretical expression for an ocean internal soliton synthetic aperture radar image and determination of the soliton characteristic half width. J Geophy Res, 2001, 106(11):31415 – 31423.

[266] ZHONG Jian, HUANG Sixun, DU Huadong, et al. Application of the Tikhonov regularization method to wind retrieval from scatterometer data I: Sensitivity analysis and simulation experiments, Chinese Physics B, 2011,20(3):274 – 283.

[267] ZHONG Jian, HUANG Sixun, FEI Jianfang, et al. Application of the Tikhonov regularization method to wind retrieval from scatterometer data II: Cyclone wind retrieval with consideration of rain. Chinese Physics B, 2011, 20(6):1674.

[268] ZHONG Jian, FEI Jianfang, HUANG Sixun, et al. An improved QuikSCAT wind retrieval algorithm and eye locating for typhoon. Acta Oceanologica Sinica, 2012, 31(1):41 – 50.

[269] ZHAO D L, TOBA Y. A spectral approach for determining altimeter wind speed model functions. Journal of Oceanography, 2003, 59:235 – 244.

[270] ZIEGER S, VINOTH J, YOUNG I R. Joint calibration of multi – platform altimeter measurements of wind speed and wave height over the past 20 years. J Atmos Oceanic Tech, 2009, 26(12):2549 – 2564. doi: 10.1175/2009JTCHA1303.1.

[271] ZIERDEN D F, BOURASSA M A, O'BRIEN J J. Cyclone surface pressure fields and frontogenesis from NASA scatterometer (NSCAT) winds. Journal of Geophysical Research, 2000,105:23967 – 23981.

[272] ZOU J H, LIN M S, PAN D L, et al. Applications of QuikSCAT in typhoon observation and tracking. J. Remote Sensing, 2009,13:847 – 853.